光子储备池计算
光学循环神经网络

[德国] Daniel Brunner
[西班牙] Miguel C. Soriano /编
[比利时] Guy Van der Sande

裴丽　白冰 /译

电子工业出版社
Publishing House of Electronics Industry
北京·BEIJING

Daniel Brunner: Photonic Reservoir Computing. Optical Recurrent Neural Network, Berlin Boston, 2019

©Walter de Gruyter GmbH Berlin Boston. All rights reserved.This work may not be translated or copied in whole or part without the written permission of the publisher (Walter De Gruyter GmbH, Genthiner Straβe 13, 10785 Berlin, Germany).

本书简体中文版专有翻译出版权由 De Gruyter 授予电子工业出版社在中华人民共和国境内（不包含香港特别行政区、澳门特别行政区和台湾地区）销售，专有出版权受法律保护。

版权贸易合同登记号 图字：01-2023-0199

图书在版编目（CIP）数据

光子储备池计算 ：光学循环神经网络 ／（德）丹尼尔·布鲁纳（Daniel Brunner）等编 ；裴丽，白冰译.
北京 ：电子工业出版社，2025. 1. -- ISBN 978-7-121-49773-5

Ⅰ. TN3

中国国家版本馆 CIP 数据核字第 2025MC8209 号

责任编辑：张志鹏　　文字编辑：底　波
印　　　刷：河北迅捷佳彩印刷有限公司
装　　　订：河北迅捷佳彩印刷有限公司
出版发行：电子工业出版社
　　　　　北京市海淀区万寿路 173 信箱　邮编 100036
开　　本：720×1 000　1/16　印张：12.5　字数：280 千字
版　　次：2025 年 1 月第 1 版
印　　次：2025 年 1 月第 1 次印刷
定　　价：79.00 元

凡所购买电子工业出版社图书有缺损问题，请向购买书店调换。若书店售缺，请与本社发行部联系，联系及邮购电话：(010) 88254888，88258888。
质量投诉请发邮件至 zlts@phei.com.cn，盗版侵权举报请发邮件至 dbqq@phei.com.cn。
本书咨询联系方式：(010) 88254132，fengxp@phei.com.cn。

前　　言

本书是关于光子储备池计算（Reservoir Computing，RC）第一批硬件平台的综合汇编著作。储备池计算是一种机器学习技术，其设计理念易于在硬件中实现。在本书中，我们展示了如何成功地将其移植到多个光子平台，为全光信息处理铺平了道路。我们谨将此书献给 Jan Van Campenhout，因为他在 2008 年首次提出了光子储备池计算的理念。

第 1 章首先介绍计算的历史，以及光子计算的未来。从已知最古老的机械计算机讲起，本书将读者从第一次实现光存储器引导到有争议的全光计算逻辑的话题上。通过浏览光计算的档案，可以很自然地从逻辑计算框架的有用性角度对电子和光子进行抽象比较。尽管从逻辑计算的角度来看，光子硬件可能存在一些缺陷，但它能够支持从冯·诺依曼架构向具有并行计算能力的模拟和神经形态计算方案过渡。关于这一点，本章还介绍了神经网络的概念。在一系列小而详细的例子中，读者将逐渐熟悉构成前馈或递归人工神经网络[1]的基本概念和相关参数。本章结尾通过讨论使用光子硬件实现的神经网络和霍普菲尔德网络（Hopfield networks）的物理对应模型，为新引入的概念奠定了坚实的基础。

第 2 章对比了数字计算和模拟计算方案。数字计算领域已经形成了一个非常成熟的行业，这使得高度优化的数字计算机具有广泛的可用性，并为任何替代计算方案设置了很高的进入壁垒。物理储备池计算是一种突出的模拟计算系统，它利用硬件基板的自然动力学来执行计算任务，这与大多数其他计算方案形成鲜明对比。在其他计算方案中，计算模型通常被强加到支撑它的基板上。储备池计算机通常被认为是一种神经网络的变体。然而值得注意的是，它们并不一定共享同一个具有局部神经元和互连的离散网络拓扑结构。在 2.3 节中，对线性和非线性存储容量的概念进行了深入讨论。这些品质因数为物理储备池计算机的通用设计方法奠定了基础，并以一种任务独立的方式对其进行描述。

第 3 章介绍了储备池集成的最新技术，主要讲述了无源结构的实现。在这些系统中，芯片提供输入数据的复投影，而非线性变换通常在光电信号转换步骤中通过光电检测器产生。本章首先介绍了漩涡拓扑中连接的分立式混频器网络的实现，然后介绍了基于空间连续传播的概念。这些概念在由离散节点组成的原始储备池结构上的映射更加抽象。基于所介绍的系统，本章演示并讨论了各种应用，包括应对通信领域挑战的高带宽解决方案，以及在生物医学领域的应用。

---

[1] 英文原文为 Recurrent Artificial Neural Network，也经常被翻译为循环人工神经网络。

第4章阐述了大规模光子储备池的巨大潜力，并探讨了能够产生复杂网络耦合的几种光学配置。利用其固有的并行性，可以很容易地由数千个非线性节点组成这些光网络。本章展示了第一台具有学习能力的大规模光子储备池计算机，其拥有多达2000个网络节点。此外，本章还介绍了耦合半导体激光器网络的首次实现。总之，本章提供了衍射耦合光子储备池特性最先进的技术概述。

第5章总体介绍了基于延迟系统的储备池计算（RC）。延迟系统RC是第一批成功的RC硬件实现，这对本章尤为重要。本书中的多个章节将在此基础上展开，而关键在于通过补充后面章节中的信息，成功地奠定了这一坚实的基础。本章从延迟系统的基本特性及其与RC的相关性入手，首先描述了更基本的RC延迟实现，然后介绍了基于非线性系统启发的RC分析工具，最后讨论了硬件实现的基本性质及其对计算的影响。

第6章详细阐述了Ikeda延迟动力学与光子储备池计算机控制和发展的相关性。本章首先从历史的角度概述了作为光学复杂性典型范例的Ikeda类动力学，然后详细描述了该代表性系统的几个硬件实现方式，包括基于光强、波长或相位的调制。本章通过时空类比，主要探讨了在Ikeda类硬件实现中不同时间尺度对信息处理的重要性。总之，对于任何对复杂系统的物理学以及如何将其作为光子储备池计算机运行感兴趣的读者，本章都是必读的内容。

第7章讨论了使用半导体激光器作为物理基板的光子RC的实现。外部光反馈在这种方法中提供了循环回路，遵循了第5章提出的基于延迟的RC的概念基础。正如本章所强调的，通常使用单模半导体激光器进行实验实现。因此，本章使用Lang-Kobayashi速率方程详细描述了这些实验及其相应的数值模拟。本章还涵盖了光子RC的其他基板，如半导体环形激光器、掺铒微芯片激光器和半导体光学放大器。

第8章主要讲述如何使用光电系统作为其主要组成，建立先进的光子储备池计算机。首先，本章提出了实现完全模拟储备池计算机的创新设计，包括能够在没有数字组件支持的情况下工作的模拟输入层和读出层。然后，本章提出了几种策略来训练光子储备池计算机，使它们能够适应不断变化的环境。8.5节主要讲述了实现可以自主运行的光子储备池计算机的挑战性任务。当系统的输出反馈到其自身的输入，并作为任意复杂波形的发生器时，就达成了这种效果。整体而言，本章代表了全功能光子储备池计算机发展的前沿。

本书属于引进版权图书，为了遵守版权引进协议，同时也为了保持原著图书的风格，我们保留了原著外文图书的参考文献引用规范及出现顺序。同时，由于个别文献引自国外网页，存在链接动态更新的可能性，为方便核查更新参考文献，我们调整了将大段参考文献置于章末的传统做法，并在各章末设置二维码，方便读者通过"扫一扫"功能查阅本章参考文献。

目 录

1. 新型光子计算简介 ··· 1
   1.1 计算光学 ··· 1
      1.1.1 计算光学的优势 ··· 2
      1.1.2 逻辑光计算机 ·· 5
      1.1.3 具有空间变换的光计算 ·· 6
   1.2 神经网络 ··· 8
      1.2.1 感知机 ··· 9
      1.2.2 前馈神经网络 ·· 11
      1.2.3 递归神经网络 ·· 12
      1.2.4 深度神经网络 ·· 14
      1.2.5 Hopfield 网络 ·· 15
   1.3 早期光子实现 ··· 17
      1.3.1 光学感知机 ·· 18
      1.3.2 光学 Hopfield 网络 ··· 19
   1.4 结论 ·· 21
   原著参考文献 ·· 21

2. 光子储备池系统的信息处理和计算 ·· 22
   2.1 介绍 ·· 22
      2.1.1 数字计算的边界 ··· 22
      2.1.2 模拟计算 ·· 23
   2.2 储备池计算 ·· 24
      2.2.1 一个更宽松的计算模型 ·· 24
      2.2.2 如何训练储备池计算机 ·· 25
      2.2.3 储备池性能的测量 ··· 26
      2.2.4 作为模型系统的回声状态网络 ·· 27
      2.2.5 对储备池的一般要求 ·· 29
      2.2.6 物理储备池计算 ··· 30
   2.3 储备池信息处理 ·· 31
      2.3.1 再现记忆 ·· 31
      2.3.2 非线性处理能力 ··· 33
      2.3.3 记忆、非线性和噪声敏感性 ·· 34

· V ·

2.4 结论······36
原著参考文献······36

3. 集成片上储备池······37
3.1 介绍······37
3.2 无源储备池计算······37
3.3 集成光学读出层······40
3.3.1 基本原理······40
3.3.2 训练集成光学读出层······41
3.3.3 权重分辨率的影响······44
3.4 通信应用······45
3.4.1 非线性色散补偿······45
3.4.2 PAM-4 逻辑······48
3.5 混沌腔······49
3.5.1 设计······50
3.5.2 方法······50
3.5.3 XOR 任务······51
3.5.4 帧头识别······52
3.5.5 储备池的 Q 因子和时间尺度······53
3.6 用于细胞识别的柱状散射体······54
3.6.1 用数字全息显微镜分选细胞······54
3.6.2 用于极限学习机（ELM）实现的电介质散射体······55
3.6.3 相位灵敏度的非线性······58
3.6.4 电介质散射体和光腔的组合······60
3.7 结论······61
原著参考文献······61

4. 大型时空储备池······62
4.1 导言······62
4.2 衍射耦合······62
4.2.1 耦合矩阵······65
4.2.2 网络规模限制······68
4.3 垂直发射激光器的网络······69
4.3.1 网络动力学和光注入······71
4.3.2 函数逼近······73
4.4 Ikeda 振荡器的储备池······73
4.4.1 实验设置······74
4.4.2 耦合 Ikeda 振荡器的驱动网络······75
4.4.3 读出权重和光子学习······76

4.4.4　抑制单极系统的性能限制 ································· 78
　　　4.4.5　系统性能 ··· 79
　　　4.4.6　噪声和漂移 ··· 81
　　　4.4.7　自治系统：输出反馈 ··· 83
　4.5　结论 ·· 85
　原著参考文献 ··· 86

5. 用于储备池计算的时间延迟系统 ····································· 87
　5.1　导言 ·· 87
　5.2　标准储备池计算 ·· 87
　5.3　延迟反馈系统 ·· 88
　5.4　作为储备池的延迟反馈系统 ···································· 90
　　　5.4.1　用具有延迟反馈功能的非线性节点实现 ··········· 91
　　　5.4.2　延迟反馈方法中的时间复用 ······························· 92
　　　5.4.3　基于延迟的储备池计算中的读出和训练 ··········· 93
　　　5.4.4　例子：混沌时间序列预测 ··································· 94
　5.5　基于延迟的储备池计算机的互连结构 ···················· 96
　　　5.5.1　通过系统动力学的互连结构 ······························· 97
　　　5.5.2　通过反馈线的互连结构 ······································· 99
　5.6　输入层的权重分布 ··· 100
　5.7　基于延迟的储备池计算的计算量 ·························· 101
　5.8　基于延迟的储备池计算的硬件实现 ······················ 103
　　　5.8.1　基于延迟的储备池计算的电子实现示例 ········· 104
　　　5.8.2　基于延迟的储备池计算机物理实现中的挑战 ····· 106
　5.9　结论 ·· 111
　原著参考文献 ··· 112

6. 作为储备池处理器的 Ikeda 延迟动力学 ······················· 113
　6.1　导言 ·· 113
　6.2　从理想实验到光电装置 ·· 113
　　　6.2.1　Ikeda 环形腔的工作原理 ··································· 113
　　　6.2.2　通过光电方法转换的全光学 Ikeda 设置 ········· 115
　6.3　建模和理论 ·· 116
　　　6.3.1　数学模型、时间尺度、运动 ····························· 116
　　　6.3.2　动力学线性部分 ··· 117
　　　6.3.3　反馈和非线性 ··· 118
　　　6.3.4　延迟引起的复杂性：自由度、初始条件、相空间 ····· 119
　6.4　用延迟系统模拟动态网络 ······································ 120
　　　6.4.1　延迟系统的时空表示 ··· 120

6.4.2　举例说明：延迟动力学中的嵌合状态 ································ 121
　　6.4.3　从自主延迟动力学到非自主延迟动力学 ································ 124
6.5　基于 Ikeda 的光子储备池 ································ 125
　　6.5.1　储备池计算的标准 ESN ································ 125
　　6.5.2　将 ESN 模型转换为延迟动力学模型 ································ 126
　　6.5.3　基于 Ikeda 的光子储备池计算实现示例 ································ 128
6.6　结论 ································ 134
原著参考文献 ································ 134

7. 半导体激光器作为储备池基底 ································ 135
7.1　导言 ································ 135
7.2　激光器基础和半导体类型 ································ 135
7.3　用于储备池计算的单模半导体激光器 ································ 137
　　7.3.1　建模和数值结果 ································ 137
　　7.3.2　单模半导体激光器的首次实验实现 ································ 140
　　7.3.3　单模半导体激光器的进一步实验实现 ································ 142
7.4　作为储备池基底的其他光子系统 ································ 143
　　7.4.1　用于储备池计算的半导体环形激光器 ································ 143
　　7.4.2　掺铒微芯片激光器 ································ 147
　　7.4.3　半导体光学放大器 ································ 148
7.5　结论 ································ 148
原著参考文献 ································ 148

8. 先进的储备池计算机：模拟自主系统和实时控制 ································ 149
8.1　导言 ································ 149
8.2　简单的光子储备池计算机 ································ 150
8.3　模拟输入层和读出层的实验实现 ································ 152
　　8.3.1　实验设置 ································ 153
　　8.3.2　结果 ································ 158
　　8.3.3　讨论 ································ 163
8.4　在线训练 ································ 163
　　8.4.1　随机梯度下降算法 ································ 164
　　8.4.2　实验设置 ································ 166
　　8.4.3　结果 ································ 167
8.5　输出反馈 ································ 171
　　8.5.1　实验设置 ································ 172
　　8.5.2　结果 ································ 174
8.6　结论 ································ 188
原著参考文献 ································ 189

展望 ································ 190

1. 新型光子计算简介

Daniel Brunner, Piotr Antonik, and Xavier Porte

1.1 计算光学

其实，在我们将技术革命与计算机联系在一起之前，计算就已经吸引了人类的兴趣，这绝非现代才独有的现象。计算机最早的历史性实现之一是 Antikythera 机制，见图 1.1（a），这的确是一个有趣的例子。这个复杂的装置是在大约一个世纪前发现的，被发现时已经高度腐蚀，其应用年代可以追溯到公元前 200 年。由于其被腐蚀和复杂性，对破译目标和功能造成了极大的挑战，这种挑战一直持续到今天。到目前为止，我们知道 Antikythera 机制可在阴阳历中计算月相和行星位置[1]。更令人难忘的是，这解释了行星和月球的椭圆轨道所带来的必要修正。Antikythera 硬件执行的算法似乎是基于罗兹岛的 Hipparchos 开发的关于月球和行星运动的理论[1]。因此，Antikythera 机制是一种计算方法的物理实现，根据简单的外部输入（通过转动手柄设置的日期）产生重要的信息。因此，输入信息的转换由自动机械装置完成，这种自动机械装置可以重复运行。

用当时可用的技术制造这台机械装置一定是一项艰巨的挑战。该装置由至少 37 个青铜齿轮组成，这样的多级系统无疑需要高制造精度才能可靠运行。因此，我们可以假定，它的建立需要投入大量专业知识和奉献精神。由于农业等原因，月球周期和行星的位置在那个历史时期是很有价值的信息，这显然证明了相关的努力成果，说明两千年前人类已经高度重视计算机自动创造重要信息。

通过仔细观察可以发现，在过去的两千年中，计算速度加快了十亿倍。众所周知，计算机极大地受益于实用的可再编程能力，这是 Conrad Zuse 在 1941 年用他的数字电子计算机 Z3 实现的功能。有趣的是，Z3 已经应用到与飞机机翼机械性能相关的复杂技术挑战，这种操作需要重新编程。一系列概念和技术的进步最终催生出今天功能极其强大的计算机。然而，我们有意避免详尽讨论计算的历史，而把重点放在机械和电子计算基板的例子上，这有助于说明一般观察：基板相互作用的物理性质为算法基础的演变提供了支撑。

人们可能会认为，基板变革与否决定了计算性能能否进一步提升。然而，性能也许并非唯一的目标。至少同样重要的是基板的技术准备及其实施所用的制造平台的存在。这一论点的最后一部分直接引出了经济上的考量，而这种考量在今天依然存在。对这些问题当然不能忽视，同时，它们不应该遮蔽我们寻找下一代解决方案和基板的视野。从机械到电子的过渡，为今天最新、图灵完备、集成和强大的计算处理器奠定了基础，人们同样有义务认真考虑从电子计算到光子计算的过渡或两者的合并所带来的可能性。那些关于"光子技术不是解决计算问题的有效方法，让我们抛弃它"等多种论断，忽略了它不可否认存在的基本优势，以及在新型光子基板和计算方案方面取得的最新进展。我们认为，特别是人工神经网络（ANN）的出现，要求对下一代计算基板的问题采取果断开放的态度。

考虑到我们的目的，可以根据将哪种粒子作为信息的载体来对基板进行分组。如果将我们的选择限制在与当前技术相关的基板上，则我们只剩下电子和光子了。如今，每个人都熟悉一些有代表性的电子计算机。光计算机仍然比较奇特，但由于潜在的广阔前景，它们在过去的 50 年里一直受到追捧[2-3]。多个概念已经被证明，例如，图 1.1（b）显示了 Frahat 等人[4]以及 Psaltis 等人[5]设计的光学内容可寻址存储器。即使原始查询在被噪声破坏或不准确时，这种系统能够提供存储在存储器中的内容。

（a）显示Antikythera机制的照片，这是公元　　（b）Farhat等人[4]的光学设置——
　　前2世纪创建的一台计算机的历史示例　　　　　　光学内容可寻址存储器

图 1.1　示例

1.1.1　计算光学的优势

在概念验证实验中已经证明了许多电子、电光和全光计算概念，从而可以广泛选择概念和硬件基板，这使我们必须考虑关于特定基板的基本优点和缺点的问题。1990 年，Lohmann 通过探讨"原则上一个基板需要什么特性才能够实现计算"这样的问题，开始着手处理这个问题，这在那些特定基板及其能够实现的基本计算操作之间建立了一种联系[6]。这种方法为我们的一般性讨论奠定了坚实的基础。在最基本的层面上，Lohmann 认为逻辑/交互和传输/通信是必不可少的成分，这无疑是一种偏向基于二进制逻辑运算的计算观点。为了向人工神经网络最近的反响致敬，同时也为了向我们的书名致敬，我们将把第一类修改为包括逻辑运算的非线性变换。人们可以很快进入关于什么是计算以及什么不是计算的哲学讨论领域。虽然这些讨论可能具有启发性，但它们也可能掩盖科学论证的实际意义。Horsman 等人对此类讨论做出了有趣而严谨的贡献[7]。这里，我们将把计算限制在某些阶段，包含非线性的各种运算，以及信息处理中涉及的我们简称为变换的其他运算。

电子和光子都有独特的物理属性，因此有利于不同过程的物理实现。2013 年，Shamir[8]将这些根本差异与数字光计算的暗淡前景联系起来。然而，我们想从一个略微不同的角度来阐述这个问题。我们将展示，新材料系统可能会开辟新的途径。最重要的是，我们强调神经网络（NN）不依赖于数字逻辑，逻辑计算机架构的根本差异将要求基板具有不同的属性和标准。

因为电子具有费米子性质和电荷，能强烈地相互作用，因此，电子非常适合诱发非线性响应，从而进行非线性变换。同时，这些强相互作用降低了电子对于模拟信息传输的适用性：最初编码的信息将被"电子-电子"相互作用污染，如相邻互连之间以及与基板之间的感应。此外，始终存在的电磁介电常数不可避免地将电子通信线路与电容联系起来。加上信息载体的电荷，限制了电子传输线的调制带宽。因此，如表 1.1 所示，电子非常适合实现非线性变换，但在信息传输方面表现平平。这对人工神经网络及其超大规模连接的实现有直接的影响。可以在文献[9]、[10]里找到关于现代电子计算的极限及其实际意义的更多细节。

表 1.1 电子、光子和奇异/混合基板在物理上实现基本计算操作的适用性（改编自文献[6]）

	电子	光子	奇异/混合基板
非线性变换	√√√	×	√√√
信息传输	√√	√√√	√√

一方面，光子是不带电荷的玻色子。因此，对于与我们讨论相关的光强度，它们并不直接相互作用。只有作为介质的物理基板才能引入这种作用。这意味着一个光子的电场（磁场可以忽略不计）首先需要改变介质的属性，这反过来又会改变其他光子的属性。很遗憾，传统材料的相互作用系数相当小，与电子相比，其为非线性变换的一个不良评级（见表 1.1）。另一方面，信号传输在其他完全相同的方面获益匪浅：只要物理性质允许信号分离，即使用光子偏振或波长，大量的通信信道也可以沿着一条线路传输，而没有明显的相互作用。此外，与电子情况相反，传输线的长度不会限制调制带宽。因此，光子非常适用于我们日常生活中的通信：现代通信和互联网在很大程度上依赖于光信息传输。因此，表 1.1 中的光子的传输等级为极好。

光子的线性性能不尽如人意，因此，人们开发了无数策略来给光学带来非线性。一个高度活跃的研究领域是高级材料和新型波导几何结构的使用。图 1.2 概述了不同非线性效应光学效果的转换能量。最近，图 1.2 被成功扩展到更快和更节能的过程。最初，光学非线性主要是基于泡克耳斯和克尔效应实现的。在 1mm 长的波导中，基于这些过程的现代结构需要~mW 全光产生一个周期的 sin^2 非线性[11-12]。然而，非线性不需要全光产生。利用等离子体效应，电光调制的转换能量现在接近潜在 THz 带宽的阿托焦耳范围[13]。这种转换能量甚至可与当前的半导体技术[14]相竞争,并且通过简单地装入一种光敏元件,就可以产生有效的全光非线性。这显示了新型光子技术在实现光计算的非线性变换方面的巨大潜力。

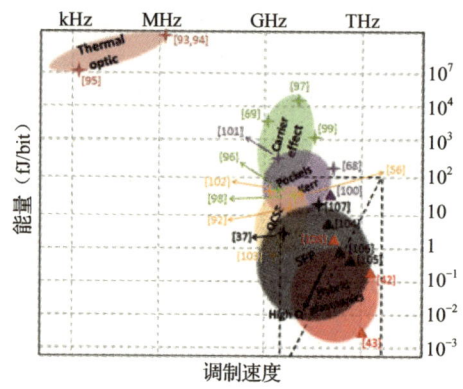

图1.2　不同非线性光学效果的转换能量[13]

(目前的最低转换能量达到阿托焦耳范围,使它们与当前的半导体技术兼容[14])

从计算领域过去的发展和研究来看,光学和电子学仍将处于锁定状态,既竞争又协同。光计算是一个有着惊人的悠久历史的领域,第一批书已经在20世纪70年代出版[15]。目前,通过提供廉价的高性能电路和每芯片、每美元的晶体管数量在数十年间的指数级增长,电子产品显然获得了成功。同样,Laval等人[16]在1990年已经考虑了用于计算的集成光子元件。然而,目前它们的能量效率和覆盖领域都无法与电子产品相媲美。但是,这种对话严重偏向于大多数人认为的(也许是错误的)与计算同义的领域:主要串行架构内的布尔逻辑。如今,标准CPU的性能极限不是由单个晶体管的大小或速度决定的,而是由它在小体积的基板内消耗的能量决定的。到目前为止,很大一部分动态能量耗散源自互连[17-18],鉴于此,神经网络的出现使对计算核心的需求产生了根本性的转变。这里提供一些数字:目前CMOS晶体管栅极的转换能量在40aJ~3fJ的范围内;切换10mm长的互连线消耗600fJ(文献[19]和其中的参考文献)。经典冯·诺依曼计算机中的连接大多是近程的,但它们已经限制了这些芯片的规模。互连对当前架构能量预算的影响与神经网络(NN)相比相形见绌,神经网络的基本特征是大规模连接。结合集成光学的最新进展,利用光学相对于电子学的基本优势进行信号传输,可能对下一代神经网络硬件至关重要。电子芯片工业硬件发展的改良证实了这些问题。受神经网络应用增长的推动,谷歌甚至开发了自己的硬件平台——张量处理单元(TPU)[20]。它的核心是一个脉动阵列电路,更适合大规模向量矩阵乘积的计算。然而,该设备无法完全并行地执行这些操作——几十年来在光学领域证明了这一点[21]。因此,我们得出结论,神经网络概念的变革性影响已经深入到处理器架构的基本性质中,因此将推动未来计算硬件的发展。

很遗憾，所有这些将很快逼近人工神经网络硬件的性能极限，应该使我们认真地重新考虑作为一种替代或补充技术的光学。光学具有解决许多讨论的关键问题的重要优势。今天，我们不能认真地考虑机械计算机。对具有几乎无数互连的人工神经网络处理器来说，未来可能也是如此。因此，在现实世界的潜力和长期可能性之间保持平衡的明智方法是至关重要的。

1.1.2 逻辑光计算机

基于布尔逻辑运算的计算成功，用于计算的光学逻辑从早期就受到了极大的关注。其中，由18所大学组成的参与了欧洲联合光学双稳态项目的一个大型欧洲联盟对该领域进行了详细的探索[22]。使用光学而不是电子学主要受三个因素推动。第一个因素是，避免光电转换。通信是以光学方式进行的，今天甚至比人们最初对光学逻辑感兴趣的时候还要多。因此，与电子计算机接口基本上需要光电转换，反之亦然。其中，这些转换与功耗增加相关联。第二个因素是，光学过程的潜在高带宽，容易实现亚皮秒切换时间。人们不得不承认，今天的晶体管也可以达到这样的切换速度[14]。然而，对于完整的系统，我们需要再次考虑由电互连引起的带宽限制，如今这种限制位于 GHz 范围内。第三个因素是，在该领域的基础上，明确关注了光信号传输的平行和空间分布性质[23]。因此，高度并行的电路是光学逻辑计算机的一个重要目标。

Szoke 等人[2]在1969年已经提出了基于锁存光学双稳态实现布尔逻辑。在他们的出版物中，讨论了如何使用外部激光源的信号在高或低传输状态之间稳定地切换可饱和腔。一般来说，支持这种双稳态切换行为的系统是基于与某种反馈或耦合机制相结合且非线性的。这种相互作用项可以是专用的反馈通道，也可以是可饱和吸收腔的情况，即光和材料之间的持续相互作用[24]。Firth[24]在文献[25]的光学双稳态和光学存储器理论一章中介绍了这种双稳态的一般模型：

$$\frac{dI}{dz} = -\alpha(\varphi)I \tag{1.1}$$

$$\frac{d\varphi}{dt} = I_0 f(\varphi) - \Gamma(\varphi - \varphi_0) = A(\varphi) - B(\varphi) \tag{1.2}$$

式中，I 是光强度；$\varphi(\varphi_0)$ 是设备（环境）温度；α 是依赖于温度的吸收系数；$f(\varphi)$ 是非线性光-物质相互作用。这个例子基于由于光吸收引起的温度变化所引发的非线性效应，但是这个模型可以简单地扩展到可饱和吸收体。在图 1.3 中，我们示意性地说明了潜在的机制。在图 1.3（a）中，$A(\varphi)$ 是系统的非线性响应，$B(\varphi)$ 是系统的线性响应。图 1.3（b）标识了系统的特征区域。根据式（1.2），如果在区域 R1(R3)中初始化，则梯度 $d\varphi/dt$ 为正，系统被 $\varphi_1(\varphi_3)$ 吸引。对于区域 R2(R4)，梯度为负，再次导致系统被 $\varphi_1(\varphi_3)$ 吸引。由于在 φ_1 和 φ_3 处的梯度为零，如果 $A(\varphi)$ 和 $B(\varphi)$ 与图 1.3（a）中强调的一般属性一致，则两个值都吸引系统的不动点或稳定稳态。对于使用两个外部输入信号的情况,这种配置可以实现基本的逻辑运算 AND 或 OR。当实现光学 OR 逻辑门时,每个外部输入必须提供一个功率,将系统设置为$\varphi > \varphi_2$,而在 AND 系统中,只有两个输入的功率组合才能将系统设置到该点。对于可饱和腔系统,结果是实现了对应于低或高光传输的两个不动点。据报道,这种光学双稳态基于充满钠蒸气[26]的法布里-珀罗腔或 InSb 半导体[27]。Smith 等人[23]概述了演示系统和可能的配置。最后,还实现了多个此类元件的级联[28],展示正在恢复数字逻辑。

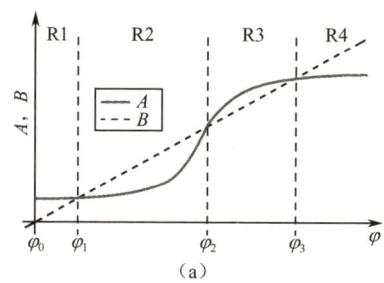

图 1.3　光学双稳态的示意图

图 1.3(a)显示了系统对式(1.2)中φ变化的非线性($A(\varphi)$)和线性($B(\varphi)$)响应。不动点位于线性和非线性项平衡的位置。鉴于它们附近的φ符号,这些是稳定或不稳定的不动点。图 1.3(b)总结了相关性质。

今天,仍在激烈而有争议地讨论着用光逻辑计算的前景、挑战和可行性。说明性的例子是 Caulfield 等人[29]、Tucker 等人[30]和 Miller 等人[31]关于光学晶体管的一系列评论文章。实现光晶体管(全光计算逻辑的基本单元)是非常重要的,它是与现实世界应用相关的设备,Miller 强调了它必须满足的多个标准[32]。由于这种复杂性,他仅介绍了一种大规模和多级全光逻辑计算机[33]。该系统由 6 个阶段组成,每个阶段包含一个 32×32 阵列或双稳态光学元件,见图 1.4。虽然这种系统维度对基于逻辑运算的计算机来说是不够的,但 6 个阶段 1024 个非线性节点已经达到了足够的规模,可以应用于有趣的机器学习。最后,为了支持对光计算的持续兴趣,Miller 精确地强调了我们以前使用的互连的论点,指出它们对未来神经网络计算基板越来越重要。

1.1.3　具有空间变换的光计算

有一种不同的计算方法,它基本上基于光学成像的空间性质。单个光学透镜同时转换任意复杂的光学波形。因此,包含在镜头视野内并可通过其脉冲响应函数解析的所有信息都被完全并行地转换,从而可能产生非常大的空间带宽积。与串行光学二进制逻辑不同,空间分布光学信息的转换通过利用其巨大的空间并行性来展现光学的优势。在遵循这种方法的方案中,最重要的通常是简单光学透镜的傅里叶变换特性[34-35]。如果把一个物体放置在焦距为f的透镜焦平面内,那么在透镜后面的f处产生物体的空间傅里叶变换。一个重要的限制是,透镜的傅里叶变换仅在近轴近似区域内的振幅和相位得到满足时才是精确的[35]。

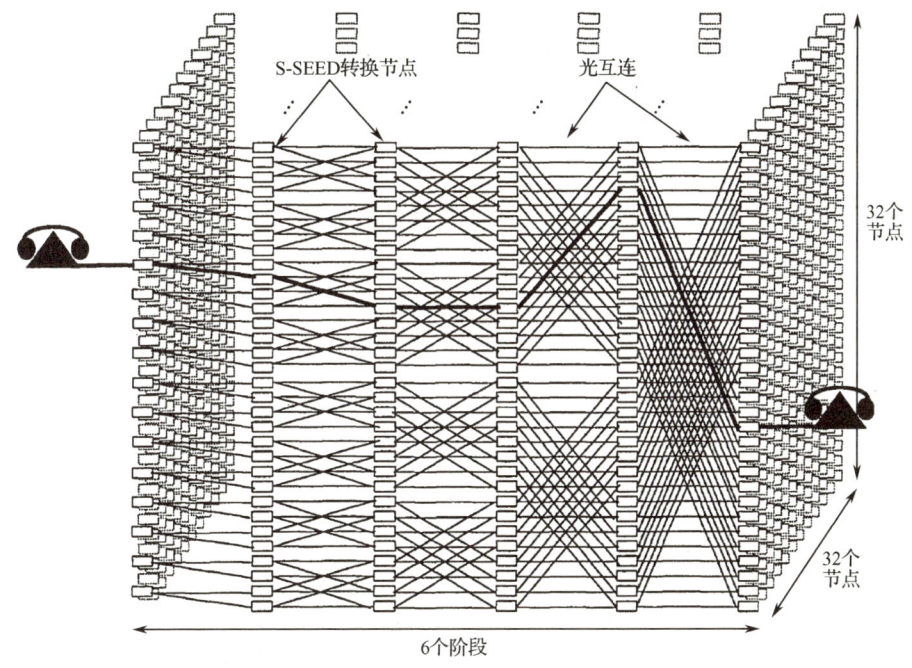

图 1.4　6 个阶段 32×32 阵列双稳态光学元件示意图[33]

这种光学变换的一个常见应用是实现光学卷积，Weaver 和 Goodman[36]对此进行了论证，后来 Psaltis 等人[37]甚至将其用于支持数值计算。在图 1.5 中，我们示意性地说明了这个概念是如何通过光学相关器实现目标识别的。待分析的物体 $s(x,y)$ 被放置在位置 $z=0$ 处，对应于透镜 1 前面的一个焦距 f，并且经由平面波被相干照射。在位置 $z=2f$，得到的傅里叶谱与滤波器或参考 $R(u,v)$ 相乘。这里，$R(u,v)$ 是识别目标的复共轭傅里叶谱，其中 u 和 v 分别是 x 和 y 方向的空间频率。进行这种布置之后，将透镜 2 放置在 $z=3f$ 处，透镜 2 将 $z=2f$ 处的乘法转换成 $z=4f$ 处的卷积。然后在距离物体 $z=4f$ 处提供物体和分类目标之间的相关结果，因此图 1.5 所示的设置通常被称为 4f 光学相关器。图 1.5（b）和（c）显示了参考 $R(u,v)$ 分别提供幅度和相位信息或仅提供相位信息情况下的空间相关性。光学相关器被应用于相关任务，如路标识别[38]。这种方法的一个严重的局限性是它对篡改输入数据很敏感。4f 光学相关器仅相对于光输入的空间平移是不变的，在这种情况下，只有相关峰的位置会在位置 $z=4f$ 处移动。另外，旋转和拉伸会降低光学相关器的性能。除了所讨论的系统外，Cutrona 等人推导和证明了通过透镜、滤光器等的各种布置实现的多种不同的信息处理应用[39]。虽然大多数此类空间变换概念利用线性操作，但是它们可以通过在设置的不同阶段结合非线性响应来扩展[40]。

其他基本的数学运算也已经通过光学技术展示出来了。一个例子是基于斯托克斯可逆性的两幅图像相减，通过相位共轭迈克尔逊干涉测量法实现了这种相减[41]。

另一个经典操作例子是矩阵乘积的光学实现[21]，也基于脉动阵列方法[42]。在该领域的最初发展中，一个令人惊讶的障碍减缓了进展：高质量和实用输入设备的不可用性[3]。由于信息输入通常是二维图像，所以需要容易重新配置的屏幕。在 Labrunie[43] 演示了第一个空间光调制器（SLM）之后，这个障碍才基本被克服。

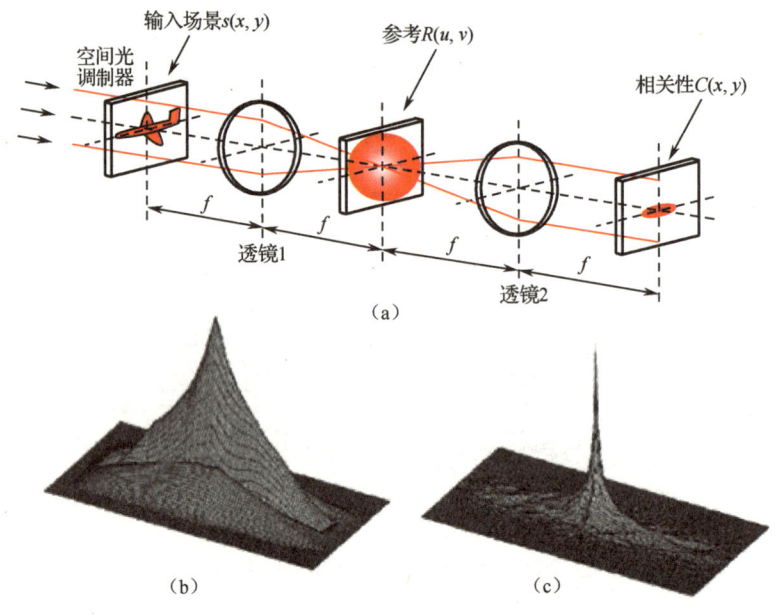

图 1.5　通过光学相关器实现目标识别[3]

（a）基于自由空间光学的光学相关器。将场景 s(x,y) 放置在透镜 1 的焦平面内，并被平面波照射。然后，物体的傅里叶变换出现在透镜的后焦面上。如果将感兴趣的复共轭傅里叶变换 R(u,v) 的物体放置在同一平面内，则透镜 2 在傅里叶光谱 s(x,y) 和 R(u,v) 之间执行卷积。如果 s(x,y) 对应于感兴趣的物体，那么卷积产生大的相关信号。图 1.5（b）显示振幅和相位的自相关峰值，图 1.5（c）仅显示相位匹配参考 R(u,v) 的自相关峰值。

1.2　神经网络

人工神经网络（ANN）由非线性计算单元组成，以类似生物神经连接的方式并行运行和排列[44]。这些模型已得到广泛研究，以便在模式识别领域实现类似人类的性能。如今，神经网络主要从两个角度来考虑：认知科学（对人类大脑的跨学科研究）和连接主义（信息处理理论）[45]。在本书中，神经网络被用于设计光学系统。因此，有关其设计和目的，以及大脑如何工作的问题不在考虑范围之内。

该领域的先驱 McCulloch 和 Pitts 在 20 世纪 40 年代初研究了神经元模型互连的潜力[46]。之后，在 1949 年，Donald Hebb 提出了一种调节人工神经元连接的学习规则[47]。"感知机（perceptron）"这个名称是 Rosenblatt 在 1958 年创造的[48]，他发展了统计可分性理论。1969 年，Minsky 和 Papert 对感知机[49]进行了严格的分析，并证明感知机无法处理基本的异或（XOR）电路，暂时减缓了该领域的发展。Werbos 复兴了该领域，他在 1971 年开发了反向传播算法，并在他的博士论文中发表了该成果[50-51]。

神经网络由基本计算单元（即神经元）组成。生物神经元是一种能够产生一系列电子脉冲的细胞。对于 ANN 的实际应用来说，模拟生物神经元复杂的内部动力学（如使用 Hodgkin-Huxley 模型[52]）是不切实际的。为此，引入了人工神经元，不但保持了脉冲行为，而且极大地简化了内部动力学（参见文献[53-56]）。通过忽略单个脉冲并引入平均脉冲率 α，可以进一步简化人工神经元模型。此类神经元称为模拟神经元，其行为用下式描述：

$$a = f\left(\sum_i w_i x_i\right) \tag{1.3}$$

式中，a 是神经元的输出（也称为神经元的当前状态或激励）；x_i 是来自网络中其他神经元的输入；w_i 是这些连接的权重；f 是激活函数。常见选择是采用 sigmoid 函数（s 形函数）作为激活函数，如双曲正切函数或反正切函数[44]。

总之，图 1.6 所示的神经元是一个非线性函数，由系数 w_i 参数化，通常称 w_i 为权重，或者源于生物学的突触权重。人们应谨慎使用"连接（connection）"这个术语，并看清这个词背后的隐含意义。在人工神经网络的大多数硬件应用中，那些神经元不是物理实体。相反，它们可以通过电子方式实现，如在硅中实现，或者在模拟信号中进行时分复用。因此，神经元之间的连接实际很少存在，仅仅表明单个神经元（即实现神经元的硬件模块）是如何相互连接和相互作用的。

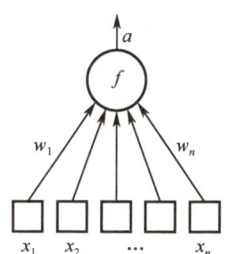

图 1.6　模拟神经元示意图

（由来自其他神经元 x_i 和权重（或参数）w_i 的输入的非线性函数 $a = f(x_i, w_i)$ 表示，改编自文献[57]）

神经网络分为两类：前馈神经网络和递归（或反馈）神经网络，具体内容分别见 1.2.2 节和 1.2.3 节。但首先，我们介绍它们的主要前身——感知机。

1.2.1　感知机

图 1.7 显示了一个二分类任务的小例子，其中两个类可以被一个超平面分开。图 1.7 中包括无限多个可能的超平面（在这种情况下是直线）的两个实例。使用输入特征的线性组合并产生二进制输出的分类器被称为感知机[48,58]。感知机为 20 世纪 80 年代和 90 年代的神经网络模型奠定了基础[59]。

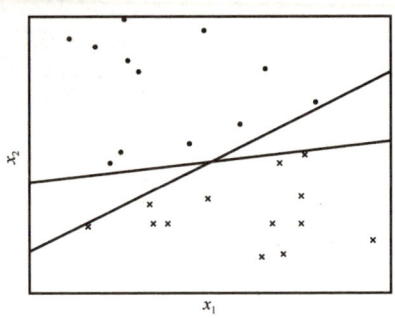

图 1.7 一个二分类任务的小例子

感知机学习算法（perceptron learning algorithm）是一种二分类器，通过最小化错误分类点到决策边界的距离来寻找分离超平面。实数输入向量 $\boldsymbol{x} \in \mathbf{R}^n$ 被映射为二进制值 $y(\boldsymbol{x})$，如下：

$$y(\boldsymbol{x}) = \begin{cases} 1, & (\boldsymbol{w}\boldsymbol{x} + w_0) > 0 \\ -1, & \text{其他} \end{cases} \tag{1.4}$$

及

$$\boldsymbol{w}\boldsymbol{x} = \sum_{i=1}^{n} w_i x_i$$

式中，w_i，$\cdots$，w_0 是分离超平面的参数，也称为决策边界。在神经网络的背景下，感知机采用阶跃函数（heaviside function）作为激活函数的人工神经元。当前的算法式 (1.4) 描述通常被称为单层感知机，以区别于多层感知机，多层感知机对应于更复杂的神经网络。作为一个线性分类器，单层感知机是一个简单的前馈神经网络（将在 1.2.2 节介绍）。

决策边界的搜索可以通过随机梯度下降算法（stochastic gradient descent algorithm）来进行，并从一个随机猜测开始[59]。如果响应 $y(\boldsymbol{x}) = 1$ 被错误分类，则 $(\boldsymbol{w}\boldsymbol{x} + w_0) < 0$。对于一个错误分类的响应 $y(\boldsymbol{x}) = -1$，则 $(\boldsymbol{w}\boldsymbol{x} + w_0) > 0$。最小化误差定义为

$$E(w_i) = -\sum_{j \in \varepsilon} y_j (\boldsymbol{w}\boldsymbol{x} + w_0) \tag{1.5}$$

式中，ε 是错误分类点的集合。梯度由下式给出：

$$\frac{\partial E}{\partial w_0} = -\sum_{i \in \varepsilon} y_i \tag{1.6}$$

$$\frac{\partial E}{\partial w_{i \neq 0}} = -\sum_{j \in \varepsilon} y_i x_i \tag{1.7}$$

并且通过访问 ε 中每个错误分类的输入并应用如下的梯度来递归地更新参数 w_i：

$$\begin{pmatrix} w_0 \\ w_1 \\ \vdots \\ w_n \end{pmatrix} \leftarrow \begin{pmatrix} w_0 \\ w_1 \\ \vdots \\ w_n \end{pmatrix} + \lambda \begin{pmatrix} y_i \\ y_i x_1 \\ \vdots \\ y_i x_n \end{pmatrix} \tag{1.8}$$

式中，λ是学习率，在这种情况下，不失一般性，取值为1[59]。

如果问题是线性可分的，则该算法在有限步骤内收敛到一个分离超平面[59]。从不同的随机初始化中得到的两个解如图1.7所示。

感知机学习算法存在一系列缺点。首先，单层感知机只能解决线性可分问题。如果输入线性不可分，则该算法将不会收敛并形成多次循环。循环可能很长，因此难以检测。最著名的示例就是感知机无法解决布尔异或（Boolean XOR）问题。其次，对于一个线性可分的问题有许多解，算法的结果与起始值（即随机初始化）密切相关。最后，有限步骤内收敛性的证明并不能保证合理的收敛时间，即差距越小，找到差距的时间越长[59]。

20世纪80年代，感知机在语音或图像识别方面有许多应用，但现在已被更简单的支持向量机取代[60-63]。

1.2.2 前馈神经网络

前馈神经网络是其输入的函数，可以被视为其多个神经元函数的组合[57]。在大多数情况下，以前的函数是非线性的，就像神经元的个体函数一样。然而，在特定情况下，可以选择线性函数作为神经元的功能，从而产生线性前馈神经网络。

神经网络的图形表示是一种直观而有效的可视化系统结构的方式。在这样的图形中，神经元是顶点，边与连接对应。简单的前馈神经网络图形如图1.8所示。根据定义，该图形是非循环的，即图形中没有路径能形成闭环。执行最后计算并产生网络输出的神经元被称为输出神经元。执行中间计算的其他神经元被称为隐藏神经元。输入（图1.8中的正方形）和输入神经元（第一层圆圈，与输入正方形连接，应称为隐藏神经元）在文献中经常混淆。这似乎令人困惑，因为从技术上讲，输入不是神经元：它们不执行任何计算，只是将输入变量传递给神经元。

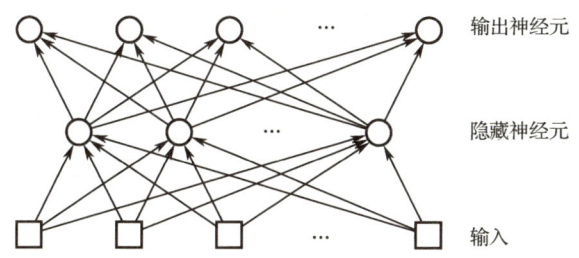

图1.8 有n个输入、N_h个隐藏神经元的层和N_o个输出神经元的前馈神经网络图形，改编自文献[57]

在满足无环图的唯一约束下，可以想象出大量不同的网络拓扑结构。然而，大多数神经网络应用使用的是多层网络，如图1.8所示[57]。

有n个输入、N_h个隐藏神经元和N_o个输出神经元的前馈神经网络计算其n个输入变量的N_o个非线性函数。这些是由隐藏神经元计算的N_h个函数的组合。由于非循环图特性，前馈神经网络是静态的。也就是说，如果输入是恒定的，那么输出也是恒定的。因此，前馈神经网络通常被称为静态网络，与将在 1.2.3 节描述的递归神经网络相反。具有 sigmoid 非线性的前馈多层网络通常被称为多层感知机（Multilayer Perceptrons）或 MLP。

为了说明上述概念，考虑一个具有单层非线性隐藏神经元（具有 sigmoid 激活函数）和单线性输出神经元的前馈神经网络的示例。这个示例对应于实践中特别重要的一类前馈神经网络[57]。

该网络的输出由下式给出：

$$\begin{aligned} g(\boldsymbol{x},\boldsymbol{w}) &= \sum_{i=1}^{N_h}\left[w_{N_h+1,i}\tanh\left(\sum_{j=1}^{N_k}w_{ij}x_j+w_{i0}\right)\right]+w_{N_h+1,0} \\ &= \sum_{i=1}^{N_h}\left[w_{N_h+1,i}\tanh\left(\sum_{j=0}^{N_k}w_{ij}x_j\right)\right]+w_{N_h+1,0} \end{aligned} \tag{1.9}$$

式中，x 是具有 N_k+1 个输入变量的输入向量；w 是具有 $(N_k+1)N_h+(N_h+1)$ 个参数的权重向量。如上所述，隐藏神经元从 1 到 N_h 编号，输出神经元被标记为 N_h+1。传统上，权重 w_{ij} 被分配给神经元 j（或网络输入 j）到神经元 i 的连接。输入 x_0 通常被设置为常数值 x_0=1，并用作网络中所有神经元的偏置项，具有相应的权重 w_{i0}。

根据式（1.9），人们注意到网络的输出 $g(x,w)$ 是最后一个连接层（从 N_h 个隐藏神经元到输出神经元 N_h+1）的参数的线性函数，以及第一个连接层（从网络的 N_k+1 个输入到 N_h 个隐藏神经元）的参数的非线性函数。因此，多层感知机的输出是其输入和参数的非线性函数。

1.2.3 递归神经网络

递归神经网络代表最普遍的神经网络架构[57]。它们的连接图包含至少一个形成闭环的路径，即沿着连接，可以返回到起始神经元。这样的路径称为一次循环。因为神经元的输出不能是其自身的函数，所以对于这样的架构必须明确地考虑时间。换句话说，神经元的输出不能是同一时刻自身的函数，但可以是过去值的函数。

鉴于数字系统在硬件应用中的主导地位（如标准计算机或专用数字电路），离散时间系统是研究递归神经网络的自然框架。因此，递归神经网络通常用递归方程来描述（因此得名），递归方程是连续时间微分方程的离散时间等效形式。

在这个离散时间框架中，每个连接被分配两个参数（比前馈神经网络多一个）：权重和延迟（可能等于零）。延迟是基本时间单位的整数倍。出于因果关系的原因，具有因果关系的递归神经网络图中一个循环的延迟之和必须非零。

递归神经网络的一个示例如图 1.9 所示。分配给连接的延迟以时间单位 T 的整数倍表示，以菱形标出。这个网络是因果的，因为从神经元 1 通过神经元 2 回到自身的唯一循环具有非零延迟总和。

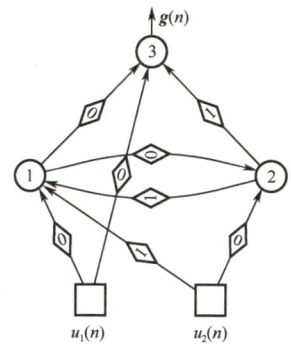

图 1.9　具有两个输入的递归神经网络的图形表示

菱形中的数字表示分配给每个连接的延迟，用单位时间或采样周期 T 表示。该网络包含一个循环：从 1 经过 2 返回到 1。该图改编自文献[57]。

类似于前馈神经网络，我们提出了递归神经网络的一般数学描述。线性系统的一般方程是

$$\boldsymbol{x}(n) = \boldsymbol{A}\boldsymbol{x}(n-1) + \boldsymbol{B}\boldsymbol{u}(n-1) \quad (1.10\text{a})$$

$$\boldsymbol{g}(n) = \boldsymbol{C}\boldsymbol{x}(n-1) + \boldsymbol{D}\boldsymbol{u}(n-1) \quad (1.10\text{b})$$

式中，$n \in \boldsymbol{Z}$ 是离散时间，用单位时间或采样周期 T 表示，因此 $t = nT$；$\boldsymbol{x}(n)$ 是时间 nT 时的状态向量；$\boldsymbol{u}(n)$ 是输入向量；$\boldsymbol{g}(n)$ 是输出向量；$\boldsymbol{A}$、$\boldsymbol{B}$、$\boldsymbol{C}$、$\boldsymbol{D}$ 是矩阵。类似地，非线性系统的标准形式被定义为

$$\boldsymbol{x}(n) = \phi[\boldsymbol{x}(n-1),\boldsymbol{u}(n-1)] \quad (1.11\text{a})$$

$$\boldsymbol{g}(n) = \Psi[\boldsymbol{x}(n-1),\boldsymbol{u}(n-1)] \quad (1.11\text{b})$$

式中，ϕ 和 Ψ 是非线性向量函数（如神经函数）。Nerrand 等人[64]已经证明，任何递归神经网络，无论多么复杂，都可以用标准形式表示，由前馈神经网络组成，其一些输出（称为状态输出）通过单位延迟反馈到输入[57]。

例如，图 1.9 中的神经网络可以转换成标准形式，如图 1.10 所示。该网络只有一个状态变量：神经元 1 的输出。在该示例中，神经元 1 是隐藏神经元，但是在通常情况下，状态神经元也可以是输出神经元。关于递归神经网络及其规范形式的更多细节可以在文献[57]中找到。

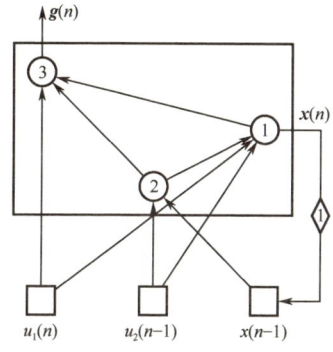

图 1.10　图 1.9 所示网络的标准形式，改编自文献[57]

1.2.4 深度神经网络

直到最近，大多数人工神经网络方法已经利用了浅层结构的架构，通常包含少量（一两个）非线性神经元层[65]。浅层网络已被证明可有效解决许多简单的问题。然而，它们的建模和表征能力有限，可能会在处理涉及复杂数据（如人类语音、语言和自然视觉场景）的真实世界应用程序时造成困难。人脑中的生物信息处理机制，如视觉和听觉，显然配备了层次结构[66]，这表明需要深层架构来从复杂和丰富的数据中构建准确的表示。

历史上，深度学习起源于人工神经网络领域。也就是说，具有许多层隐藏神经元的多层感知机（或前馈神经网络，已在 1.2.2 节中介绍）通常被称为深度神经网络（Deep Neural Networks，DNN）。对层数而言，在写本书时，未在文献中找到浅层架构和深层架构之间的明确界限。

1.2 节中提到的反向传播（Back-Propagation，BP）算法用于学习这些深度神经网络的最佳参数。然而在实践中，BP 算法只在具有少数隐藏层的网络中表现良好[67-68]。其主要问题是深度神经网络的非凸成本函数中存在大量局部最优解。BP 算法以梯度下降法为基础，从一些随机的初始点开始，经常陷入不良的局部最优解。问题的严重程度随着网络深度的增加而显著增大。这个问题导致部分机器学习研究从深度架构转向具有凸损失函数的浅模型，该模型具有容易获得的全局最优解。

当无监督学习算法被引入时[69-70]，上述问题在经验上得到了解决。一类新的被称为"深度信念网络（DBN）"的深度生成式模型被引入。DBN 是一个深度神经网络，各层之间有连接，但每层内的单元之间没有连接[69,71]。需要分两个阶段对其进行训练。第一个阶段是无监督阶段，它学习重建输入，以便层可以作为特征探测器使用。第二个阶段是监督阶段，系统学习执行分类。

用相应配置的 DBN 初始化深度神经网络或 MLP 的权重，通常可产生比用随机权重好得多的结果[65]。因此，深度 MLP 可以用无监督 DBN 进行预训练，然后通过反向传播进行微调。目前，其他训练技术已经被开发出来，但是它们超出了本书介绍的范围。

现在深度学习有各种类似的定义。LeCun 等人[72]提出了以下一条论断作为其领域引领论文的第一行："深度学习允许由多个处理层组成的计算模型学习具有多个抽象级别的数据表示。"

也就是说，深度学习的第一个关键问题是，它基于由多个非线性信息处理层组成的模型；第二个关键问题是，类似人类信息处理系统，它在不同抽象层次的数据上发展出多种表示。如果没有几项技术的进步，如芯片处理能力（通用 GPU）的大幅提高和用于训练的数据量的大幅增加，深度学习不会取得如此巨大的成功。正如人工神经网络领域的先驱 Geoffrey Hinton（关于训练 MLP 的反向传播算法的第一篇论文的合著者）[73]在皇家学会演讲中指出的那样，深度学习早在 1986 年就已经为人所知，但由于以下四个原因，当时没有成功。

（1）我们标记的数据集小了几千倍。

（2）我们的计算机慢了几百万倍。

（3）我们用一种愚蠢的方式初始化了权重。

（4）我们使用了错误的非线性类型。

为了结束对深度学习的简要介绍，我们提出了三种流行的最先进的深度学习技术。

多层感知机。深度前馈神经网络，已在 1.2.2 节中讨论。目前最流行的非线性激励函数是线性整流函数（ReLU）①，或者半波整流函数 $f(z)=\max(z,0)$ [72]。

卷积神经网络。由 LeCun 等人首次提出，用来分析视觉图像[74]，这些网络保存了数据的空间结构。它们可以被视为多层感知机的变体，并受到生物进程的启发，因为神经元之间的连接模式类似于视觉皮层的组织[75]。

长短期记忆网络。长短期记忆网络是使用 BP 算法的循环神经网络，由连接到层的记忆块组成。它由 Jurgen Schmidhuber [76]提出，可用于创建大型（堆叠）递归网络。这些系统非常适合于时间序列的分类、处理和预测。

1.2.5 Hopfield 网络

在 1982 年发表的开创性论文[77]中，Hopfield 提出了一个问题，即大量简单的神经元能否完成一项计算任务。他特别强调了系统的集体性质，复杂的处理功能可以作为神经系统的一个涌现特征出现。基于我们今天所称的人工神经网络（ANN），系统将被非定域化，并利用了广泛的异步处理。突出这些技术细节表明，那个时期 Hopfield 对在专用硬件上实现感兴趣。这种 Hopfield 网络要解决的特定任务是内容可寻址存储器。与经典计算机不同，在 Hopfield 网络中，内容可寻址存储器应该对噪声具有健壮性，即使只有部分信息可用也应该是可以访问的。因此，Hopfield 网络将把健壮误差校正结合到其架构中。

学者们在文献[77]中指出，多个物理系统内在拥有这样的纠错属性。对物理动力学系统而言，稳定的内容可寻址存储器对应于局部稳定的固定点。在它们周围，系统的流场——描述其运动方程——指向局部稳定的位置，参见图 1.3。假设存在阻尼运动和在这样的区域初始化，系统将向这些固定点放松，并且调用正确的存储。对于由 N 个神经元组成的系统和系统的第 m 个固定点 $\boldsymbol{x}^m=\{x^1,x^2,\cdots,x^N\}$，如果噪声或信息缺乏 Δ 足够小，则初始系统状态 $\boldsymbol{x}^{m'}=\boldsymbol{x}^m+\Delta$ 收敛到 $\boldsymbol{x}^{m'}\to\boldsymbol{x}^m$。因此，特定的存储值 $\boldsymbol{x}^m$ 可由非理想的初始化向量寻址。

神经元 $i=\{1,2,\cdots,N\}$ 的可能状态是在速率编码的基础上定义的：$x_i=1$（"最大速率放电"）或 $x_i=0$（"不放电"）。因此，状态 $\boldsymbol{x}$ 对应于二进制词向量（word vector）。

---

① 译者注：也常译为线性修正单元。

沿着时间 n 的演化由网络的连接矩阵 W 和神经元非线性函数 $f(\cdot)$ 控制

$$x_i(n+1) = f\left(\sum_j W_{i,j} x_j(n)\right) \quad (1.12)$$

$$f(x_i) = \begin{cases} x_i \to 1 & x > D \\ x_i \to 0 & \text{其他} \end{cases} \quad (1.13)$$

式中，D 通常设置为零。Hopfield 接着根据下面的两个公式定义了基于 $m=\{1,2,\cdots,M\}$ 存储器值 x^m 的耦合矩阵

$$W_{i,j} = \sum_m (2x_i^m - 1)(2x_j^m - 1) \quad (1.14)$$

$$W_{i,j} = 0 \quad (1.15)$$

在图 1.11（a）中，示意说明了由此产生的网络。注入向量 $x^{m'}$ 查询存储在 W 中的特定记忆。查询词向量将网络设置为其初始状态，然后网络仅根据内部相互作用从初始状态演化，如式（1.12）所述

$$x_i^{m'}(n+1) = f\left(\sum_m (2x_i^m - 1)\left[\sum_j x_j^{m'}(n)(2x_j^m - 1)\right]\right) \quad (1.16)$$

$$= f(H_i^{m'}(n)) \quad (1.17)$$

对于 x^m 在统计学上均匀分布的布尔值，可以对系统的时间演化进行如下观察。式（1.16）的方括号中的项平均值为 0（除非 $m=m'$，这时为 $\frac{N}{2}$）。因此，神经元 i 的内部状态变成了 $H_i^{m'}(n) \approx (2x_i^m - 1)N/2$，对于 $2x_i^m = 2(2x_i^m = 0)$，分别为正（负）。由于阈值非线性 $f(\cdot)$ 的变换，不考虑源自 $m' \neq m$ 项的噪声，存储的状态是稳定的。此外，$f(\cdot)$ 强迫输入趋向已保存的其中一个二进制词向量。通常，为响应查询而提供的二进制词向量会向所存储的 x^m 收敛，与初始输入 $x^{m'}$ 的汉明距离最短[77]。

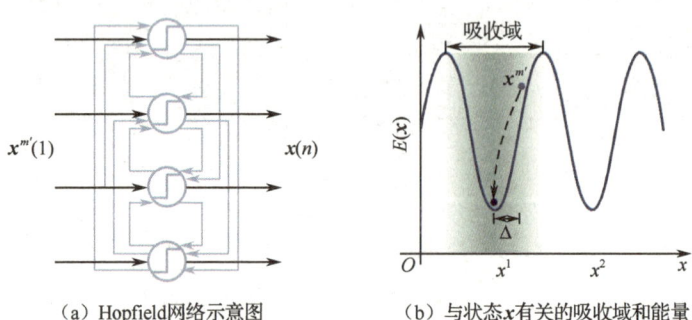

（a）Hopfield网络示意图　　　　（b）与状态 x 有关的吸收域和能量

图 1.11　示例

Hopfield 网络之所以成为特别受欢迎的系统，是因为它在概念上的简单性以及与物理系统的深刻联系。这种简单性允许导出对更普遍的神经网络来说难以获得的一般性质。例如，可以证明由式（1.17）中 $m \neq m'$ 项引起的对输入向量的偏差导致

SNR=$[(M-1)n'/2]^{1/2}$ 的信噪比[5]，式中，n' 是 x^m 中的正确位数。因此，为了获得特定存储精度的存储器，需要对在 W 中可以存储的词向量数量 M 进行限制。在实践中，存储应该被限制在 $M \leq 0.1N$。超过该值，与错误条目关联的概率会显著增加。

最后，我们可以将存储矩阵 W 与能量函数联系起来，这是物理系统的一种常用方法：

$$E(x) = -\frac{1}{2}\sum_{j \neq i} x_i x_j \qquad (1.18)$$

如图 1.11（b）所示，保存的词向量 x^m 对应于式（1.18）中能量函数的局部极小值。每当系统初始化时，其状态沿着式（1.18）的梯度反方向演化，在 x^m 周围产生吸收域。只要查询向量到所需存储器值的距离 Δ 小于吸收域的大小，Hopfield 网络就会提供正确的响应。

Hopfield 网络的其他几个性质支持其在由物理连接和神经元组成的网络中的潜在实现。Hopfield 研究了将连接矩阵 W 限幅为值 $W_{i,j} = \text{sgn}(W_{i,j})$ 的可能性，式中 sgn 是符号函数[77]。对于物理系统，这种限幅大大降低了系统的复杂性。网络连接可以是布尔型的，可以是兴奋性的，也可以是抑制性的。同样，有可能通过分析得出这种剧烈动作的影响：通过将 SNR 降低一个因子 $(2/\pi^{1/2})$，降低存储精度。因此，如果想要操作一个简化的硬件 Hopfield 网络，可以基于从全分辨率模型系统获得的经验来估计适当的存储器大小 M。对于物理网络，尤其令人感兴趣的是 Denker 等人[78]确定的度量。在光学中，信号的减法，如 W 中的负项所要求的减法，可能非常复杂，因为它通常要求相位稳定。然而，我们可以利用式（1.15）定义的函数 $f(\cdot)$ 中的自适应阈值。这个附加自由度使得能够向 W 添加偏移量，直到它的所有项都是正的为止。在这种宽泛标准的激励下，Hopfield 网络受到了物理和工程界的热烈欢迎，并在许多物理硬件网络中得以实现。1.3.1 节给出了最相关实现的选择，当时的技术发展水平可在文献[79]中了解。

1.3 早期光子实现

人们很快意识到，神经网络架构与经典的冯·诺依曼架构有着根本的不同。更新神经网络的状态通常涉及向量或矩阵乘积，随后是简单非线性局部函数的累加和变换，从而产生神经元输出。该概念同时有利于光学实现。正如本章开始时所讨论的，光信息的主要载体是光子，具有与它的电子对应物——电子完全不同的性质。光子是玻色子，因此它们在占据相同空间时不会直接相互作用。因此，即使对于部分占据相同物理空间的信号，线性乘法和累加也可以并行执行。神经网络可以最大限度地利用这一优势。同时，神经网络方法对计算的处理可将局部非线性变换的复杂性降到最小。简单的阈值、饱和或线性整流函数深受欢迎，并且具有同样强大的神经元非线性功能。

然而，以光学方式创建复杂的链路架构并不简单。由于光子不直接相互作用，所以限制简单的光学非线性变换的能耗是一项持续的工作。因此，必须根据光学神经网络的全局性能对其进行仔细评估。需要考虑能效、输入和输出隔离、级联能力和比例变换性质等方面。Caulfield 等人发表的一篇文章很好地说明了需要考虑这些因素的细节[29]。在这篇文章中，他们认为未来的超级计算需要光学。Tucker[30]和Miller[31]的迅速回应凸显了多个争议点。尽管存在这种争议，创造通常会促进理解，并且光学神经网络的前景是如此广阔，以至于必须努力建立一个具有竞争性、实用性和功能性的系统。

1.3.1 光学感知机

如 1.2.1 节所述，在感知机中，先根据连接 W 对网络或输入状态 x 进行加权，然后进行阈值非线性处理

$$y_i = f\left(\sum_j W_{i,j} x_j\right), \quad f(z) = \begin{cases} 1, & z > 0 \\ 0, & \text{其他} \end{cases} \tag{1.19}$$

根据输出 y 的维数，连接对应于一个向量或一个矩阵。因此，感知机学习的核心可以是向量乘积或矩阵乘积。由于光学的并行性，人们认识到这种操作可以从光学实现中受益匪浅。这也是光学互连的核心，光信号在输入和输出通道之间并行路由。由于路由对应于此类向量和矩阵乘积，所以互连技术可以简单地通过函数 $f(\cdot)$ 添加非线性阈值来转移到光学感知机学习的应用中。最后，人们需要一个规则，可以根据规则计算或通过监督学习从交互式优化中获得 W 的项值。一般来说，权重根据 $W_{i,j}(n+1) = W_{i,j}(n) + \Delta W_{i,j}(n)$ 和 $\Delta W_{i,j}(n) = g(x(n), W(n), y(n))$ 更新，式中 $g(\cdot)$ 是某个函数[80]。

20 世纪 80 年代后期是一个对光学感知机研究非常活跃的时期。学者们研究了创建和优化连接的多种方法。其中，几种全息实现方法显得特别有趣。Psaltis 等人[80]介绍了基于光折变晶体创建及迭代优化 W 的可能性。如图 1.12（a）所示，使用加载到空间光调制器（SLM）上的图案 W 和参考波之间的干涉来创建全息图。随后用状态 x 照射记录的全息图，在由先前使用的参考源确定的位置产生对应于积 Wx 的光信号。由于权重的调整要求必须减少 W 中太强的项，Psaltis 等人[80]用非相干照明叠加了模式，使耦合强度降低。

为多个源创建和修改全息图不是独立的：专用于特定全息图的动作将同时修改存储在同一晶体中的其他图案。为了避免这种不良影响，Psaltis 等人建议以分形配置来安排空间位置[82]。在由几何因素引起的这些条件和其他条件下，全息介质体积 $V = 1\text{cm}^3$ 可以存储大约 10^{10} 个光学波长为 $\lambda = 1\mu\text{m}$ 的连接参数[80]。使用遵循这些原理的光学设置，他们用实验证明了感知机学习，通过在输出端设置阈值来分离二进制输入模式[80]。此外，Wagner 和 Psaltis 认为，基于更高级的光学功能，可以训练

· 18 ·

由一层以上神经元组成的神经网络,包括当今大量使用的误差反向传播方案[80, 83]。然而,这些阐述仍然局限于理论上的考虑。

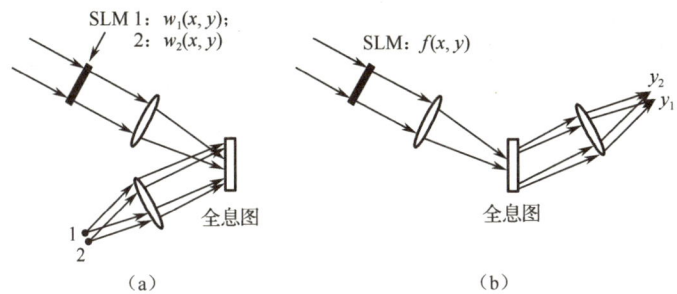

图 1.12　光学感知机学习示意图[81]

图 1.12（a）将权重 w_1 和 w_2 写入全息介质,分别通过光源 1 和 2 的照射将当前 SLM 状态关联到类别 1 或 2。图 1.12（b）中,当状态 1（2）再次出现时,产生输出 $y_1(y_2)$。

在概念上类似,Hong 等人[81]采用了一种不同的方法,根据感知机学习对 W 中的项进行正负修正。基于双 Mach-Zehnder 干涉仪的几何结构,利用 Stoke 的可逆性原理,他们创建了相对相移为 π 的两个写入光束。来自一个或另一个光束的全息图写入模式同样异相,因此一个光束可以抵消另一个光束的影响。他们通过全息感知机学习的数值模拟,用实验证明了目标模式的相干写入和擦除,以及 12 位二进制模式的二进制化。

McAulay 等人[84]选择了不同的方法。他们没有使用全息介质,而是使用空间光中继器来实现感知机学习。在实验中,他们对 4 个汉字进行了光学二分。这些字符比以前使用的二进制模式复杂得多。为进一步增加计算挑战,他们选择了被分成两个不同类别的高度相似的符号。基于这些相似性,他们研究了 W 中仅使用其中的正权重或双极权重的系统性能。他们证明双极权重系统的两类权重之间的分离明显更好。

总体而言,可以说早期的光学感知机学习实验在实现上相当简练。感知机学习和误差反向传播仍然是当今神经网络概念的核心。利用材料或架构固有的物理效应来实现这一目的,无疑说明了用专用硬件计算基板可获得巨大潜力。然而,这些早期的概念也有明显的缺点,并且很难忽视（如实施的低效率）。全息耦合从根本上受到衍射效率的限制,衍射效率大多低于 10%[85]。对 McAulay 等人[84]来说,我们估计只有不到 1% 的光输入到达输出。此外,所有的实验都基于体光学,我们还不清楚如何将全息概念转移到集成设备中。

1.3.2　光学 Hopfield 网络

通过 Hopfield 网络实现内容可寻址存储器（见 1.2.5 节）,只需要根据连接权重 W 和阈值函数迭代更新 RNN,参见式（1.16）和式（1.17）。在复杂性方面,这比简单的感知机前进了一小步，因为系统的状态向量 x 不仅是外部提供的输入，还在系统的进程中占据中心的位置。然而，对光学架构概念而言，这对应于反馈路径对系统的简单扩展。图 1.13 显示了电光和全光实现的 Hopfield 网络示意。在图 1.13 (a) 中创建了电子反馈，而图 1.13 (b) 说明了如何使用光学反馈来实现这种循环神经网络。至关重要的是，这两个系统仍然是光电的，因为它们依赖于电子检测和阈值化。其背后的推理是，在有 N 个神经元的网络中，电子被限制在随 $O(N)$ 缩放的系统部分，而光学则负责根据 $O(N^2)$ 缩放的关键部分。然而，该作者指出，这些电子元件可以被双稳态光学放大器取代，需要多个针孔阵列和一个微透镜阵列。这样的系统将是全光和相干的[5]。

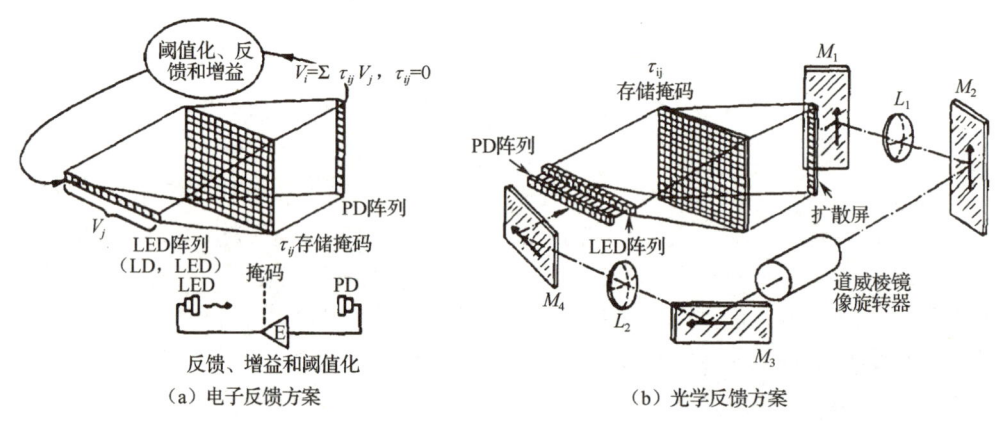

图 1.13 电光和全光实现的 Hopfield 网络示意图[4]

在开创性的研究中，Farhat 等人[4]在实验装置中实现了图 1.13（a）所示的电光版本。如在 1.3.1 节中，Psaltis 等人通过复用光学权重的实现来解决连接矩阵 W 中的双极项的问题：一部分专用于正权重，另一部分专用于负权重。他们的系统由 32 个发光二极管的线性阵列组成，产生状态 x。双极性矩阵 W 的正值和负值分别存储在一个光掩码中，每个光掩码之后是含 32 个光探测器的线性阵列，用来测量双极性乘法的结果。该系统的电子高频截止位于$(30ms)^{-1}$，然而实验是在较低的速度下进行的。

根据式（1.14）和式（1.15）的分析程序，获得了 W 的权重[77]。Psaltis 等人存储了 4 个存储器向量 x^m，并研究了系统使用错误的寻址向量来寻址该内容的可靠性。他们认为，该系统对 32 位中高达 12 位的错误具有健壮性。

在文献[86]中，作者将该方案扩展到二维光学实现状态向量 x。Jang 等人使用液晶空间光调制器创建了一个 4×4 状态向量，并根据 W 全息实现了连接。然而，对于二维状态向量的设置，连接矩阵变成了秩为 4 的张量[87]。为解决这个问题，作者创建了 4×4 独立子全息图，每个全息图有 4×4 个矩阵条目。在非聚焦设置中，W 中的双极性电平用正值编码，从而产生一个恒定的偏移和式（1.13）中阈值水平的相应调整[78]。作者保存了两个 16 值的词向量，使用具有少于 3 位错误的向量可寻址其内容。Keller 等人研究了关于所需全息元件制作的细节[88]。最后，Yeh 等人对一个由 8×8 神经元组成的网络采用了类似的方法[85]。

　　Ito 等人扩展了一般概念[89]，使用光纤耦合器创建了真正由连接线组成的光网络。使用他们的方法，作者实现了 5×5 网络状态的 Hopfield 网络，它由多达 $25^2 = 625$ 个光纤连接组成。状态矩阵 x 被编码在二维激光阵列（$\lambda = 0.87\mu m$）中，通过二维光电二极管阵列实现检测。双极权重再次用一组成对的连接来实现，光纤网络根据需要保存的三个特定二进制词向量的连接进行了优化。此外，他们通过引入一个附加的位有效值向量，对原始概念进行了改进。通过地址位错误评估实验性能，并与数值模拟进行了比较，他们发现耦合比中的噪声是总体性能的限制因素。由于作者使用标准宏观纤维来实现他们的系统，最终的实验结果相当庞大。然而，人们可能依然认为公布的这一成果是基于光波导的第一台计算机，并且一旦在集成光学中实现，该方法便具有巨大的潜力。

1.4　结论

　　在过去的几十年中，人工神经网络已经成为信息处理的主要概念之一。最初受神经启发的架构使它们从根本上不同于图灵-冯·诺依曼计算概念。当在传统的计算基础设施上模拟人工神经网络时，这种架构差异对性能有着直接而深远的影响。其中，主要原因是当前的计算基板不提供有效计算 ANN 状态所需的大规模并行处理。早在 20 世纪 80 年代，人们就对光学解决这一瓶颈的潜力进行了广泛的讨论。当时的演示已经表明这些早期概念验证实验的惊人潜力。对人工神经网络兴趣的减弱阻碍了全面的技术转移；部分原因是概念的性能有限，另一部分原因是缺乏紧迫的应用。最近，人工神经网络活动的激增已经消除了这两个障碍。今天，光子人工神经网络是一个非常有吸引力和活跃的研究领域，具备成为下一代计算基板的巨大潜力。在本书的剩余部分，我们将介绍并从光子上实现储备池计算，储备池计算是一个人工神经网络概念，特别适合在专用物理基板上实现。

原著参考文献

2. 光子储备池系统的信息处理和计算

Joni Dambre

2.1 介绍

2.1.1 数字计算的边界

数字计算的第一个重要的特征是，可扩展性的限制推动了最近对传统（主要是数字）CMOS 计算硬件替代方案的研究热潮。数字计算成功所基于的基本假设主要是它具有可以让计算错误概率极低的健壮性和固有的静态低功耗，但对非常小的器件而言，这两者都是不成立的。数字计算范式和相关的设计方法依赖于（几乎）无错误的操作，并且不能用"不精确"的设备进行处理。

早在 1956 年，Von Neumann 就讨论了如何通过引入冗余和绝对多数投票法来实现由不可靠的组件完成近似高精度的数字计算[1]。然而，为了证明在足够的冗余下错误概率可以被推导到任何所需的阈值以下，他推导出的边界基于这样的假设，即错误独立发生。当误差相关时，现实生活中通常是这样的：集合很少表现得比个体模型差，但是准确性的收敛不再得到保证。目前在实践中，采用不可靠模型的集合是机器学习中的常见做法。

数字计算的第二个重要的特征是，我们可以使用 CMOS 构建静态功耗非常低的多种类型数字门。随着特征尺寸和隔离层厚度变小，MOSFET 晶体管和 CMOS 门开始向各个方向泄漏电流。虽然计算机的功耗长期以来被认为是一个不重要的问题，但现在已经变得比计算速度更为重要。房间里几个强大的 GPU 是其他加热设备的绝佳替代品，但我们对不断增长和无处不在的计算能力的渴望并没有消退，特别是在人工智能和深度学习正在实现巨大飞跃的情况下。

许多早期使用可替代设备进行计算的尝试都停留在数字计算模型中。显然，这有它的好处：如果能构造门电路和触发器，整个设计方法就能保持不变，新技术被工业领域采用的机会就会大大提高。然而，到目前为止，还没有发现固有模拟器件和基本数字构造模块（二进制门、二进制门控存储单元）之间的映射能够在至少一个性能维度（尺寸、每次操作的功耗或功率密度、速度）上完全胜过晶体管，而不会过度损害其他性能，并且同时是商业上可行的大规模生产装置。直到现在，已经提出的器件要么太大、太慢、太耗电、太不精确或太难生产，要么没有提供足够的好处来引发围绕集成 CMOS 电路建立的整个行业的变革。

如果我们后退一步，数字计算模型可能不再是效率最高的。对信号处理中需要进行大量信息处理的情形来说尤其如此。例如，图像处理和传感器数据处理，在这些情况下，大量数据被转换成实数并且小误差通常是可接受的。从能量角度来看，将模拟值表示为比特序列，以及使用模拟器件来模拟数字门和存储单元等理论数学模型不再是最有效的方法。利用宽松精度要求（relaxed precision requirements）的方法，使用或多或少的传统计算设备来解决优化，这种研究领域通常被称为"近似计算（approximate computation）"[2-3]。它主要在不同的设计层次（算法、编译器、综合和器件）对传统的设计流程提出渐进式改变。虽然不同的作者通常针对不同的性能目标，但总体关注点是能效。

2.1.2 模拟计算

数字计算的替代方法是直接在模拟域中进行计算。不幸的是，对于通用（或广义）模拟计算，清晰的计算模型和自动化硬件设计方法的有效结合是很罕见的。一种方法是将多种类型的神经网络作为计算模型。它们的设计是基于从例子中学习和微调参数来最小化给定的成本函数。它们通常被用作在数字计算机上运行的机器学习软件模型，以近似输入-输出关系，对于如何表述这些关系目前尚没有完美的解决方案，甚至完美的方案可能根本就不存在。

在神经网络的大类中存在许多变体，并且对一些变体而言，它们的实现也可以用模拟构建模块来完成。从机器学习中使用的人工模型到计算神经科学中研究的合理的生物学模型，所有这些都是计算模型，都有微调其参数（权重）的方法。本质上，它们是非常强大的函数逼近器。某些类型的神经网络可以被证明是通用逼近器[4-5]，这意味着如果允许它们的规模扩展到足够大，它们可以以任何期望的精度逼近非常广泛的一类输入-输出关系。实际上，它们天生就是不完美的，也就是说，即使是最强大的神经网络也会出错。错误可能很频繁但很小，也可能不很频繁但很大。根据应用的不同，一个神经网络可能比另一个神经网络更差。由于神经网络的训练和评估通常基于大量实例的平均输出结果质量，因此只有对所产生的误差进行详细分析才能做出区分。

一般来说，区分使用的计算模型和实现该模型的物理介质是有必要的[6]。两者之间的映射应该产生一组可以在所选介质中实现的计算元素或构造模块（保证其性能的所有方面），还应该产生将它们组合成实现所需行为的系统的一种方法。从这个角度来看，如果对这些构造模块的要求不是非常严格，那么将非常有帮助。正是数字计算中的这种严格性使得利用模拟设备实现数字构建模块变得如此困难。相比之下，在神经网络中，我们需要能够计算神经元输入端信号的加权和，但神经元的确切行为对其性能并不重要。在人工神经网络中，已经使用了几种不同的函数，著名的有 sigmoid 函数、指数函数、分段线性函数和高斯函数。将这些函数与模拟设备精确有效地匹配也很重要，计算神经科学模型中使用的构建模块也是如此。然而，事实证明，大多数与它们类似的输入-输出关系应该产生良好的性能。事实上，神经网络计算模型的这种健壮性，是物理储备池计算和光子储备池计算（本书的主题）出现的历史原因之一，这些计算模型与神经网络密切相关。

模拟计算成功的一个关键方面是设计方法的可用性，这种方法可以自动提供所需行为到模型的（分层组成）计算元素之间的映射，以及从这些元素到物理介质的映射。显然，对数字计算来说，这是已经实现的。因此，为了使新的硬件方法变得有竞争力，至少在一个质量评价指标（如速度、功耗、尺寸、精度、噪声健壮性）方面，这种映射应该优于现有的解决方案，同时不会在其他方面有太大的让步。

2.2 储备池计算

2.2.1 一个更宽松的计算模型

在本书中，我们将描述目前使用物理储备池计算来设计光子计算设备的工作[7]。这是一种完全不同的计算方法，其中没有抽象的计算模型强加到实现基板上。取而代之的是，利用了基板的自然动态特性，并将其组合起来近似给定计算任务的所需输入-输出关系。

现在，约束条件不在计算模型中，而是在基于储备池计算原理的优化方法中。在广义的解释中，储备池计算由两部分组成：储备池和读出层，如图 2.1 所示。储备池是受输入信号 $u(t)$ 扰动（驱动）的动态系统，动态系统影响其当前内部状态 $x(t)$ 以及该状态的未来演变。在读出层中，观察储备池的内部状态，优化观察的线性组合，最佳地近似所需的输出信号。与读出层相比，储备池本身在这一阶段没有改变，尽管在设计过程中通常会调整一些全局系统参数，以使储备池的整体动态特性更适合任务。

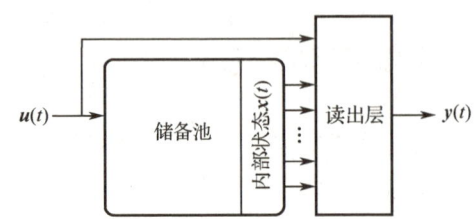

图 2.1　储备池计算系统示意图

输入信号 $u(t)$ 被馈入储备池，用得到的储备池状态 $x(t)$ 学习线性读出层，然后由线性读出层产生输出信号 $y(t)$。

储备池计算方法是 20 世纪末和 21 世纪初几乎同时在神经科学和人工神经网络领域出现的。最常被引用的两篇基础著作是 Jaeger[8-9]和 Maass[10]的著作。Jaeger 和 Maass 分别使用回声状态网络（Echo State Networks，ESN）和液态机（Liquid State Machine，LSM）作为储备池。两者都是模拟的递归（循环）神经网络，在离散时间或分散化时间内运行。ESN 由离散时间模拟的 S 形（sigmoid）或双曲正切（tanh）

神经元组成。它们形成的网络通常是全连接的，输入信号也连接到所有节点。连接权重被随机初始化。LSM 由生物脉冲神经元（简单模型）组成。在这两种情况下，网络的内部状态空间是有限的，由所有神经元输出组成。储备池计算的进展概述见文献[11]～[14]。

2.2.2 如何训练储备池计算机

总之，储备池计算系统由储备池和读出层组成，储备池将输入信号转换成依赖于历史输入的特征。在大多数储备池计算中，这是一个简单的线性回归层，训练的方法是最小化生成的输出序列和一组示例的期望输出序列之间均方误差：

$$\mathrm{MSE}(y,\hat{y}) = E[(y-\hat{y})^2] \tag{2.1}$$

式中，E 表示期望。

为了最小化 MSE，我们基于一个或多个有限长度的输入序列来最小化其近似值。为此，用输入序列驱动储备池①。将 N 个观察到的储备池状态信号及时采样（每个信号的 S 个样本）并记录到 $S \times (N+1)$ 个状态增广矩阵 $\tilde{X}$，其中前 N 列包含 N 个状态信号，最后一列是"全 1 列"。使用符号 $\tilde{w}_{\mathrm{out}} = (w_{\mathrm{out}}, w_0)$，然后通过范式找到最佳读出权重：

$$\tilde{w}_{\mathrm{out}} = (\tilde{X}^{\mathrm{T}}, \tilde{X})^{-1} \tilde{X}^{\mathrm{T}} y \tag{2.2}$$

产生近似目标信号的闭式表达式：

$$\hat{y} = \tilde{X}\tilde{w}_{\mathrm{out}} = \tilde{X}(\tilde{X}^{\mathrm{T}}\tilde{X})^{-1}\tilde{X}^{\mathrm{T}} y \tag{2.3}$$

在机器学习中，通常建议使用某种形式的正则化来避免过度拟合训练数据。最常见的方法是使用岭回归（ridge regression）方法。这样可最小化增广成本函数：

$$\mathrm{MSE}_{\mathrm{ridge}} = \mathrm{MSE} + \lambda w_{\mathrm{out}}^{\mathrm{T}} w_{\mathrm{out}} \tag{2.4}$$

这背后的直觉是，保持较小的权重限制了模型的复杂性。注意，w_0 不应包括在正则化项中，因为需要将近似目标信号的平均值设置为其正确值。

当使用岭回归方法时，通常建议在应用线性回归之前归一化状态信号，以避免正则化过度惩罚幅度小的信号。在这种情况下，我们反而使用

$$x'[n] = \frac{x[n] - \mathrm{avg}(x[n])}{\mathrm{stdev}(x[n])}$$

并且同样构造相应的状态矩阵 X'。在这种情况下，不再需要用全 1 列状态增广矩阵，因为记录的状态信号的所有线性组合将具有平均值 0，由下式简单给出 w_0 的最佳值：

$$w_0 = \frac{1}{n_{\max}} \sum_{n=1}^{n_{\max}} y[n]$$

然后，通过下式给出最佳读出权重 w_{out}：

---

① 通常，为了减小初始状态的影响，忽略每个序列的第一部分以进行训练和评价。

$$w_{\text{out}} = (X'^{\text{T}}X' + \lambda I)^{-1} X'^{\text{T}} y \qquad (2.5)$$

式中，I 是单位矩阵；$X'^{\text{T}}X'$ 是状态信号的归一化协方差矩阵。正则化参数 λ 通常很小（数量级为 $10^{-5}\sim 10^{-3}$），但其最佳值可以因情况而异。极小的最佳 λ 值表明任务和训练数据的组合不容易过度拟合，而大的 λ 值则表明相反的情况。因此，需要使用适当的验证形式来调整 λ。通常采用 k 折交叉验证。一旦找到最佳 λ 值，就会使用所有训练数据训练最终模型，并且用以前未使用的足够大的测试数据集评估模型的最终性能。

还有一些用于数据驱动优化线性模型的替代训练方法，这些方法也可以用于（如递归最小二乘）（Recursive Least Squares，RLS）回归任务中的在线优化，或者用于分类任务的逻辑回归[①]，但可能主要是出于历史原因，它们在储备池计算的文献中不太常见。

2.2.3 储备池性能的测量

由于储备池的输出经过传统训练后可最小化 MSE，所以这是性能的自然测量标准。注意，对于分类任务，存在更好的性能测量标准。这将在本节末尾讨论。

作为 MSE 的基线，考虑最差的可能储备池：观察到的状态不包含任何有用信息的储备池。人们甚至可以想象使用与输入信号无关的 N 个独立噪声源来代替储备池。如果没有发生过度拟合，则读出层应该产生 $\hat{y} = \mu_y$ 的恒定输出，即目标信号的期望。在这种情况下：

$$\text{MSE}[y, \hat{y}] = E[y - \mu_y] = \sigma_y^2 \qquad (2.6)$$

即目标信号的方差。所有状态稍微有用的储备池都应该导致训练数据上较小的 MSE（存在正式证明，但在此省略）。该边界仅适用于根据训练数据测量的 MSE，但是对于适当训练和正则化的模型，测试数据的 MSE 应该不会有很大不同。

MSE 的一个缺点是它对目标信号的方差很敏感，这就是为什么经常使用除 MSE 之外其他测量标准的原因。例如，归一化均方误差（Normalized Mean Squared Error，NMSE）

$$\text{NMSE}[y, \hat{y}] = \frac{\text{MSE}}{\sigma_y^2} \qquad (2.7)$$

具有不再依赖于信号方差的优点，并且归一化均方根误差(NRMSE=$\sqrt{\text{NMSE}}$)具有额外的优点，即其大小可以被解释为目标信号的标准偏差的一部分，当对训练数据进行评估时，其值 $\in [0,1]$。然而，尤其是在统计学中，最常用的测量标准是判定系数（coefficient of determination），或 R^2：

---

① 事实上，从机器学习的角度来看，对于分类任务，逻辑回归比基于 MSE 的线性回归更可取。

$$R^2[\boldsymbol{y},\hat{\boldsymbol{y}}] = 1 - \frac{\text{MSE}}{\sigma^2(\boldsymbol{y})} \tag{2.8}$$

像 NMSE 一样，R^2 也正则化了。此外，鉴于以下事实（关于训练数据）：MSE$\leq\sigma^2(\boldsymbol{y})$，$0\leq R^2\leq 1$，其中，值 0 表示上面提到的无用储备池，值 1 表示完美再现目标信号。

利用正交性原理，所得估计量的 MSE 也可以写成：

$$\text{MSE}(\boldsymbol{y},\hat{\boldsymbol{y}}) = \sigma^2(\boldsymbol{y}) - \text{cov}(\boldsymbol{y},\hat{\boldsymbol{y}}) \tag{2.9}$$

因此：

$$R^2[\boldsymbol{y},\hat{\boldsymbol{y}}] = \frac{\text{cov}[\boldsymbol{y},\hat{\boldsymbol{y}}]}{\sigma^2(\boldsymbol{y})} \tag{2.10}$$

注意，在线性回归（最小化 MSE）的情况下，当对训练数据进行评估时，可以证明 R^2 等于相关系数 R 的平方，该系数定义为：

$$R[\boldsymbol{y},\hat{\boldsymbol{y}}] = \frac{\text{cov}[\boldsymbol{y},\hat{\boldsymbol{y}}]}{\sigma(\boldsymbol{y},\hat{\boldsymbol{y}})} \tag{2.11}$$

关于这一点的全面解释可以在文献[15]中找到。

当使用储备池进行分类任务时，通常最好使用线性分类模型（如逻辑回归）来训练输出。每当对输出进行阈值处理以确定正确的类别时，都会出现这种情况。不幸的是，在实践中很少这样做，但是在训练之后，通常使用典型的分类性能误差，如准确性（预测类别是正确类别的样本的比例）、错误分类损失（错误分类样本的比例）。当处理通信中的位运算任务时，通常对储备池输出每比特采样一次，并报告比特误差率（BER）。

2.2.4　作为模型系统的回声状态网络

下面我们简要概述回声状态网络（ESN）。在储备池计算的早期，这些是最常用的储备池类型。由于研究人员对它们进行了广泛的研究，其特性已经得到很好的理解。此外，它们的简单性使得人们更容易理解几个重要系统参数之间的相互作用，这些参数也与大多数物理储备池实现相关。了解这些参数之间的相互作用以及储备池对给定任务的适用性，对于设计良好的物理储备池至关重要。由于这些原因，ESN 也将在本章后面用作模型系统。

如上所述，ESN 是具有双曲正切神经元激活函数的离散时间模拟循环神经网络。数学上，使用粗体小写字母表示列向量，粗体大写字母表示矩阵，$n=1,2,\cdots,n_{\max}$ 表示离散时间，它们可以由以下方程来描述：

$$\boldsymbol{a}[n] = \boldsymbol{W}_{\text{res}}\boldsymbol{x}[n-1] + \boldsymbol{W}_{\text{in}}\boldsymbol{u}[n-1] + \boldsymbol{w}_{\text{bias}} \tag{2.12}$$

$$\boldsymbol{x}[n] = \tanh(\boldsymbol{a}[n]) \tag{2.13}$$

式中，$\boldsymbol{a}$ 是神经元激活（neuron activation），即神经元非线性函数的输入信号。注意，一些资料使用 $\boldsymbol{u}[n]$ 而不是 $\boldsymbol{u}[n-1]$ 来计算激励，这导致将储备池状态、读出层信号和期望输出信号在时间上向前移动一步。在 ESN 中，这种差异可以解释为将离散单位延迟完全分配给中间神经元连接（而不是输入连接）或完全分配给神经元。这两种观点都没有映射到真实的物理实现，所有的连接和非线性元件都有它们自己的物理延迟，并且它们的相对大小取决于具体的实现。从这个角度来看，这里选择的符号系统似乎更自然。

$N×k$ 个输入权重 W_{in} 将输入馈送到储备池节点，$N×N$ 个储备池权重 W_{res} 提供储备池中的内部反馈，N 个内部偏置权重 w_{bias} 设置储备池节点的工作点。ESN 可以完全连接也可以稀疏连接。早期研究表明，对于具有实值信号的网络，这一决定不会对性能产生很大影响[16]。一个或多个输入也连接到所有神经元或其子集，并且所有神经元也接收常数输入（偏置）。典型的储备池创建方法如下：从某个概率分布（如标准正态分布或-1 和 1 之间的均匀分布）中采样所有连接的权重。在稀疏连接的情况下，随机采样的一部分被设置为零。初始化后，每组权重（输入权重、偏置权重和储备池权重）使用其自己的缩放因子进行重新缩放：输入缩放（Input Scaling, IS）、偏置缩放（Bias Scaling, BS）和谱半径（Spectral Radius, SR）缩放。所有这些都会影响储备池的整体动态范围及其适用的计算。

W_{res} 的对角元素通常为非零元素。它们将每个节点的先前状态耦合回自身，神经元充当非线性低通滤波器。由于这些值会影响储备池的整体带宽和动态特性，因此通常需要明确控制它们相对于其他权重的大小。这导致对漏失 ESN 的多种描述[17]，其中一项描述是：

$$a[n]=W_{res}x[n-1]+W_{in}u[n-1]+w_{bias} \qquad (2.14)$$
$$x[n]=\tanh((1-\alpha)a[n-1]+\alpha a[n]) \qquad (2.15)$$

式中，α 是漏失率[①]，$0≤\alpha≤1$。也有可能随机化漏失率，使得它们对于每个神经元是不同的。由于每个神经元的自反馈现在由漏失率明确调节，所以 W_{res} 的对角元素通常被设置为零。漏失率 α 是储备池的另一个调整参数。

最后，ESN 也可以与输出反馈一起使用。在这种情况下，读出层的输出投射回储备池节点，同样具有随机权重和可调的重新缩放因子。由于这种方法主要用于信号生成任务，所以我们在这里不再进一步考虑，更多信息见文献[8]、[18]、[19]。

对于 ESN，如同大多数其他典型储备池计算一样，在每个时间 t 的状态信号的线性组合中，通过优化 $N+1$ 个读出权重 $\{w_{out}, w_0\}$ 来近似目标信号 $y[n]$：

$$\hat{y}[n]=w_{out}^T x[n]+w_0 \qquad (2.16)$$

$u[n]$ 是时间 n 的 k 维输入向量，n 是网络中的节点（神经元）数，$x[n]$ 是 n 维状态向量，$y[n]$ 是储备池系统的输出。注意，在储备池计算的早期工作中，输入 $u[n]$ 也用于线性组合，在式（2.16）中产生额外的输入权重。

在许多方面，回声状态网络与大多数物理系统有很大不同。首先，它们在离散时间内运作。此外，它们通常是完全连接的，而这对大多数物理系统来说是不可行的。但是，大多数物理系统的调整参数对计算的影响与 ESN 中的缩放参数和漏失率

---

① 译者注：英文原文为 leak rate，也可翻译为泄漏率。

非常相似。此外，通常可以用类似于 ESN 的方式对它们进行简化，具有非常具体的连接模式和缩放参数设置。了解这些参数如何在 ESN 中影响计算，在调整物理储备池参数时经常被证明是非常宝贵的。研究新物理系统的类似 ESN 的简化模型通常有助于获得更深入的见解。

2.2.5 对储备池的一般要求

在 2.2.2 节中，我们描述了如何利用任何被驱动的动力系统的自然动力学进行计算。显然，这本身并不是成功的秘诀，因为只有在系统的动态特性和我们对给定任务所需的东西之间存在良好匹配时它才工作。我们简要回顾了重要的理论概念，这些理论概念已被开发用于推断储备池处理其输入的方式以及任务所需的处理类型。这里的重点是对这些概念含义的直观理解。关于深入的处理，请参考原始论文。

衰退记忆性能（the fading memory property）。ESN 和 LSM 都是非线性动力学系统，通过增加它们的内部连接强度，可以对它们进行调整，以显示各种动力学状态，包括振荡和混沌。但是，出于储备池计算的目的，需要调整连接权重，以使网络显示衰退记忆性能。直观地说，这意味着当网络不被驱动时，任何动力学瞬态最终都会消失，网络向唯一的稳定状态演化。瞬态消失得越慢，关于过去输入的信息在内部状态中的回响就越长。当系统动态接近将它们推离稳定状态的分叉时，关于过去状态和输入的记忆是最大的。这种状态通常称为混沌边缘，但在这种情况下，稳定边缘似乎更合适，因为它强调被驱动系统应该在分叉的稳定一侧工作。将系统调整到更接近或更远离稳定边缘是调整其记忆以匹配任务需求的方法之一。

衰退记忆也意味着，如果从任何两个不同的初始状态启动同一个储备池，并用相同的输入序列驱动两个版本，则它们的内部状态将朝着相同的轨迹演化。当操作接近稳定边缘时，初始状态或过去输入的影响作为过去的（非线性变换的）回声长时间存在于系统中。衰退记忆也意味着相似的输入模式会导致相似的状态。换句话说，储备池计算提取在时间上传播的信息并将其投影到当前时间上，以线性函数能够提取信息的方式，从时变信号中提取信息。这意味着，对于大多数任务，储备池不仅需要记住过去，而且要在途中进行非线性变换。

在机器学习术语中，ESN 储备池充当输入信号的高维时空变换（滤波器组）。显然，结果的质量在很大程度上取决于内部状态变量（线性回归的特征）是否适合该任务。首先，应该对它们进行调整，以使储备池确实具有衰退记忆性能。通过分析储备池的雅可比行列式找出最大局部李雅普诺夫指数（Local Lyapunov Exponent，LLE），可确保做到这一点。如果该值小于 1，则储备池位于稳定边缘的稳定侧。然而，这种分析相当复杂。对于 tanh-ESN，通常通过在其神经元具有最大增益（等于 +1）的点，即当其输入为零时，线性化 ESN 来近似处理。确保该线性化储备池的稳定性归结为将储备池权重矩阵的最大特征值 W_{res}（其谱半径）设置为 1。在大多数 ESN 中，这将实现稳定性[7]。

通用近似性质（universal approximation property）。（非递归）神经网络理论的基石之一是早期的通用逼近定理，如文献[4]、[5]。该定理基本上陈述了如果隐藏层上的神经元的数量足够大，如具有两层 sigmoid 激活函数的神经元（一个隐藏层和一个读出层）的神经网络，则可以以任何期望的精度逼近任何期望的输入-输出关系。这依赖于一个非常重要的原则：通过使网络变大，最终将能够实现所有在较小的网络中无法实现的功能。

虽然证据不太充足，但在储备池计算中存在类似的定理，指出具有线性读出层的某些类型的储备池可以是具有衰退记忆的滤波器的通用近似器[20]。对此，第一个要求是储备池本身必须具有衰退记忆性能。第二个要求是它具有分离特性，它可以解释为这样一个事实，即如果储备池足够大，则输入序列中的任何差异最终必然导致状态空间中的线性可分离差异。

只有当储备池变大，观测状态的线性组合最终覆盖所有可能的输入变换时，储备池才是一个通用的近似器。储备池的状态信号是其同一历史输入的变换，并且由于储备池的循环性，这些信号是耦合的。由于这个原因，应该小心处理通用近似性质。仅仅拥有一个可扩展的非线性动力系统是不够的，在该系统中，一些参数是从一些随机分布中采样的。事实上，构造一类不满足普遍性的储备池是相当容易的。作为一个简单的例子，考虑所有输入偏置权重 W_{bias} 都设置为零的 ESN。由于 tanh 函数在其原点附近是一个奇函数($\tanh(-x)=-\tanh(x)$)，所以无论我们把它做得多大，这样一个储备池都不可能输出其输入的偶函数($f(-x)=-f(x)$)。

尽管它们是一般神经网络和储备池计算的理论基础和动机的一部分，但通用近似定理在实践中通常不是很有用。仅仅使一个储备池变大通常不是提高其近似质量的最佳方法。如果真的如此，则应该可以通过使储备池变大，并使用相同的构建储备池的方法，简单地以任意所需的精度逼近任何输入-输出关系。遗憾的是，事实并非如此，因为在实践中，随着储备池规模的增加，储备池性能已经饱和。

一般而言，对于物理储备池计算，甚至没有系统的方法来检查给定的物理系统是否可以作为通用近似器，以及应该从哪些分布中对其参数进行采样以达到这个目的。此外，这些定理没有说明逼近质量收敛得有多快。

2.2.6 物理储备池计算

在几乎同时引入不同研究背景的储备池计算原理后不久，这些早期工作的共同基础被得以确认并统一在术语"储备池"下[12,21]。此外，研究人员很快开始将这种方法应用于其他（主要是非线性）动力系统，尤其是物理系统。事实上，储备池计算这一术语的灵感来自最初的一个物理实现[22]，声振动被传递到一盆水中，用波纹图样表示语音数字分类。物理储备池计算这一术语在文献[7]中提出，其中将机械体（机器人）用作一个储备池来产生其自身闭环控制。此后不久，（在形态学计算背景下）相继推出了光子储备池计算和机械储备池计算等子领域。本书致力于第一个领域。在第二个领域中，重点是通过使用其主体作为储备池来促进机器人的控制[23-25]，响应电机驱动以及与外部世界的相互作用。为了发展该领域的理论基础，研究人员还研究了由质量、无源弹簧和阻尼器组成的模型系统[26-28]。除了机械和光子系统，物理储备池计算现在还与一系列不同的物理系统一起使用，如忆阻网络[29-34]、碳纳米管[35]或分子计算[36]。

一般来说，作为物理储备池的动力系统在连续时间内运行，并由连续时间输入信号 $u(t)$ 驱动。它们通过其内部状态空间 $x(t)$ 的时间演化来描述，该空间可以是有限维的也可以是无限维的。

然而，出于储备池计算的目的，它们在离散时间 $t=nT$，$n \in \mathbf{Z}$ 中驱动，其中 T 是采样周期。这意味着它们的外部施加的输入信号 $u(t)$ 是从值 $u[n]$ 的离散时间序列产生的，以给定的输入速率 $1/T$ 将这些值提供给系统。然后，输入信号发生器使用适当选择的编码方案将该序列转换为连续时间信号。最简单的方案是产生片段定值信号，仅在离散时刻 $t = kT$ 改变输入信号。

物理储备池也在离散时间内被观测，即它们的观察状态变量以 $1/T$ 的采样率被采样。在实践中，有时在施加输入信号的离散时刻 $t=kT$ 和相应的观察时刻 $t'=kT+\tau$ 之间使用时移。在大多数物理情况下，测量信号 $x_i[n]$ 将不是状态值本身，而是已经由测量过程变换的信号。例如，通过测量光信号的强度，将光信号变换到电域。

当研究一个物理动力系统时，我们经常不能访问整个内部状态空间 $x(t)$。这对应于许多变量可能无法测量的实验情况，并且如果状态空间的维度是无限的，则也是这种情况。因此，我们假设只能通过有限数量的 N 个内部变量来访问系统的瞬时状态：$x_i(t)$，$i=1,\cdots,N$。从这里开始，储备池的维度将指观察的状态空间信号的数量 N，与物理系统的状态空间的实际维数无关。

2.3 储备池信息处理

在本节中，我们分析储备池如何处理其输入信号，以及最重要的高级储备池参数如何相互作用，以确定储备池对于给定任务的适用性。我们还讨论允许对此进行量化的一些措施。

2.3.1 再现记忆

储备池的一个关键属性是过去输入的信息在系统中保留多长时间。这是可被读出层利用以接近期望输出的记忆。分析这种记忆的第一个方法是量化线性读出层再现过去的输入能力。由于这些输入必须是未转换的，所以这种类型的记忆也称为线性记忆。

Herbert Jaeger 在其关于回声状态网络的开创性著作中首次提出了一种量化线

性记忆容量的方法[37]。他提出的度量指标是目标信号与其近似值 $\hat{y}$ 之间的平方相关系数，其定义如式（2.16）：

$$C[X,y] = \frac{\text{cov}^2[\hat{y},y]}{\sigma^2(\hat{y})\sigma^2(y)} \tag{2.17}$$

根据定义，它的值范围为[0,1]。在储备池计算的上下文中，值 1 意味着读出层可以实现目标信号的完美再现，而值 0 表明状态信号不携带任何可以用于利用线性回归来近似目标信号的信息。

利用这种方法，Jaeger 建议通过评估储备池重建过去 d 个时间步的输入信号 $u_{-d}=u[n-d]$ 的容量来量化储备池的记忆，对于 $d=1,\cdots,d_{\max}$：

$$\text{CM}_d[X,u_{-d}] = \max(w_{\text{out}})C[\hat{y},u_{-d}] \tag{2.18}$$

式中，最大值对应于最佳可能的 MSE，即在无限长序列上训练的理论读出层的 MSE。利用这些数据，总线性记忆容量可以定义为：

$$\text{CM}[X,u] = \sum_{d=1}^{\infty}\text{CM}_d[X,u_{-d}] \tag{2.19}$$

注意，用于从信号自身的过去重构信号的容量 $\text{CM}_d[u,u_{-d}]$ 等于其自相关函数的平方。然而，线性记忆容量的最初目的是描述发生在动力系统中的处理过程。通过将输入作为独立同分布值序列，任何测量的记忆将归因于动力系统，而不是归因于输入的自相关或自记忆（self-memory）。可以根据与所研究的动态系统最相关的分布来选择对输入值进行采样的分布 $p(u)$，但是最常见的是使用均匀分布，如[-1,1]。

应该注意的是，在许多（如果不是全部的话）真实世界的情况下，输入不是独立分布的。在这种情况下，量化储备池如何处理实际输入信号是有用的。为了对此进行量化，仍然可以利用式（2.18）和实际输入信号来计算线性记忆容量，但是式（2.20）的上限不再有保证，因为 LMC 的目标信号 u_{-d} 不再是不相关的。一种替代方案是按照 d 值的递增顺序对目标信号进行去相关。原则上，这可以使用 Gramm-Schmidt 正交化来实现，在这种情况下，式（2.20）的边界将再次成立。然而，由于数值误差在正交化过程中迅速增加，所以这通常只在 d 的最大值很小时才可行。

使用独立同分布输入序列测量容量的另一个原因是，在这些条件下命题成立，即总线性记忆容量（total linear memory capacity）受读出层中使用的状态信号的数量限制：

$$\text{CM}_{\text{lin}}[X,u] \leq N \tag{2.20}$$

原则上，这个边界是可以实现的。例如，对于线性 ESN，W_{res} 是一个正交矩阵[38]。一旦储备池以非线性方式运行，CM_{lin} 就迅速恶化。在非线性储备池中，通过在小信号状态下操作储备池并假设信噪比不受限制，可以近似得到线性记忆的理论上限。例如，在 ESN 储备池中，可以通过将输入缩放和偏置缩放参数设置得很小以至于每个双曲正切神经元的输入接近零来实现这一目的。然而，一旦一些噪声被引入系统或读出层，这种理论上的线性记忆就很快消失。对于总线性记忆容量的给定值，可以通过微调储备池的超参数来实现不同的记忆配置。

2.3.2 非线性处理能力

显然，储备池的线性记忆并不能说明全部情况，因为大多数信号处理或分类任务需要的不仅仅是线性记忆：它们需要历史输入的非线性变换。这通常发生在 ESN 这样的非线性动态系统中。这也是非线性光子库储备池的基础，如最初的基于 SOA 的集成光子储备池[39]（仅模拟），或者在反馈回路中使用非线性的延迟反馈储备池计算架构（见第 5 章的内容）。然而，非线性转换也可以通过将线性储备池（提供记忆）与非线性读出层相结合来实现。如果储备池可以提供足够的记忆，并且使用本身对于无记忆计算通用的非线性（而不是线性）读出层，那么这种储备池也可以是具有衰退记忆的非线性滤波器的通用近似器[26]。在这种情况下，足够的记忆意味着解决该任务所需的所有过去的输入可以根据观察到的储备池状态信号完美地重建。这种方法在文献[26]中针对机械系统进行了讨论。实际上，一个相当简单但非线性的读出层已经提供了许多现实任务所需的大量计算。这一原理用于如文献[40]~[42]中描述的集成无源光子储备池。

在早期，从事基于 ESN 的储备池计算的研究人员注意到，对于具有线性读出层和固定大小的储备池，在记忆和非线性之间存在权衡。一旦一个储备池被微调到接近非线性的状态，总线性记忆容量就迅速下降。在对此进行量化的第一次尝试中[43]，储备池的光谱转换被用于对其非线性的测量。这是通过使用正弦输入信号驱动储备池，并测量保留在该频率上的状态信号中的能量的比例来测量的。

在文献[44]中，作者提出了线性记忆容量的扩展，允许更准确地量化储备池执行的转换。直观上，该方法可以解释如下。原则上，通过对输入历史中可能非常大但数量有限的值进行多项式展开，可以以任何所期望的精度近似离散时间中的任何衰退记忆滤波器。这意味着，对于相关输入值的任何给定联合概率密度，衰退记忆函数的希尔伯特空间可以用正交多项式基来构造（严格定义见文献[44]）。这种基的构造与多个实变量实函数的多项式基的构造非常相似，其中这些变量是过去的输入值 u_{-d}。如果我们假设输入序列是由在[-1,1]范围的值独立同分布均匀过程生成的，则可以从每个时间步的归一化勒让德多项式的有限乘积中构造多项式基：

$$y_k = \prod_i \mathcal{L}_{k_i}(u_{-i}) \tag{2.21}$$

式中，$\mathcal{L}_{k_i}(\cdot), k_i \geq 0$，是 k_i 次的归一化勒让德多项式。0 次归一化勒让德多项式是常数。1 次归一化勒让德多项式是用于计算线性记忆容量的 u_{-d}。集合 k 列出了每个过去输入的多项式次数，其中 k_i 是对应于过去 i 个时间步的输入次数。对于每个基函数，我们可以将它的总次数计算为每个延迟的各个次数之和：$\mathcal{D}_k = \sum_i k_i$，并且将其记忆深度①计算为 k 中 k_i 非零的最大索引。

---

① 译者注：英文原文为 memory depth，也可以翻译为"存储（记忆）深度"。

扩展线性记忆容量的理论，我们可以再次定义用于近似这些基函数的容量，即目标信号和储备池的最佳近似之间的平方相关系数的无限长序列的期望。我们还可以将总信息处理能力定义为所有基函数中这些容量的总和，并证明这个总和也总是在[0,N]中。

实际上，容量必须根据有限的输入序列以有限的精度来估计。在文献[44]中，描述了循环访问它们的程序。它使用相关性阈值来决定容量估计必须有多大才能足够准确。将一组可能的基函数约束为有限集，可以通过设置总次数和记忆深度的上限来实现，或者通过假设物理系统的逼近能力随着次数和/或记忆深度的增加而单调下降来实现。对许多物理系统来说，这是一个合理的假设。

2.3.3 记忆、非线性和噪声敏感性

如 2.3.2 节所述，用于计算线性记忆容量的函数的集合是用于计算总记忆容量的函数的集合的子集。任何储备池系统的总容量受读出层中使用的状态信号的总数限制，这必然意味着在线性和非线性处理之间必须有一个折中。通过将具有相同记忆深度或相同总次数的所有容量相加，我们可以可视化给定储备池的容量配置，如图 2.2 所示。这与我们之前的观察结果一致，即当神经元在非线性的状态下工作时，ESN 精确复制过去输入的能力迅速下降。在图 2.3 中，通过分别绘制线性记忆和非线性记忆占总容量的比例，使得这一点变得更加清晰。

（a）偏差缩放的影响，显示零偏差时均匀度容量没有贡献，而增加偏差时非线性贡献增加

（b）频谱半径的影响，当随着频谱半径接近1.0时，线性记忆增加（每个条形对应于具有100个神经元的单个ESN，频谱半径和偏差缩放在每个面板中都有指示，颜色组具有相同总次数的基函数的容量）

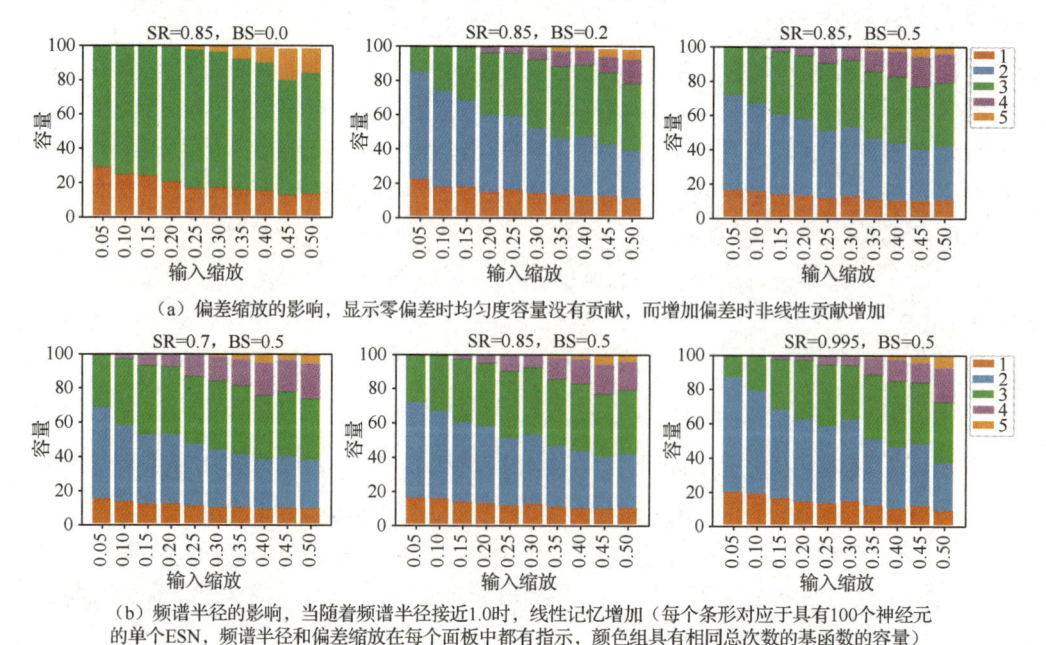

图 2.2　回声状态网络中不同尺度参数设置的总信息处理能力配置（总次数为5）

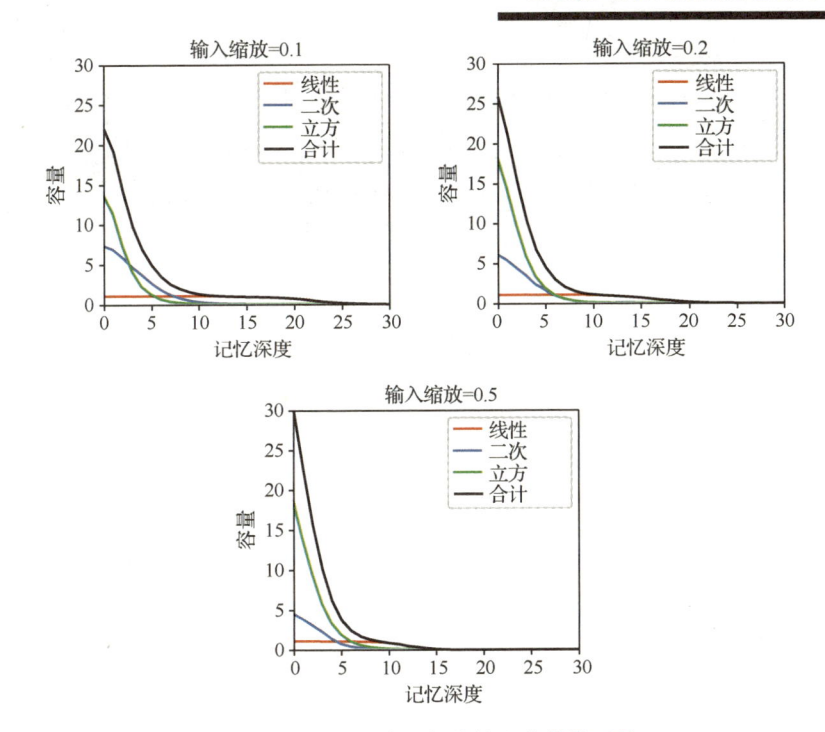

图 2.3　对总记忆容量的线性和非线性贡献

为了增加输入缩放，储备池被驱动到更非线性状态。总线性记忆容量降低，非线性容量对总容量的贡献增加（每个图对应于具有 100 个神经元的单个 ESN，频谱半径等于 0.85，偏置缩放等于 0.05）

在大多数情况下，当系统变得更加非线性时，在储备池状态的多项式近似中会出现数量迅速增加的非线性项。特别是，当频谱半径足够大，使输入在系统动态中回荡一段时间时，它通过的每个非线性都是其输入的非线性混合，将输入信息传播到更多更高次多项式基函数中。因此，用于衡量这些贡献的容量变得非常小，难以准确估计。

同样的非线性混频也会显著降低系统在多输入下的性能及其噪声健壮性（因为每个噪声源都可以被视为一个额外的输入信号）[45]。当存在多个输入时，需要将希尔伯特空间模型扩展到多个输入，即考虑所有输入的完整（消退记忆）输入历史的所有函数。这包括源自不同输入信号的延迟值之间的所有高阶向量积，这些向量积也是从非线性混合中自然出现的。图 2.4 说明了由单一输入驱动的储备池的情况，在储备池中加入了越来越多的均匀分布噪声。因为每个储备池由不同的输入功率（输入缩放）驱动，所以在图中显示了信噪比。尽管总线性容量几乎不受噪声增加的影响，但是对于更多的非线性储备池，可用的非线性容量迅速减少。随着更多的噪声与信息信号非线性混合，通过线性读出层可以提取的关于该信号及其历史的信息就越少。

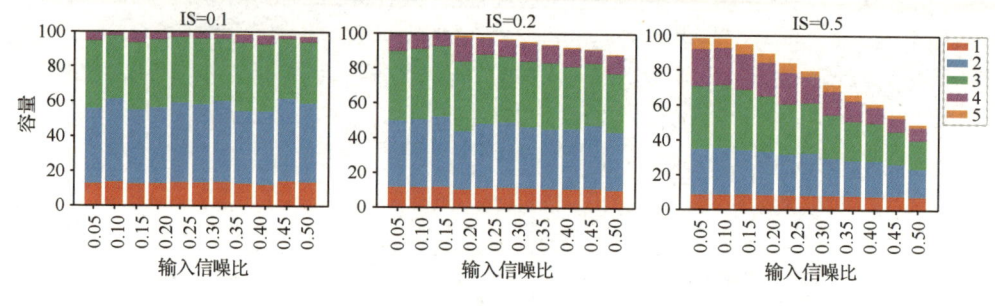

图 2.4　ESN 中噪声的影响

为了增加输入缩放，储备池被驱动到非线性的状态；随着输入噪声的增加，总容量的下降程度也增加（每条对应于具有 100 个神经元的单个 ESN，频谱半径=0.7，偏差缩放=0.5，颜色组具有相同总次数的基函数的容量）

2.4　结论

被驱动的动力系统的输入信号干扰其内部状态的方式，不仅影响该状态的现在，而且影响该状态的未来，可以被认为是一种计算形式。储备池计算起源于神经科学和工程，现已发展成为利用这种计算的一种简单有效的方法，以便对输入信号进行非线性滤波或从中提取信息。观察状态信号的数量越多，它们受当前和过去输入影响的方式越多样，系统能越好地用于计算。

为了使一个给定的系统适应一系列任务，如果它的动态范围可以通过许多全局参数来微调，如反馈增益或损失的缩放、输入功率和整体工作点的缩放等，这将是有益的。对于具有固定数量的观察信号的系统，存在线性记忆和非线性记忆之间的折中。此外，系统的非线性越强，对噪声的健壮性越差。

原著参考文献

3. 集成片上储备池

Andrew Katumba, Matthias Freiberger, Floris Laporte, Alessio Lugnan, Stijn Sackesyn, Chonghuai Ma, Joni Dambre，and Peter Bienstman

3.1 介绍

在本章中，我们将重点介绍在基于绝缘硅片①上集成光学的片上储备池的应用。我们将展示如何使用无源储备池计算芯片来避免网络内部的任何非线性。我们特别强调开发集成模拟光学读出层的重要性，以及它对训练算法的影响。我们将重点关注这些储备池如何在高速和低功耗情况下执行各种电信相关任务（比特级任务、非线性色散补偿等）。此外，我们提出了两种不同的替代拓扑结构，它们不再依赖于储备池内部的显式节点结构：一种是基于混合信号的混沌腔；另一种是基于柱散射体的储备池计算的空间模拟，可用于加速生物细胞的分类。

3.2 无源储备池计算

物理 RC 系统设计的最新发展是认识到对于某些不是强非线性的任务，可以通过完全无源的线性网络（即无放大或非线性元件）实现最先进的性能。通常使用光电探测器[1]在读出层节点引入所需的非线性。本章讨论的工作也基于这种架构。除了在文献[1]中介绍的集成实现，这种无源架构已适应于以一种相干驱动无源谐振腔的形式具有延迟反馈架构的单节点[2]。

从制造角度来看，这种无源架构除了简单外，另一个优点是降低了功耗，因为计算本身不需要外部能量。

过去通常研究的集成光子储备池受限于平面结构，以尽量减少信号串扰源和带来额外损耗的交叉点。这限制了可以选择的储备池配置的设计空间。文献[3]引入了本研究中使用的涡旋（涡流）储备池架构，以满足平面性约束，同时允许输入信号的合理混合。图 3.1 显示了一个 16 节点光子涡旋储备池架构中的信号流。看待这个储备池的一种方式是将其视为一个巨大的多路径干涉仪。它将输入信号混合在一起，使其转换到一个更高维的空间，从而线性分类器将能够更容易分离不同类别。集成

---

① 译者注：Silicon-on-Insulator 也常译为"绝缘体上硅"。

光子储备池芯片的输入可以是单个输入节点,如文献[1]所述,也可以是多个输入节点,后一种策略比前一种策略有一些优势,详见文献[4]中的讨论。

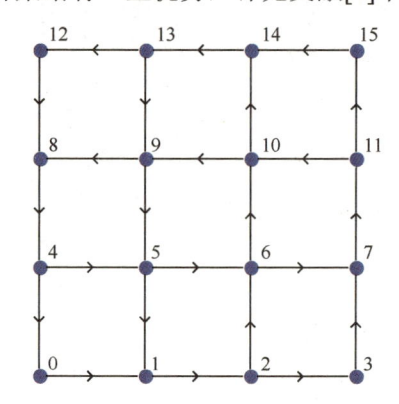

图3.1　16节点光子涡旋储备池架构中的信号流

每个编号节点处的时间相关输出被线性组合以产生计算的答案。对于输入,根据应用可以将输入插入到一个或多个编号的节点中。

在离散时间内,储备池状态更新方程的一般形式为:

$$x[k+1]=W_{res}x[k]+w_{in}(u[k+1]+u_{bias}) \quad (3.1)$$

式中,u 是储备池的输入;u_{bias} 是施加于储备池输入的固定标量偏置。对于一个 N 节点储备池,W_{res} 是一个 $N×N$ 矩阵,表示考虑到分光比和损耗的储备池组件之间的相互连接,相位取自$[-\pi,\pi]$上的随机均匀分布——$U(-\pi,\pi)$。w_{in} 是一个 N 维列向量,其元素对于每个活动输入节点都是非零的。同样,这些输入权重也是从 $U(-\pi,\pi)$中选择的。

输出由状态的简单线性组合给出:

$$y[k]=W_{out}\cdot x[k] \quad (3.2)$$

我们在文献[1]中的工作通过实验验证了无源集成光子储备池可以在帧头识别任务中达到无错误的性能,帧头长度可达 3 位,仿真表明可以达到 8 位帧头(见图 3.2)。此外,我们还证明了无源集成光学储备池可用于对数字光比特流进行比特级操作,这对各种通信任务都是有用的。文献[1]还包含了关于芯片设计和制造过程的更多信息。

虽然本节中介绍的无源储备池架构适用于上述各种任务,但由于集成光学平台的固有限制,它受到了重大缺陷的影响。特别是,损耗随着架构大小的增加而增大。因此,我们研究了一些技术和架构,这些技术和架构寻求改进这种结构的性能和能量效率,并且总体上集成了无源储备池。例如,我们发现通过仔细选择输入到储备池的节点,可以显著提高能源效率[4]。如图 3.3 所示,如果我们将总输入功率分开并注入中心的 4 个节点(5、6、9、10),而不是任何单个节点,则输入功率相比单个节点可以减少 2 个数量级。这种改进归因于储备池的丰富性增加,这是由于多个输入的不同相位之间的混合以及更均匀的功率分布,导致了在储备池中不同路径上的信号功率更为相似，从而实现了更有效的混合。

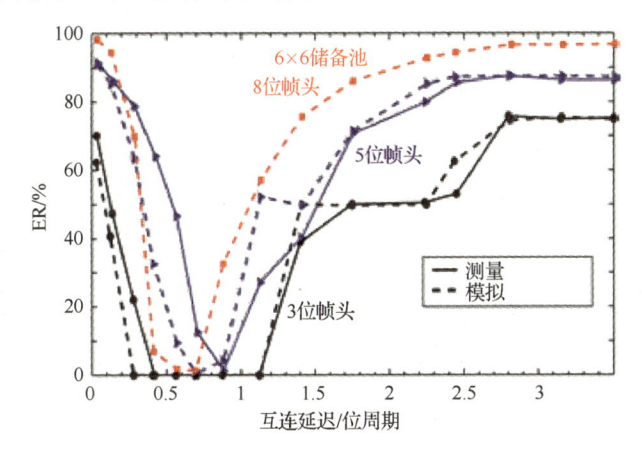

图 3.2　6×6 涡旋无源集成光学储备池在 3 位、5 位和 8 位帧头识别任务中的性能[1]

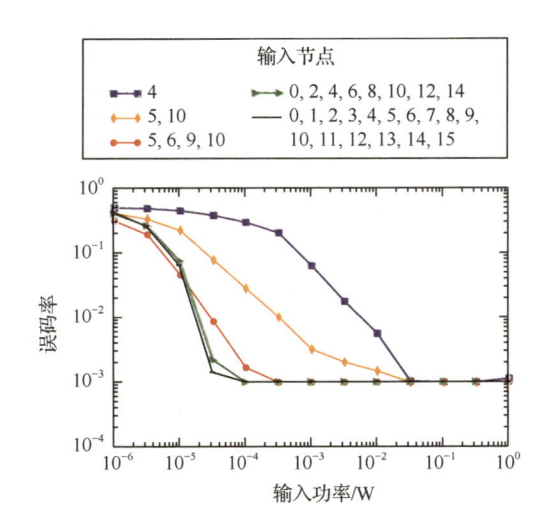

图 3.3　不同输入场景下的误码率与输入功率的关系

考虑到测试所用的比特数，最小可测量误差为 10^{-3}。

在另一种方法中，我们用数值方法研究了在集成光子储备池中使用多模组件而非单模组件对其整体能效的影响[5]。这种方法的成功应用在很大程度上取决于一种新型多模 Y 型结的设计，这种 Y 型结具有精心设计的绝热性，可降低构成储备池的光子网络中结合点的损耗。如图 3.4 所示，对于一个 36 节点的储备池，我们可以获得每节点 30%的功率增益，特别是对于距离输入点最远的节点。这种额外的功率提升可能是在某个节点低于或高于本底噪声之间的差异。

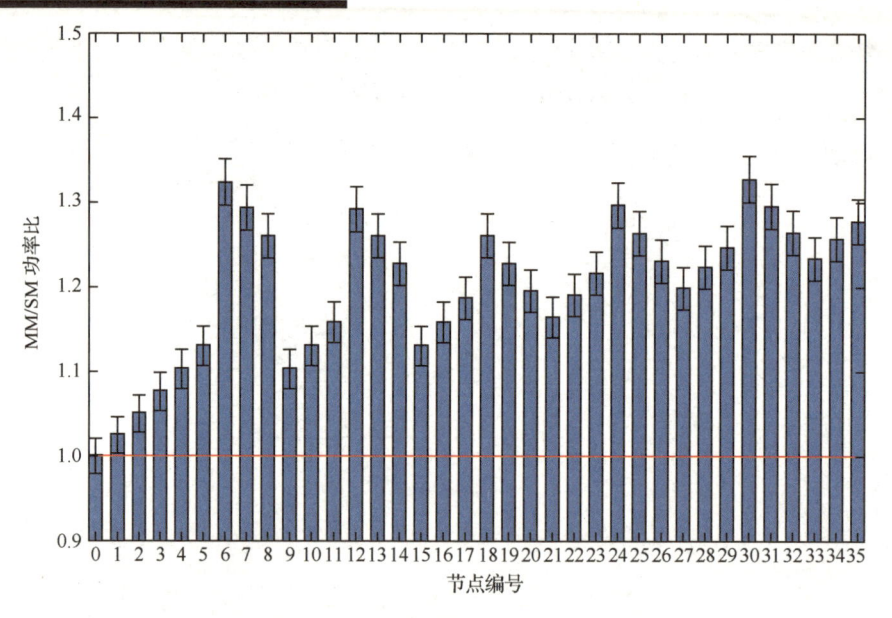

图 3.4　在 0 节点输入的情况下，单模和多模 36 节点储备池平均每节点功率的比较

3.3　集成光学读出层

3.3.1　基本原理

我们当前实验的一个缺点是，储备池状态的线性组合仍然发生在电域中。事实上，Vandoorne 等人使用光电探测器将每个节点的信号从光域转移到电域[1]，然后通过 A/D 转换器（ADC）发送。最后，使用微处理器执行所需的信号和读出层权重的线性组合。实验过程见图 3.5。

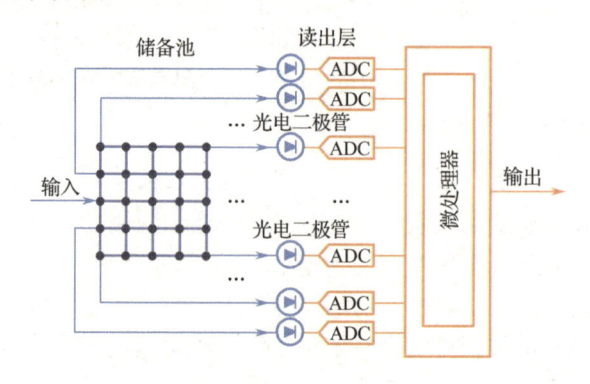

图 3.5　实验过程

由现有的 RC 光子芯片原型组成的储备池和读出层系统，储备池的节点被收集在读出层部分，光输出信号被转换成电信号，然后被处理成最终输出。

为了真正得到光计算的好处，需要通过高能效的方式以非常高的数据速率处理信号。考虑到生态和经济因素，最小化功耗对于未来的计算技术至关重要。从这个角度来看，图 3.5 和文献[1]中用于读出集成光子储备池的方法是低效的，因为存在与之相关的大量能量消耗和延迟成本。因此，人们希望使用光调制器（Optical Modulator，OM）在光域中而不是在电域中执行信号的求和。使用这种集成光学读出层，仅需要单个光电探测器，其接收所有光学信号的相干加权和。一个直观的低功率光学加权元件可以采用反向偏置 PN 结的形式。一个更好的解决方案是使用非易失性光学加权元件，例如，目前几个小组正在开发的元件[6-8]。图 3.6 所示为集成光学读出层原理图。

深色和浅色部分分别代表光学和电子信号和组件。

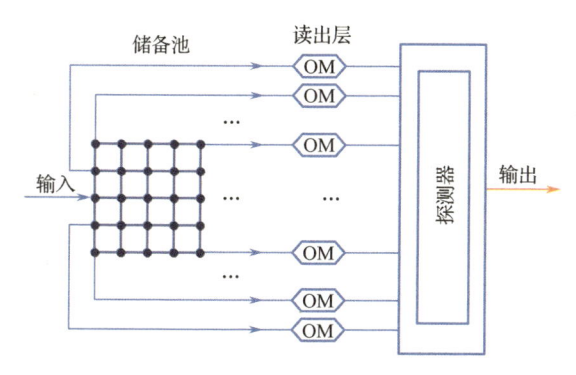

图 3.6 集成光学读出层原理图

每个光输出信号由实现权重的光调制器（OM）调制。然后，将光输出发送到一个光电二极管，在这个光电二极管中，所有信号被求和，再被转换成最终的电输出信号。

3.3.2 训练集成光学读出层

从数学的角度来看，集成光学读出层可以用类似于电域中的读出层的方式来训练。当然，我们需要考虑无源光子储备池利用相干光来增加丰富性。这意味着，与文献[1]中对实值信号使用实值权重的方法相反，读出层对采用复值权重的复值信号进行操作。然而原则上，集成光学读出层可以使用复值岭回归进行训练[9]。

然而，尽管岭回归训练可以转移到复数域，但是当训练集成光学读出层时，会出现许多实际挑战。由于在硅基光电子芯片上集成了储备池和读出层，我们失去了储备池状态的直接可观测性。然而，为了使用经典的线性读出层训练算法，如岭回归和其他最小二乘法，必须观察所有状态。乍一看，一个可能的解决方案是给每个储备池节点添加一个单独的高速相干光电探测器，它仅在训练期间用于观察状态。然后，在电域中计算权重，而经过训练的储备池仍然可以完全在光域中操作。遗憾的是，对芯片面积而言，高速光电探测器往往成本较高，这一方案的实施具有挑战性。因此，当将光子储备池中的节点数量增加到经典回声状态网络中常见的水平时，这种架构将不能很好地被扩展[10]。

第二种解决方案是使用光子电路仿真软件，基于虚拟储备池行为的仿真来训练权重，这显然具备对所有节点的完全可观测性。然而，这些器件的制造公差使得两个名义上相同波导的传播相位可能完全不同。这阻碍了使用理想化模拟储备池训练的权重向实际硬件的成功转移。

这个问题的一个可能的解决方案是应用预训练-再训练方法。在仿真中对无源光子储备池进行预训练，并将训练的权重转移到芯片上的实际储备池。此后，通过使用黑盒优化方法微调给定集成光学读出层的权重，以最小化储备池的实际训练误差。不幸的是，之前的仿真研究表明，这种方法是不可行的，因为高制造公差影响平面波导的传播相位[11]。

最后一种可能性，也是我们实际上更喜欢的一种方式，即利用储备池的光学读出层的加权机制，通过求和结构末端可用的单个光电探测器读出所有储备池状态。将状态变量的权重设置为 1，所有其他权重设置为 0，可以直接读取响应训练输入序列的状态变量 s_i。通过将整个训练输入序列呈现给储备池 n 次（其中 n 是储备池的节点数量），所有节点的训练响应可以通过单个光电探测器来收集。通过对每个测得的功率值求平方根，我们可以近似地反演光电探测器的非线性，并获得相应储备池节点处光强度随时间演变的估计。

然而，由于无源光子储备池使用相干光，因此仅知道预先定义为储备池状态点处的光强度是不够的，我们还需要知道光的相应相位。虽然在光电探测过程中，储备池内部的光信号的绝对相位会丢失，但是光状态信号之间的相对相位会影响探测器输出端的功率。因此，随着在储备池的输入端施加训练信号，通过获得它们的状态之和随时间的演变，我们可以估计在集成储备池内的两个给定光信号之间的相位。现在我们使用一个状态信号（节点）的相位作为参考。使用参考节点信号和每个其他节点信号之间的复数和的功率演变，以及以前确定的所有单个状态的功率，我们能够使用基本的三角函数关系来估计每个节点信号相对于参考节点的相对相位。

这个计算的最后阶段包括一个单射的反余弦运算，从某种意义上说，在[-π,π]范围内总有两个解。为了区分它们，我们在参考节点的信号和每个其他节点的信号之间执行第三次测量，现在将参考节点的读出权重的相位移动 $\pi/2$，并与之前获得的相位估计进行比较。结果，整个过程要求我们将训练序列通过储备池馈送 $3n-2$ 次。整个步骤见图 3.7。

在理想条件下，这种非线性反演过程是精确的。为了证实这一点，我们进行了以下数值实验：用集成读出层训练无源 4×4 光子涡旋储备池架构，以对输入到储备池的功率调制数字信号执行 3 位帧头识别；通过复数储备池状态与复数权重向量的内积相乘，并随后取所得复数输出信号向量的绝对值的平方，模拟集成光学读出层；使用复值岭回归训练在复数储备池状态上训练权重向量；通过节点 2（见图 3.1）将输入馈送到储备池。

(a) 步骤1: 信号幅度

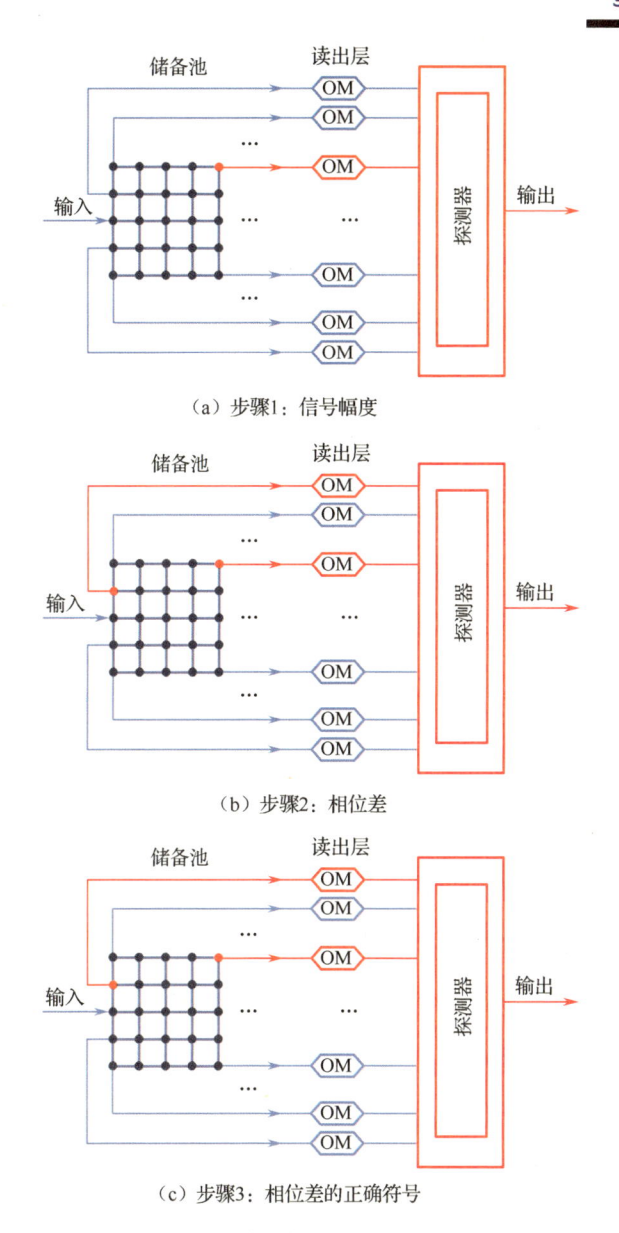

(b) 步骤2: 相位差

(c) 步骤3: 相位差的正确符号

图 3.7 用于估算储备池状态时间轨迹的步骤

以深色突出显示的权重设置为1, 所有剩余的权重设置为0。步骤1: 反转输出信号以获得激活状态的大小 (光强度)。步骤2: 使用状态和参考状态之和, 以及步骤1中获得的状态信号幅度, 估计所讨论状态的相位差幅度。步骤3: 将参考状态读出权重的相位移动 $\pi/2$ (图中不可见), 然后重复步骤2。将结果与步骤2中获得的结果进行比较, 以推断所讨论的状态和参考状态之间相位差的符号。

为了确定该架构储备池节点之间的时间延迟 (节点间延迟) 的合适值, 我们使用复值岭回归训练, 随时间延迟的增加, 训练我们的模拟储备池。图 3.8 显示了在输入信号比特率为 10Gbps 时达到的比特误差率, 它是节点间中间延迟增加的函数。

设置好基线后，我们将设置中的真实储备池状态与通过上述方法估算的状态进行交换，发现最终的位误差曲线与图 3.8 中的曲线相同。在文献[12]中可以找到该方法的详细数学描述以及使用现实探测器模型的更广泛的实验。

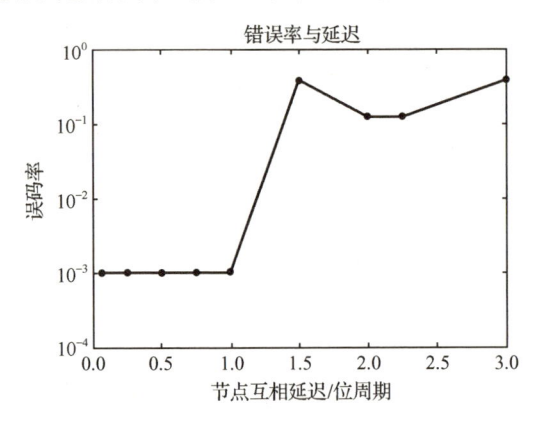

图 3.8 误码率与延迟

对于执行 3 位帧头识别（模式 101）的具有集成光学读出层的 4×4 无源涡旋架构，比特误差率与以比特周期为单位的节点之间时间延迟（互相延迟）的关系。最小可检测误差率为 10^{-3}。每个数据点上对 10 个具有不同相位配置的储备池进行结果平均。

最后请注意，虽然权重的训练确实需要一些时间，并且仍然需要使用外部微处理器，但是一旦确定并设置了正确的权重，整个系统就可以高速运行，而不需要微控制器执行任何操作了。

3.3.3 权重分辨率的影响

可以使用不同的方法来实现线性组合的权重，每种方法可以具有不同的能力来实现细粒度的权重分辨率。例如，通常可以由 D/A 转换器驱动的反向偏置 PN 结提供良好的分辨率。然而，对于替代的非易失性权重元件，由于其工作的物理特性，我们只能获得本质上更低的权重分辨率，尽管这种元件以非常低的功耗提供稳定的调谐，但依然比反向偏置 PN 结的能效高得多。这种限制的典型例子是基于钛酸钡（$BaTiO_3$）的权重元件[6]，这是一种集成的过渡金属氧化物材料。这些元件通常只能提供 20 种离散的权重级别。在这种情况下，重要的是调查储备池计算性能如何受到这种有限分辨率的影响。

为了仿真这种影响，我们选择了 4 种不同的权重分辨率（3 位、4 位、5 位和 6 位）来研究储备池在 1 位帧头识别任务中的性能，包括振幅和相位。在模拟中，我们对来自储备池的所有状态以及期望的输出状态执行复值岭回归训练。为了获得接近实际情况的仿真结果，我们使用不同的正则化参数，并选择误差率最低的一个参数。为了仿真权重分辨率，我们简单地将岭回归产生的每个权重四舍五入到最接近的离散化值。对于振幅，离散权重的范围对应于初始无限分辨率权重的范围。对于相位，离散化的加权水平在[-π,π]的区间内。

图 3.9 中的仿真结果显示，与具有无限权重分辨率的系统（深色曲线）相比，当权重分辨率降低时系统的性能如何变化。对于 6 位分辨率，存在一个狭窄的互连延迟范围，有限分辨率和无限分辨率的误差率几乎一致。此外，对应于不同随机初始化储备池的误差条也在该状态下减小，这表明行为稳健。

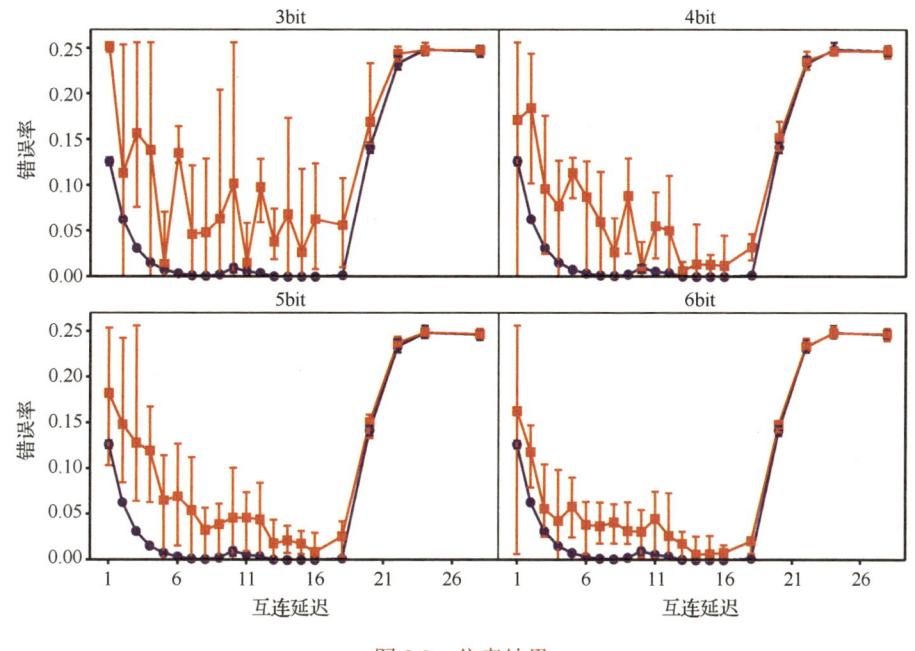

图 3.9　仿真结果

不同读出权重分辨率下误差率与互连延迟之间的函数关系（浅色曲线），深色曲线是针对无限权重分辨率的情况。

3.4　通信应用

3.4.1　非线性色散补偿

对于高速、长距离和短距离应用，光学技术是所有现代通信的核心。从核心网和城域网到数据中心和局域网，基于光纤的技术在不同类型的网络中无处不在。此外，当前的工业正朝着使光波技术越来越接近最后一千米最终用户的方向努力发展，并且在这样做的过程中利用了它所提供的巨大带宽、能量效率和其他好处。这些优势与光学的进步相结合，使得激光器、调制技术、掺铒光纤放大器（EDFA）的光学宽带放大技术的价格更加便宜，从而这项技术成为当今互联网信息高速公路的主干。然而，构成基于光纤的光波网络的各种元件也会在产生、传输和接收阶段导致光信号的衰减[13]。

对任何一种通信系统来说，信号损失都是不可避免的。它们在接收器处表现为需要纠正的错误检测。在光纤系统中，这些缺陷主要可追溯到色散、放大点的放大自发辐射、光纤链路中的衰减和反射、光纤中的光学非线性、O/E 和 E/O 点引入的时序抖动。

这些问题在基于相干调制格式的现代高速系统中变得更加严重，光纤中的非线性造成了与无误差传播相关的严重问题。这些问题通常在电子领域使用先进的 DSP 后处理解决，但这种方法会消耗大量功率、占用芯片有效面积。光子储备池计算可以提供一种替代方案，来消除（部分消除）已经在光域中的这些信号损坏。

为了说明这一点，我们将首先展示在实际光链路上传播的非归零（Non Return to Zero，NRZ）信号相关的模拟结果，随后展示通过具有极端人为非线性和符号间干扰的链路传播的二进制相移键控（Binary Phase Shift Keying，BPSK）信号。

1. 通过光链路传播的 NRZ

模拟通信数据由 VPI TransmissionMaker v9.2 软件生成，使用图 3.10 所示的示意图。该软件结合了通信链路中遇到的由上述各种光学组件和物理现象引起的信号衰减机制的逼真模型，并考虑了它们如何在所考虑的传输距离上的演变，例如，在地铁和长途网络中，传输距离可能很长。然后，使用内部电路模拟和机器学习储备池，将生成的数据用于训练和测试储备池设计。

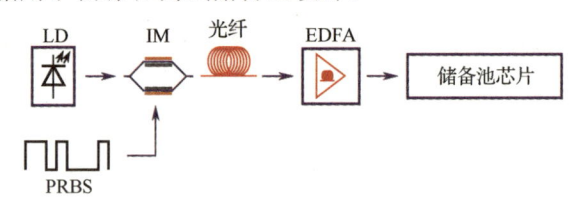

图 3.10　仿真设置生成信号均衡任务的数据的示意图

输入的伪随机比特序列（PRBS）信号被调制到激光信号上。信号通过光纤链路传输，之后数据被保存到一个文件中，并用作纳米光子储备池仿真的输入。

10Gbps 链路的结果如图 3.11 所示。结果表明，对于包含长度为 250km 光纤的连接，BER 改善到远低于 0.2×10^{-2} 的软判决前向纠错编码（Soft Decision Forward Error Correction，SD-FEC）极限。这意味着芯片可以与适当选择的纠错码结合使用，以实现链路上的无差错通信。这种设计适用于城域网中的信号均衡。

2. 通过人工信道传输 BPSK

为了表明上述技术也适用于相位编码的符号，我们进行了一个仿真。在仿真时，我们通过一个具有极端非线性和符号间干扰的仿真信道发送一个 BPSK 信号（即符号+1 和-1），调制速度为 10GHz。理想化的矩形脉冲通过一阶巴特沃兹滤波器发送，该滤波器在 25GHz 时具有 3dB 截止频率。符号间干扰由以下表达式建模：

$$x_{n,\text{total}}=0.6x_{n-1}+x_n-0.7x_{n+1} \tag{3.3}$$

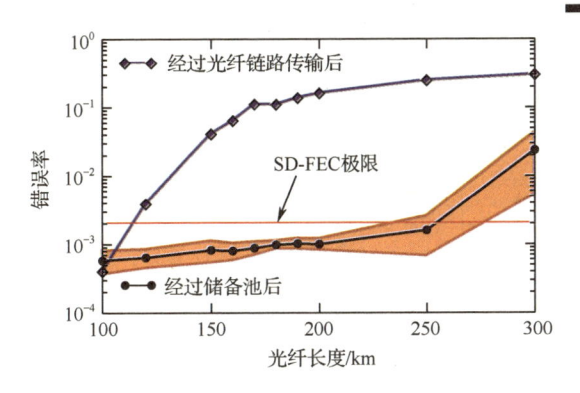

图 3.11　10Gbps 链路的结果

经过光纤链路传输后和经过储备池后的误差率，最长 300km。这也为储备池中各相位的随机初始化指示了误差容限，还显示了 $0.2×10^{-2}$ 的软判决前向纠错编码极限（SD-FEC 极限）。对于低于此限值的所有误差率值，无误差操作是可能的。

对于人工信道，我们考虑一个 9 阶强非线性。鉴于受到符号间干扰的输入 x，我们任意选择对非线性信道的输出 x_{NL} 建模：

$$\tilde{x} = x + 0.036x^2 - 0.011x^3 \tag{3.4}$$

$$x_{NL} = \tilde{x} + 0.05\tilde{x}^2 - 0.3\tilde{x}^3 \tag{3.5}$$

最后添加了信噪比为 20dB 的加性高斯白噪声（AWGN）。

链路输出端的星图如图 3.12 所示。与良性信道不同，在-1 处有一个蓝色斑点，在+1 处有一个红色斑点，由于符号间干扰引起的多重回波和非线性引起的失真是清晰可见的。

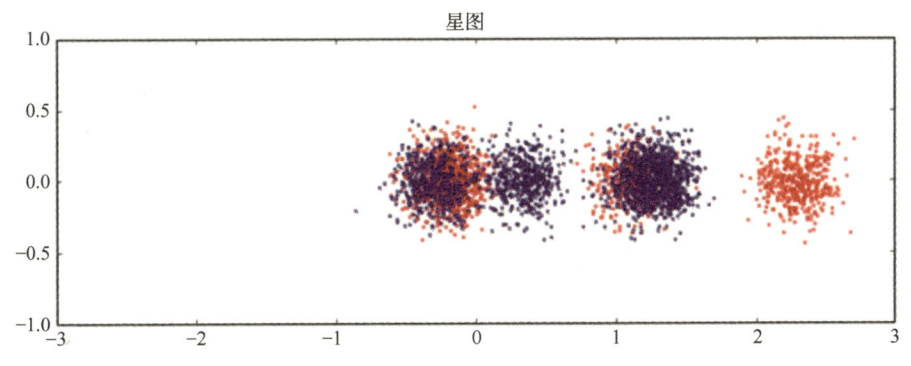

图 3.12　链路输出端的星图，在具有强符号间干扰和非线性人工信道输出处的 BPSK 信号的星图（任意单位）

为了尝试并消除传输损耗，我们通过 7×7 硅基光电子涡旋网络发送该信号，并训练储备池以恢复原始比特流，但有 1 个周期的延迟。在周期的中间，对储备池输出端的信号进行采样。在简单的阈值检测之后，获得了 4%的比特误差率。虽然不为零，但是这个数字必须与使用一个能访问最后 3 个信号样本的抽头滤波器获得的

33%误差率进行比较(鉴于尺寸和储备池的损耗,这两种情况对应类似的内存)。储备池显然具有更好的性能,而且在某种程度上可以在光域中直接实现,而不需要模数转换。

3.4.2 PAM-4 逻辑

带记忆的 XOR 任务由于其强非线性,是光子储备池计算和一般机器学习中常用的基准任务。该任务的目的是训练储备池正确计算数据流中某个时间差出现的两个符号的 XOR。最简单的变化是对当前位和前一位进行 XOR 运算。由于两个比特之间的时间差越来越大,对光子储备池内部所需的内存而言,该任务变得越来越具挑战性。在大多数情况下,这个任务是对以二进制调制格式编码的数据执行的,但这可以扩展到更复杂的情况,即对 PAM-4 信号(每符号 2 位的幅度调制格式)计算 XOR。

本例中使用的 PAM-4 信号以 10GHz 进行调制,相当于 20GHz 的比特率。此外,一阶巴特沃兹滤波器用于从方波脉冲比特流中产生逼真的输入脉冲。它具有 3.4.1 节中提到的相同特性。随后,添加信噪比为 30dB 的 AWGN。然后,在下采样之前,以 25GHz 对信号进行低通滤波,以获得用于分类的更平滑的信号。

由于具有记忆的多符号 XOR 任务因其高度非线性而能够真正挑战光子储备池的计算能力,因此可以预期使用大量节点是必要的。这将增加储备池的复杂性,直接增加其计算能力。

图 3.13 清楚地显示了这种影响,表明随着方形涡旋结构节点数量的增加符号误差率(SER)降低。

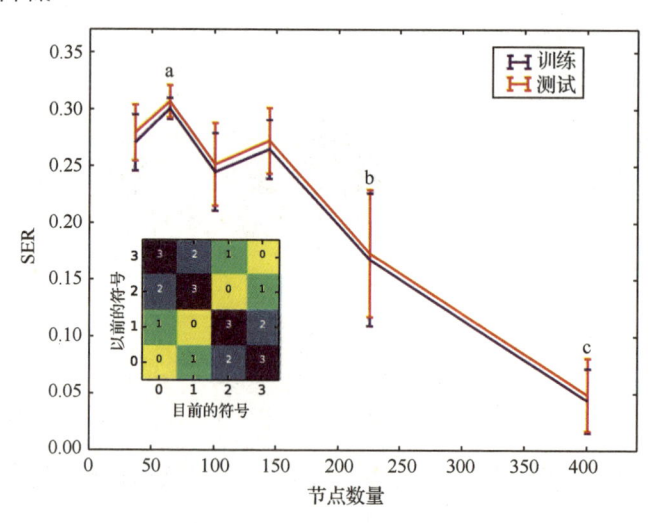

图 3.13 SER 随光子涡旋储备池尺寸的演变

(图内显示带有一个符号延迟的 2 位 XOR 的真值表,a、b 和 c 见图 3.14 中的直方图)

如图 3.14 所示，8×8 节点的储备池没有足够的计算能力来正确计算 XOR，并且具有 30% 的 SER。对于较小的储备池，我们观察到类似的行为。从 10×10 节点开始，所有四个级别开始变得可以区分，但仍有一些重叠。逐渐进行到 20×20 节点，在 8×8 节点的储备池中出现的中心人工水平被推到符号 0 和 3 的正确水平。这个 400 节点的储备池能够以小于 5% 的 SER 计算带有延迟的 XOR。

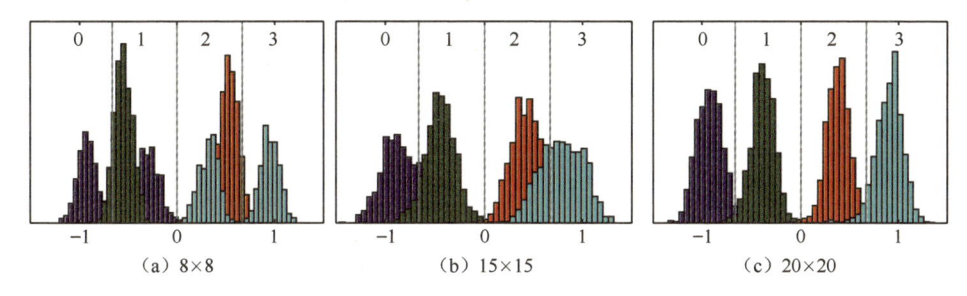

图 3.14　直方图说明了给定节点数量的光子涡旋储备池的符号分类，用期望的 XOR 结果进行灰度标记

3.5　混沌腔

到目前为止，用于储备池的设计非常紧密地遵循神经网络的传统节点结构。然而，光学固有的并行特性允许我们设计出脱离这种架构的全新架构。一种可能的设计是由一个四分之一体育场形状的光子晶体腔组成[14]，如图 3.15 所示。在这种设计中，四分之一体育场形状确保输入信号以复杂的方式混合[15-17]，之后混合光沿着连接的波导从谐振腔泄漏。

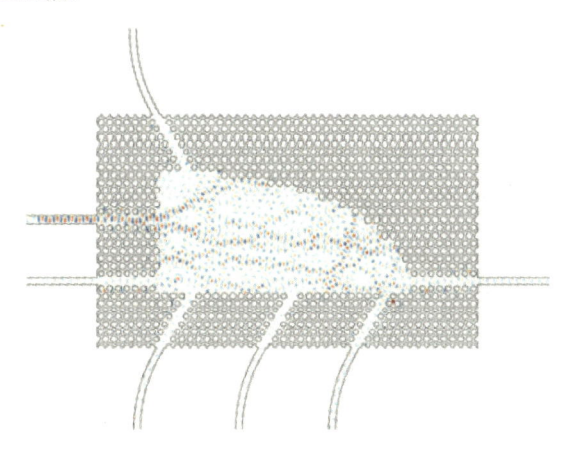

图 3.15　用于储备池计算的光子晶体腔

在这种情况下，单个输入信号在光子晶体腔内混合。通过观察光子晶体腔内的场分布，可以清楚地看到输入场的混合。混合光沿着所有波导从谐振腔泄漏。将泄漏的光传送到读出层，就可以形成一个储备池计算机。

这种新设计解决了传统设计的一些问题。它允许更丰富的互连拓扑，同时需要更少的芯片有效面积。对于最佳比特率约为 50Gbps 的谐振腔，尺寸为 30μm×60μm，而理论上我们可以使用 7μm×7μm 这样小的谐振腔来达到 1Tbps 的比特率。最重要的是，这种光子晶体腔设计的损耗非常低，并且在几项基准通信任务中表现出色，如高度非线性的 XOR 任务和帧头识别任务，同时仍然接受来自广泛操作区域的比特率。

3.5.1 设计

在设计用于储备池计算的光子晶体腔时，必须考虑几个重要的特性。第一，谐振腔需要以复杂的方式混合输入场。如前所述，可以通过选择四分之一体育场形状来实现，众所周知，四分之一体育场形状可以促进有趣的混合动力学。第二，谐振腔需要具有衰退记忆功能，即信号应该在谐振腔内保持足够长的时间，以便与随后的输入比特混合，但是不能太长，以免使得出现的模式模糊。这种衰退记忆功能显然可以通过调整谐振腔的 Q 因子来控制，即调整光子晶体晶格的孔的质量、间距和直径。然而，改变连接波导的尺寸和数量也会产生不小的影响。

本节中介绍的大多数结果遵循文献[14]的讨论，该讨论使用 30μm×60μm 谐振腔，具有 7 个连接的波导：路由到读出层的 1 个输入和 6 个输出。该谐振腔的尺寸经特别选择，以适用于上述截止频率为 25Gbps 的光电探测器模型。然而，由于这一截止频率并不高，储备池计算机仍然以高达 50Gbps 及以上的速率工作。

3.5.2 方法

对光子晶体腔进行全储备池仿真并非易事。首先，要说明 BER 低至 10^{-3}，需要找到谐振腔对大约 10^5 位比特流的响应。如果我们将自己限制在纯 FDTD（时域有限差分）仿真，这是完全不可能的。相反，图 3.16 所示的方法是首选的。在这种方法中，从 FDTD 仿真中记录单个比特的电场和磁场形式的响应。根据伪随机比特流将得到的场相干地加在一起，之后通过探测器模型发送得到原始流。请注意，这只是脉冲响应方法的"比特级"等效方法，通过将函数与超短脉冲的响应进行卷积，可以得到任意系统的响应。这里，由于数值舍入误差，我们选择使用"比特级"响应，而不是真正的脉冲响应。

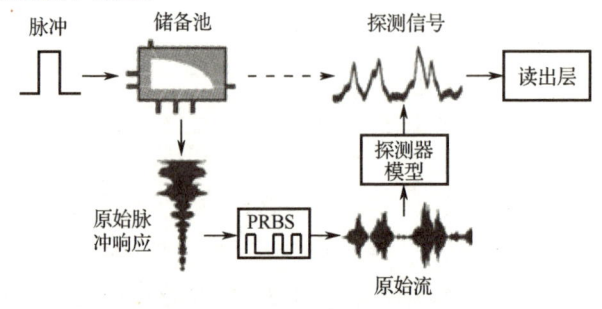

图 3.16 光子晶体腔储备池计算机模拟框图[14]

3.5.3 XOR 任务

作为第一个基准测试任务，输入功率为 1mW 的 10^5 位 PRBS 通过一个光子晶体波导（图 3.15 中左侧的顶部波导）发送。光在谐振腔内混合，最后计算其他 6 个波导的响应。在这个记录的输出上，根据尽可能低的均方误差，训练读出权重以跟踪两个连续比特之间的 XOR 函数。在找到理想的权重之后，BER 被计算为预测比特和目标比特之间的差。由于我们在仿真中使用 10^5 位的比特流，所以一般准则是按 10^{-3} 截断 BER，即比仿真中可以找到的最低 BER 高 2 个数量级[18]。如图 3.17 所示，这一过程可以在不同的比特率下重复，之后就可以确定晶体腔的工作范围了。

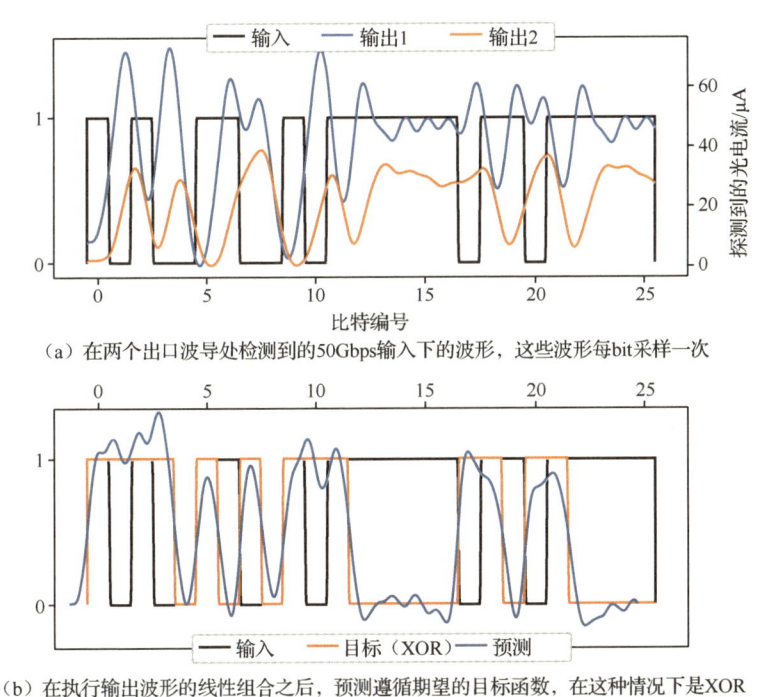

（a）在两个出口波导处检测到的50Gbps输入下的波形，这些波形每bit采样一次

（b）在执行输出波形的线性组合之后，预测遵循期望的目标函数，在这种情况下是XOR

图 3.17 仿真过程

有趣的是，只要改变读出权重，就可以在很宽的不同比特率范围内，使储备池跟随目标函数。如图 3.18（a）所示，我们获得了 25～67Gbps 的无误码性能。更重要的是，即使我们正在使用光子晶体，该储备池也在相当宽的波长范围内工作：1510～1600nm，但在 1560nm 附近有个例外，在这里我们可能会遇到波导的阻带，如图 3.18（b）所示。

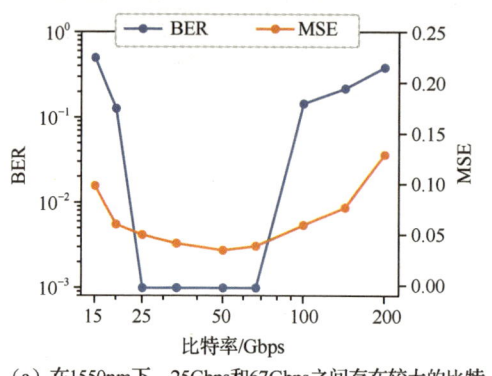

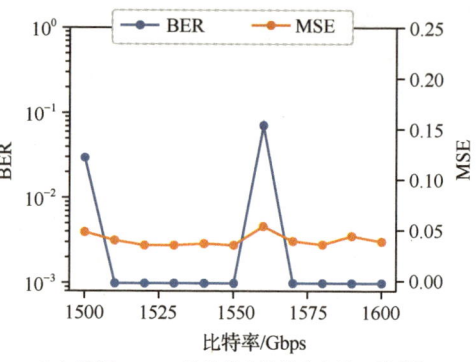

(a) 在1550nm下，25Gbps和67Gbps之间存在较大的比特率跨度，这个工作区域比传统的涡旋储备池要宽得多

(b) 除了1560nm处的单个异常值之外，该谐振腔在50Gbps的宽带波长下工作

图 3.18 示例

3.5.4 帧头识别

对于通信领域的应用，执行帧头识别通常更有用。只要改变读出层，这种光子晶体腔也可以完成这个任务。

具体地讲，当在 10^5 位的随机比特流中搜索长度为 L 的帧头时，根据由该位置的比特和 $L-1$ 个先前位形成的帧头来标记每个比特位置，如表 3.1 所示。然后使用线性判别分析（LDA）为每个不同的类别找到不同的权重矩阵[19]。

表 3.1　为不同的帧头长度标记随机比特流，比特流中的每个位置根据
当前位和 $L-1$ 先前位的二进制表示获得一个类别标签

L	…	1	0	1	1	0	1	1	1	…
2	…	2	1	3	2	1	3	3	…	
3	…	5	3	6	5	3	7	…		
4	…	11	6	13	11	7	…			

从图 3.19 中可以看出，对于帧头识别任务，谐振腔在较宽的范围内工作。我们还清楚地看到，更长的帧头在更高的比特率下工作得更好。这并不奇怪，因为对于更长的帧头，需要在记忆中保存更多的位，因此要适应这一点，需要更高的比特率。

选择 LDA 来获得权重矩阵的一个优点是，它允许从 2^L 维帧头空间投影到一个更低维的空间，在这里我们可以直观地看到帧头的分离，如图 3.20 所示。

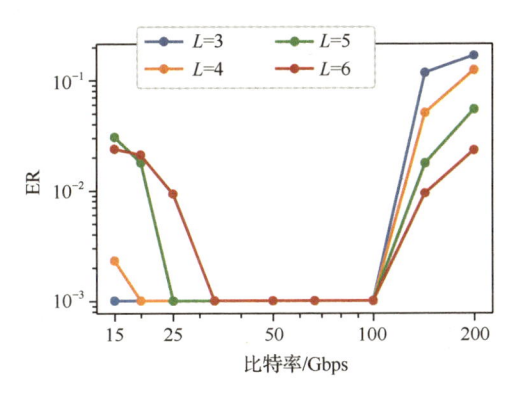

图 3.19　通过扫描比特率找到工作范围

（该储备池可以区分 L=6bit 的帧头长度、100Gbps 的帧头）

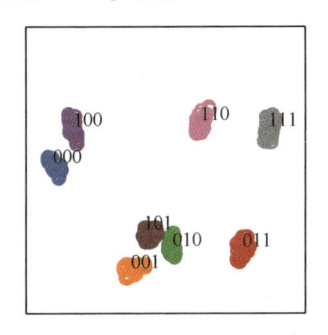

图 3.20　通过在两个主要 LDA 轴上投影来可视化 3 位帧头的分离

（所有不同帧头分离良好，而相似帧头的位置更靠近）

3.5.5　储备池的 Q 因子和时间尺度

在上面的仿真中，我们总是选择一个 30μm×60μm 晶体腔，具有 7 个连接波导。事实上，这种对波导尺寸和数量的选择是相当随意的，可以说改变连接波导的数量和晶体腔的大小将对储备池的性能产生重要影响。例如，仅改变谐振腔的尺寸就将对 Q 因子产生重要影响，并因此影响储备池的工作范围。在图 3.21 中，显示了两个较小谐振腔在不同比特率下的 XOR 性能，假设我们的光电探测器可以达到这些比特率。然而，这意味着在理论上，可以在小于 10^{-6}cm^2 的芯片有效面积上以高于 1Tbps 的比特率实现储备池计算。

另一种优化形式是改变出口波导的数量，因为这将不可避免地对晶体腔的 Q 因子产生深远的影响。这种形式的优化是非常重要的，因为取消出口也可能会降低储备池所能解决的任务的复杂性。为了量化这种影响，我们可以针对一系列出口的数量来观察储备池在 XOR 任务上的性能。

(a) 谐振腔尺寸 8μm×10μm

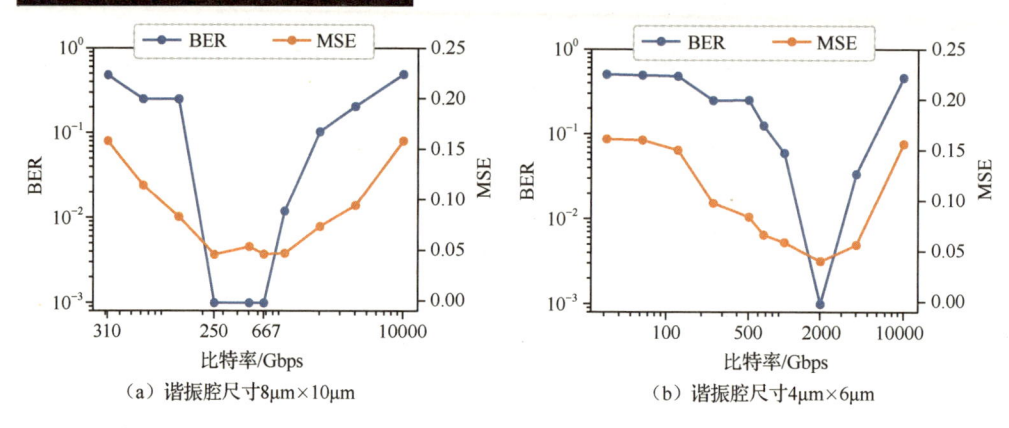

(b) 谐振腔尺寸 4μm×6μm

图 3.21 两个较小谐振腔在不同比特率下的 XOR 性能

通过减小晶体腔的尺寸，理论上可以达到高于 1Tbps 的比特率。当然，只有放弃原来的探测器模型时，这才是可能的。

当光源关闭时，具有 7 个连接波导的晶体腔中的功率以斜率 $m=-0.070\text{ns}^{-1}$ 指数衰减。当 $\lambda=1550\text{nm}$ 时，对于 Q 因子，可以达到这种效果：

$$Q = \frac{2\pi c}{\lambda m} = 16400 \tag{3.6}$$

观察几个具有较少连接波导的晶体腔体的 Q 因子，正如我们所料，Q 因子随着连接波导数量的减小而协调地衰减（见图 3.22）。我们还清楚地看到，用于 XOR 任务的连接波导数量的阈值位于 6 个波导（1 个输入和 5 个输出）处。

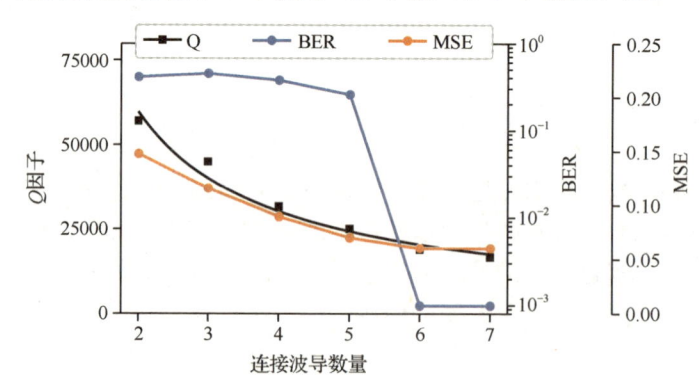

图 3.22 Q 因子随着连接波导数量的减小而协调地衰减（BER 和 MSE 也降低）

3.6 用于细胞识别的柱状散射体

3.6.1 用数字全息显微镜分选细胞

生物细胞的分选在一些生物医学应用中非常重要，如诊断学、治疗学和细胞生物学。然而，不同细胞类型的准确分类和分离通常是昂贵的、耗时的，并且由于使用标记物（如荧光标记物）而经常需要改变样品，这可能会阻碍后续的分析[20]。由于这些原因，无标记、高速、自动化和集成的细胞分选解决方案的开发尤其令人感兴趣。在几种选择中，微流控的流式细胞术采用数字全息显微镜是一种有前途的选择。在这种技术中，通过分析单色光照射时细胞投射的干涉图样（全息图）进行分类。全息图由图像传感器获取，并包含关于细胞的 3D 折射率结构的信息[21]。细胞全息图中包含的大量信息使得优异的分析和分类成为可能。另外，通过从全息图重建图像来详细处理这种复杂信息源，其计算成本是增加细胞分选器处理量的主要障碍，如通过过程的并行化。

通过绕过细胞图像的重建，直接用执行分类任务的机器学习算法处理获得的全息图，可以显著降低所需的计算能力[21-22]。然而，为了充分利用这种实现的潜力，需要进一步改进分类的简单性和性能。

3.6.2 用于极限学习机（ELM）实现的电介质散射体

储备池计算的基本概念结构，即一个未经训练的循环非线性网络，可以提高可训练线性读出层的性能，也可以应用于与时间无关的信号，如图像。在这种情况下，不需要非线性部分的记忆，整个系统通常被称为极限学习机（Extreme Learning Machine，ELM）[23]。

1. 通过 FDTD 仿真进行概念验证

我们提供了一个基于 FDTD 仿真的概念验证，即 ELM 在快速和无标签分类生物细胞方面的集成光学应用[24]。在这种应用中，用一个无源光学工作台处理通过绿色单色光源照射时细胞前向散射的光（见图 3.23），这个光学工作台包括一组嵌入在氮化硅平板波导中的二氧化硅柱状散射体。由细胞和电介质散射体投射的衍射图样由 1D 图像传感器获得，其像素输出用作在电域中实施的线性分类器（逻辑回归）的输入。这种配置代表 ELM 系统，其中细胞散射的光是输入信号，而电介质散射体和图像传感器发挥随机非线性网络的作用，其输出节点由传感器像素代表。实际上，图像传感器通过以其强度作为输出来执行入射相位编码①信号的非线性功能。散射体配置决定了来自细胞不同区域的光如何在传感器显示器上分裂和重叠，从而改变获得的干涉图样。由于散射体工作台包括较多数量的柱体，因此难以完全优化，只有调整其整体复杂性才能最大化分类性能。特别地，通过仅改变一个参数，即相对于散射体沿层的有序位置，对散射体施加轻微的均匀随机位移的幅度，来调整散射体平台的传递函数复杂度。图 3.24 给出了这个参数如何改变干涉图样的一个例子。

---

① 由于细胞吸附通常可以忽略，细胞结构信息主要以散射光的相位编码表示。

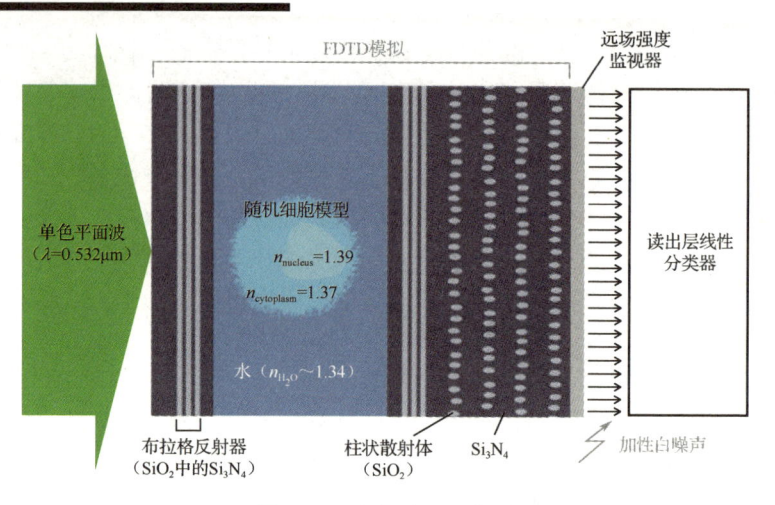

图 3.23 分类过程示意图

单色平面波照射到由布拉格反射器组成的包含微流体通道的法布里-珀罗光腔（Fabry-Pérot optical cavity），水中有细胞（$n_{H_2O} \sim 1.34$），细胞的折射率对比度较低（$n_{cytoplasm}=1.37$，$n_{nucleus}=1.39$）；前向散射光穿过一组嵌入在氮化硅（$n_{Si_3N_4} \sim 2.027$）中并分层的二氧化硅散射体（$n_{SiO_2} \sim 1.461$）；然后由远场监视器收集辐射强度，该远场监视器被分为若干区域（像素）；每个像素值被输入到一个经过训练的线性分类器中（即逻辑回归），该分类器由像素值的加权和（每类一个）组成。训练后的权重使得只有当相应的输入类被识别时，总和才会超过某个阈值。

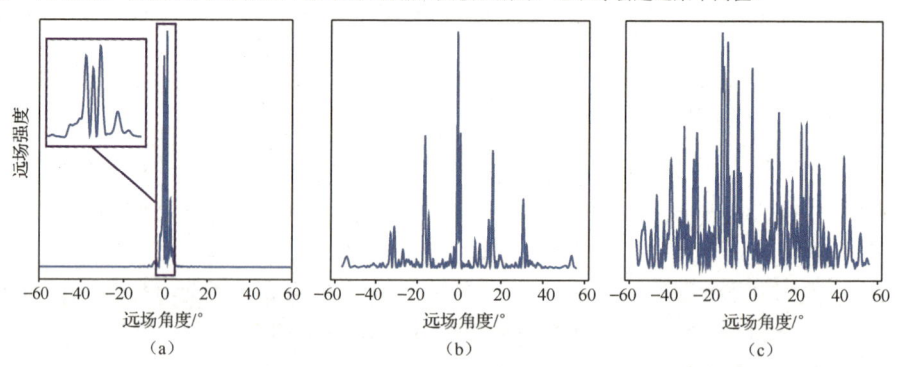

图 3.24 细胞散射光的远场强度分布

图 3.24（a），在没有散射体存在的情况下，干涉图样相对简单和平滑，大部分远场强度被限制在-6°~6°之间；图 3.24（b），考虑具有轻微随机位移（振幅为 25nm）的 4 层散射体，远场强度分布在周期性放置的峰值周围，大部分远场强度保持在-40°~40°之间；图 3.24（c），考虑具有大随机位移（振幅为 150nm）的 4 层散射体，远场强度主要在-60°~60°之间以复杂图样分布。

为了正确地训练读出层分类器且在训练后测试其性能，必须计算足够数量（数千个）的衍射图样样本并将其提供给训练算法。随机细胞模型被用于在衍射图样采集中产生合理的可变性。在文献[24]中，考虑了两种不同的分类任务。第一个任务基于平均细胞核大小，旨在区分"正常"细胞（小细胞核）和"癌"细胞（大细胞核），见图 3.25（a）。选择癌细胞是因为癌细胞通常表现出核大小明显不规则的趋势[25]。第二个任务基于细胞核的形状（平均细胞核面积保持不变），旨在区分"淋巴细胞"（大的准球形细胞核）和"中性粒细胞"（细胞核分为 3 叶），见图 3.25（b）。这两种细胞指的是人类血液中常见的两种白细胞。从物理和生物学上讲，这两种细胞模型只是它们在液体介质中流动时的真实对应物的粗略表示。事实上，所采用的模型是计算成本和贴近真实之间折中的结果。这种折中是合理的，因为工作的目标不是为实际应用提供绝对参考，而是研究使用和不使用散射体时分类性能之间的相对差异。关于所采用的细胞模型和机器学习方法的更多细节在文献[24]中给出。

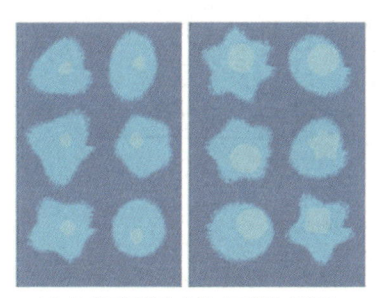

(a) 具有不同核大小的"正常"细胞和"癌"细胞的生成实例之间的比较

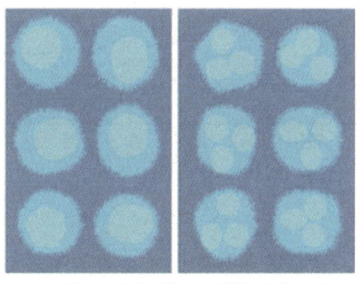

(b) 具有不同核形状的"淋巴细胞"和"中性粒细胞"的生成实例之间的比较

图 3.25　由所采用的随机模型自动生成的细胞的例子

2. 结果

我们考虑绿色激光器（$\lambda=532$nm），并比较不存在散射体和使用 4 层散射体时测试样品的分类误差率。不同像素数量和不同噪声水平的误差率值（见图 3.26）表明，如果考虑足够数量的像素和足够低的噪声水平，使用散射层可以显著降低误差率（对于核大小分类，误差率高达 50%，对于核形状分类，误差率更高）。当使用散射体时，分类性能对附加的噪声水平的敏感性增加，这归因于散射体的存在可将细胞衍射图样展开成更多的分量，见图 3.24（c），这可能对分类很重要。因此，有些分量相对于平均图样强度具有低强度，容易被相对高水平的噪声所掩盖。

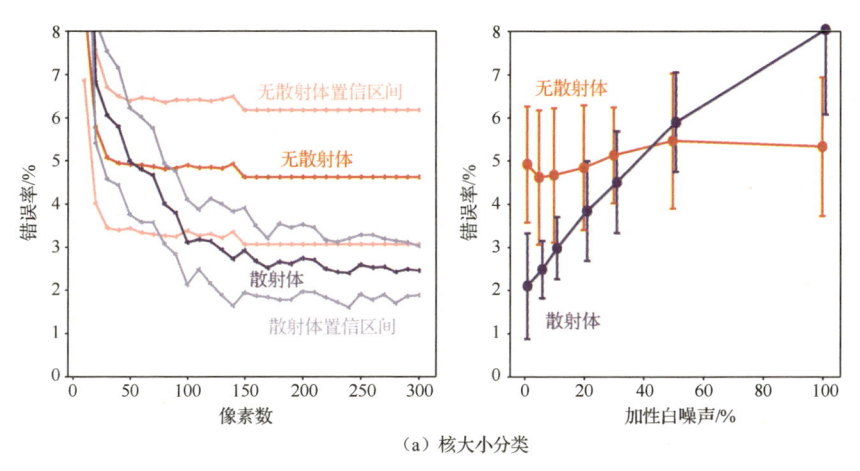

(a) 核大小分类

图 3.26　不存在（红色）和存在（蓝色）4 层散射体的测试误差率之间的比较

(b) 核形状分类

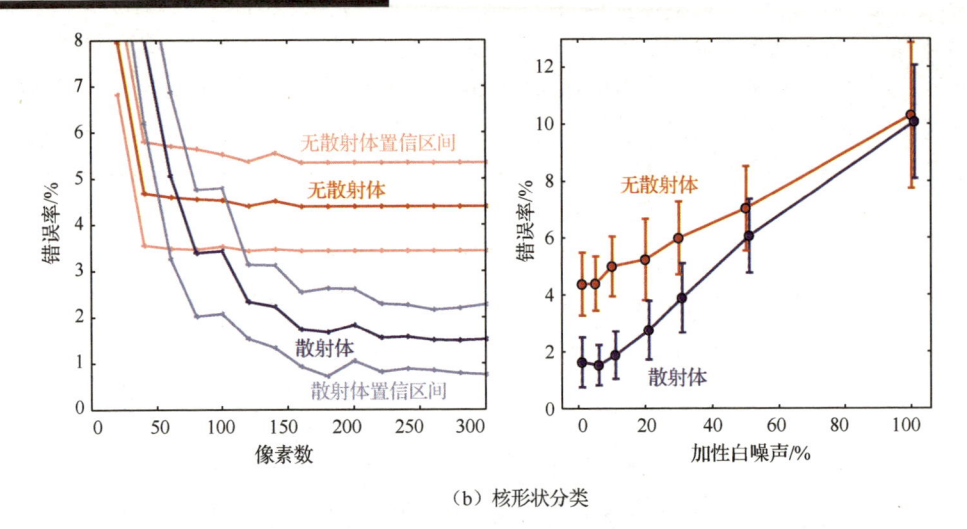

图 3.26 不存在（红色）和存在（蓝色）4 层散射体的测试误差率之间的比较（续）

图 3.26（a），基于细胞核大小的"正常"细胞和"癌"细胞分类；图 3.26（b），基于细胞核形状的"淋巴细胞"和"中性粒细胞"细胞分类。使用绿色激光源（λ= 532nm）。左侧图：测试误差率作为所用像素数量的函数，有 5% 的加性白噪声。两条线颜色的较暗和较亮版本分别代表为验证生成的 20 个样本集的平均值和置信区间（两个标准偏差）。右侧图：测试误差率（考虑像素数 250、260、…、300 的基础上进行平均）作为加性噪声百分比的函数。这些图表明，只要考虑足够数量的像素和足够低的噪声水平，散射体的存在就允许误差率降低 50%（或对于核形状的分类，降得更多）。

3.6.3 相位灵敏度的非线性

如果在使用绿色相干光源时，通过使用散射体可获得的改善似乎存在限制，那么使用紫外激光器（λ=337.1nm）的进一步仿真表明，通过降低光源波长可以较容易地克服这种限制[24]。我们可以通过下面的简化论证来提供这种效应的解释。

让我们暂时忽略由于细胞折射率结构引起的光偏转，并且只考虑光沿着所有可能的固定路径（这里标记为 n）穿过细胞到达屏幕上的一个像素的相移。在图 3.27（a）中，显示了代表其中 3 条路径的示意图。假设沿着路径 n 的光具有单一初始振幅和零初始相位（推理与初始条件无关），并且它通过该细胞累积的相移 θ_n。此外，假设沿着到像素的路径（不包括细胞内部的路径），其振幅减小了因子 A_n，其相位增加了 ϕ_n。因此，照射到像素上的辐射的复振幅是 $\sum_n A_n e^{i(\theta_n+\phi_n)}$，并且所获得的强度

$$I \propto \left|\sum_n A_n e^{i(\theta_n+\phi_n)}\right|^2 = C + \sum_{m<n}[A_{nm}\cos(\theta_n-\theta_m) + B_{nm}\sin(\theta_n-\theta_m)] \quad (3.7)$$

与其成正比，其中 C、A_{nm} 和 B_{nm}（也可以考虑散射体的存在）相对于 θ_n 是常数，但取决于 A_n 和 ϕ_n。这些相关性被忽略，因为相移 θ_n 是我们的分类系统的唯一实际输入，忽略了细胞中的光吸收。式（3.7）表明，像素上的相移至强度传递函数可以写成所有可能的正弦和余弦函数的线性组合，其自变量是所考虑的两条光路之间的相

移差，见图 3.27（b）。注意，如果还考虑了由于细胞的存在而导致的光路偏转，我们将更依赖式（3.7）右侧的 θ_n（C、A_{nm} 和 B_{nm} 也将依赖 θ_n）。然而，式（3.7）中的正弦和余弦函数仍然存在，并且下面的自变量仍然相关。重要的是，在这种表示中，散射层的唯一作用是通过提供更合适的权重 A_{nm}、B_{nm} 和 C 来提高分类性能。

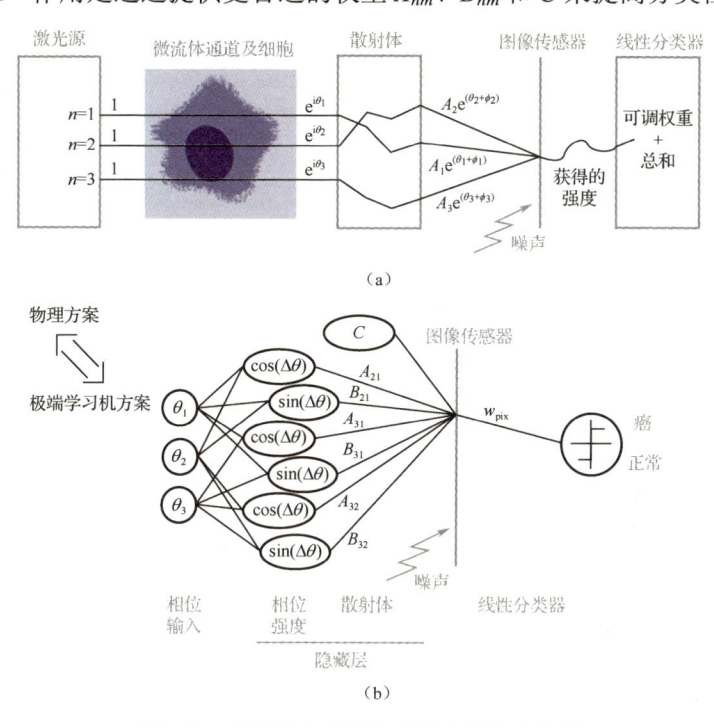

图 3.27　提议的分类系统的两个等效示意图

在图 3.27（a）中，物理示意图显示了沿 3 条光路的振幅和相演化示例，这 3 条光路最终照射到图像传感器的同一像素上。然后通过线性分类器对获得的光强进行加权和。在图 3.27（b）中，图形（在神经网络架构的形式下）表示对通过细胞折射率结构累积的光相位的相应数学运算，参见式（3.7）。为了简便，由于细胞存在引起的光偏转被忽略，因此振幅 A_n 和因子 A_{nm}、B_{nm} 及 C 被认为是相对于输入 θ_n 的常数。

例如，现在让我们考虑，穿过细胞核的路径和不与细胞核相交的相邻路径之间的相移差 $\Delta\theta$。在"正常"细胞（较小细胞核）的情况下，我们称这种相移差为 $\Delta\theta_n$，在"癌"细胞（较大细胞核）的情况下，我们称之为 $\Delta\theta_c$。我们可以直观地说，如果读出层线性分类器能够在其他强度贡献中，检测出分别由 $\Delta\theta_n$ 和 $\Delta\theta_c$ 产生的强度贡献之间的差异 ΔI，则可以成功地训练该系统执行分类任务。根据式（3.7），该临界强度差的估计由下式给出：

$$\Delta I \propto A[\sin(\Delta\theta_c) - \sin(\Delta\theta_n)] + B[\cos(\Delta\theta_c) - \cos(\Delta\theta_n)]$$

$$\Delta\theta_c = \frac{2\pi D_c}{\lambda}(n_{\text{nucleus}} - n_{\text{cytoplasm}}) \quad (3.8)$$

$$\Delta\theta_n = \frac{2\pi D_n}{\lambda}(n_{\text{nucleus}} - n_{\text{cytoplasm}})$$

式中，A 和 B 是常数；$D_c \sim 2.5\mu m$ 和 $D_n \sim 1.2\mu m$ 分别是"癌"细胞和"正常"细胞模型的平均直径；λ 是所考虑辐射的波长；$n_{nucleus}=1.39$ 和 $n_{cytoplasm}=1.37$ 是所用细胞模型中细胞核和细胞质的折射率。我们要强调的是，如果系统的响应过于线性或过于随机，则预计分类性能会很差。注意，在式（3.7）中，这两个不期望的条件可以分别归因于 $\theta_n-\theta_m \ll \pi$（线性状态）和 $\theta_n-\theta_m \gg \pi$（周期状态）。当我们集中于区分不同的核尺寸时，必须考虑式（3.8）。特别地，如果 $\lambda=0.532\mu m$，我们有 $\Delta\theta_c \sim 0.6$ 和 $\Delta\theta_n \sim 0.3$，其比 π 小得多。通过观察这两个差异的表达式，我们看到，它们可以通过降低波长来增加。这意味着需要使用紫外激光器，紫外激光器通常比绿色激光器贵得多，并且会损坏被照射的细胞。更可行的解决方案包括通过将细胞置于光腔中来增加通过细胞的有效光程长度。事实上，一个光腔会使入射光平均不止一次地穿过细胞。

3.6.4 电介质散射体和光腔的组合

式（3.8）表明，通过将细胞置入到设计合理的光腔中，可以增强由于使用电介质散射体而导致的分类效果。事实上，这可以增加所采集的强度图样中的核信号表示的非线性。实际上，在 FDTD 仿真设计中，在微流体通道的 2 个外侧放置了 2 个布拉格反射器，其与光束方向垂直，形成了法布里-珀罗腔（见图 3.23）。所采用的布拉格反射器各自由 3 层宽度为（455 ± 10）nm 的 SiO_2 组成，包覆 Si_3N_4。添加 $-10 \sim 10$nm 之间的均匀概率分布中采样的随机值，实现层宽度的误差。它大致解释了制造误差。选择反射器之间的距离 $D=21.02\mu m$，使得穿过并靠近细胞核的那部分光共振。这是通过监测谐振腔内不同 D 值的光强度来实现的。注意，这种调节相对容易，因为该细胞充当弱汇聚透镜，沿微流体通道方向提供额外的光限制。

反射器的反射率 R 也是一个至关重要的参数，因为它控制谐振腔 Q 因子，并因此控制共振对腔内光程长度的灵敏度以及光在腔内平均停留的时间。这意味着，通过调节 R，必须在由所选谐振细胞部分引起的相移增加和相应的共振稳定性之间折中。事实上，如果谐振腔 Q 因子太高，则共振强度可能会受到细胞结构或制造误差的强烈影响。如 3.6.3 节所述，谐振腔经过设计后，对应于所考虑类别的感兴趣的光学特征所产生的平均光相移差大致在 $\pi/2 \sim 2\pi$ 之间。特别地，在仿真中使用的反射器（由 3 层组成）具有令人满意的 $\sim 56\%$ 反射率，而具有 4 层和 5 层的类似反射器具有太高的反射率，分别为 $\sim 73\%$ 和 $\sim 85\%$。最后，光腔的引入意味着仿真时间必须适当增加到 1.2ps，而其他仿真和机器学习细节如前所述。

图 3.28 显示了使用绿色激光器（$\lambda=532$nm）和所述集成光腔获得的原子核大小分类结果。相对于没有谐振腔的相应情况，看到了实质性的改进（见图 3.26）。特别是，对于足够低但仍然合理的噪声水平（< 10%），使用散射体而导致分类改进增加了 5 倍。在这些噪声水平下，其结果类似于用紫外光源获得的结果（见文献[24]），且没有可能导致损伤细胞的缺点。对于更高的噪声水平，对噪声敏感度的增加将分类误差率推到显著更高的值。此外，应该强调的是，使用光腔的另一个优点是，它

经过设计后可增加对特定光程长度的强度图样敏感度，使得感兴趣的光学特征相对于其他竞争的光学特征对读出层分类器更明显。

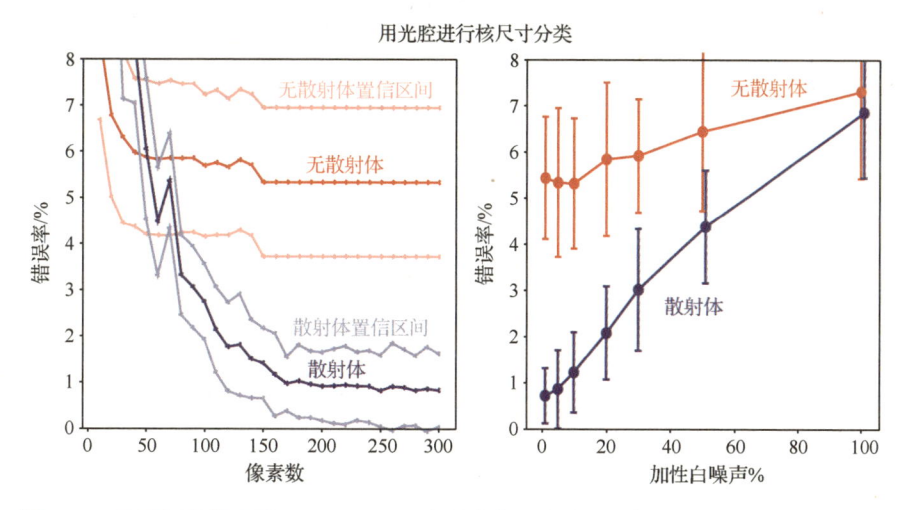

图 3.28　使用绿色激光器（$\lambda = 532nm$）和所述集成光腔，比较对应于不存在（红色）和存在（蓝色）4 层散射体的测试误差率

左侧图：测试错误率作为所用像素数的函数，有 5%加性白噪声。右侧图：测试错误率（考虑像素数为 250、260、…、300 时所取得的平均值）作为增加的噪声百分比的函数。将这些图与图 3.26（a）进行比较：使用光腔大大提高了使用散射体所获得的分类改进。

3.7　结论

在本章中，我们回顾了集成光子储备池计算芯片，特别强调了无源储备池结构。我们提出的仿真结果表明，这种范式可以在高速和低功耗情况下成功地用于执行各种任务（比特级任务、非线性色散补偿等）。此外，我们提出了一种基于柱状散射体和空腔的储备池计算的空间模拟，可用于加速生物细胞的分类。

原著参考文献

4. 大型时空储备池

**Daniel Brunner, Julian Bueno, Xavier Porte,
Sheler Maktoobi, and Louis Andreoli**

4.1 导言

光学系统的一个核心优势是它们能够并行处理包含在 2D 平面中的信息。许多方案受益于这一概念，其中包括 4f 光学相关器[1]或光学矩阵乘法的并行实现[2-3]。光学矩阵乘积的应用进一步促进了 Hopfield 网络的光学实现。衍射实现了基于 1.2.5 节中介绍的分析关系的预先确定的耦合矩阵。使用光折变晶体，结合相位共轭的衍射甚至可以通过基于硬件的梯度反向传播学习惯例实现深度神经网络[4]。这些概念中的大多数依赖体积全息图来实现充分优化的耦合矩阵。这种方法创造了多个出色的空间带宽产品，但也导致了一些限制，如权重之间的有害串扰[5]。由于 RC 概念放松了对内部耦合矩阵的要求，所以这些限制的影响就不那么重要了。此外，不需要控制连接矩阵的所有单个项，并且可以利用更简单的概念来实现完全并行的耦合。我们将基于衍射耦合创建大规模的离散光子发射器网络[6]，并将在基于数字微镜器件（Digital Micro-Mirror Device，DMD）的光子硬件中实现学习[7]。我们也阐明了将信息以光学手段注入这种系统的途径[6]。这样，我们基于基本上平行的概念全光地实现了输入层、隐藏层和读出层之间的连接。我们以两个不同的系统说明衍射耦合：一个系统使用空间光调制器（Spatial Light Modulator，SLM）的像素作为非线性元件，另一个系统基于多个垂直腔表面发射激光器（Vertical-Cavity Surface-Emitting Laser，VCSEL）的商业阵列。

4.2 衍射耦合

根据其原理，储备池是一个时空动态系统，包括一个复杂的非线性节点的循环网络。时空动力学可以映射到多个空间，包括额外的时间[8]或光谱[9]坐标，在物理空间中实现非线性网络具有有效利用光学组件并行性的基本优势。在电子学中，每个网络连接的物理实现都需要专用的导线，而在光学中，单个元件就可以为整个网络提供这样的功能。对于以周期 p^{array} 为间隔的离散光发射器阵列的耦合情况，耦合机制必须精确匹配阵列的周期[6]。我们假设光学非线性元件的 2D 阵列，其位置由 $r_{i,j} = p^{array} \cdot (i,j)$ 给出，式中 $i,j \in \{-\tilde{N}, \tilde{N}\}$ 将物理节点位置分配给整数索引。这样会产

生一个由 $N = (2\tilde{N})^2$ 个节点组成的阵列。在图 4.1（a）中，我们通过结合成像和衍射示意性地说明了空间复用离散位置的原理。示意图限于 x 方向和 z 方向，因为沿 y 方向的属性与 x 方向相同，因此为了图示简单可以省略。发射器位于 z_a 处，在第一透镜或显微镜物镜（Microscope Objective，MO）前面一个焦距 f 处，其后是位于 z_{DOE} 处的衍射光学元件（Diffractive Optical Element，DOE）。遵循经典的光学设计原则，DOE 应该理想地位于第一透镜之后和第二透镜之前的距离 f 处[10]。实际上，这样做通常不可行，如受到机械部件的几何限制，但最重要的是，使用了多个 MO。为了最小化像差，强烈推荐甚至要求使用无限远校正的 MO。然而，这些 MO 通常具有小的，在许多情况下甚至是负的后焦距。因此，将 DOE 放置在傅里叶平面上是不切实际或不可能的。最后，位于 $z_a + f + D$ 的第二透镜或 MO 产生位于 z_m 的像平面。

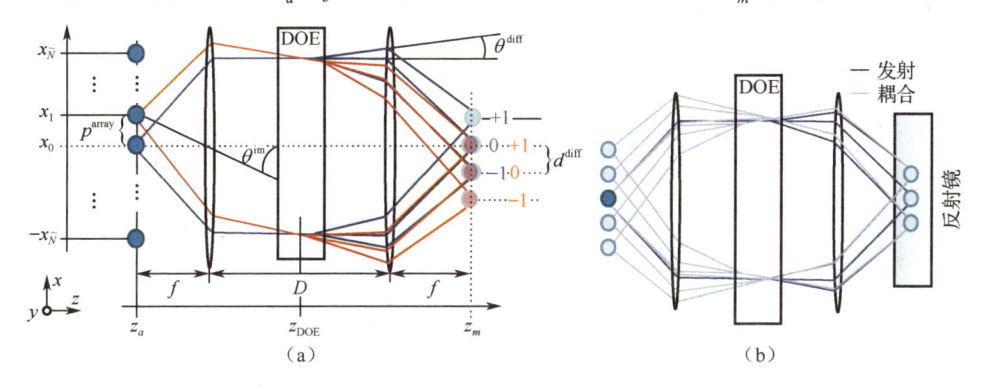

图 4.1　衍射耦合

图 4.1（a），通过 2f 成像装置对两个发射器成像，包括在两个透镜之间产生三个相同振幅的离散衍射级的 DOE。焦距是 f，θ^{im} 是相邻发射器的主光线之间的角度，θ^{diff} 是衍射级之间的角度。对于正确的参数设置，图像平面中衍射级之间的距离等于相邻发射器之间的距离：$p^{array} \approx d^{diff}$。图 4.1（b），将反射镜放置在第二透镜的像平面中导致双重通过 DOE，以及衍射级位于相邻发射器的位置。

如图 4.1（a）所示，结果是原始发射器的光场在 $z = z_m$ 时不同衍射级的分布。对于成像系统的第一个简单分析，我们假设 DOE 是简单的透射衍射光栅，具有沿 x 方向和 y 方向的周期性相位调制。基于光栅衍射的解析解和无像差透镜的光学射线处理，我们获得

$$\theta_i^{im} = \tan^{-1}\left(\frac{i \cdot p^{array}}{f}\right) \tag{4.1}$$

$$\theta_{i,m}^{diff} = \sin^{-1}\left(\sin\theta_i^{im} + m\frac{\lambda}{p^{DOE}}\right) \tag{4.2}$$

这是描述系统的准直空间中的成像（θ_i^{im}）和衍射（$\theta_{i,m}^{diff}$）的两个相关角度。参数是波长 λ 和 DOE 的相位或振幅调制周期 p^{DOE}。使用整数 j 可以在 y 方向找到相同的关系。

为了理解衍射成像耦合的光学机制，图 4.1（a）显示了位于阵列中心的发射器（$i = 0$ 和 $x_0 = 0$）及其最近邻（$i = 1$ 位于 $x_1 = p^{array}$）的过程。对于这两个发射器，光

栅在 z_m 中产生一系列衍射级，并且为了在它们的光场之间建立耦合，其中一些衍射级需要在空间上重叠。发射器 $i = 0$ 的衍射级 $m = +1$ 和发射器 $i = 1$ 的衍射级 $m = 0$ 之间的耦合条件由下式给出

$$\sin\theta_{0,+1}^{\text{diff}} = \frac{\lambda}{p^{\text{DOE}}}, \quad \tan\theta_1^{\text{im}} = \frac{p^{\text{array}}}{f} \tag{4.3}$$

$$\theta_{0,+1}^{\text{diff}} = \theta_1^{\text{im}} \tag{4.4}$$

式（4.3）和式（4.4）分别给出了发射器 $i = 1$ 的成像角度（θ_1^{im}）和发射器 $i = 0$ 的 +1 衍射级角度（$\theta_{0,+1}^{\text{diff}}$）。第二透镜或 MO 对两个相应的波前进行成像，因此，对于它们在 z_m 处光场的重叠，两个波前的传播角需要相同，从而产生式（4.4）的条件。直接求解这组方程，并且对于正确的系统参数设置，在阵列的邻元素之间可以产生耦合。

我们通常调整实验参数，即 λ、p^{array} 或 p^{DOE}，使得耦合对于中心发射器是最佳的：$\lambda/p^{\text{DOE}} = \sin(\arctan[p^{\text{array}}/f])$。根据各个衍射级的强度对它们的光场的线性叠加结果进行加权。然而，很明显，该对准标准仅在耦合最初用于求解式（4.4）的发射器对时才满足。对于远离最佳位置的成对发射器，由于成像和衍射的不同三角函数关系，相邻发射器的光场之间的重叠将逐渐减少，参见式（4.3）。一旦相邻光场之间的失准达到发射器物理尺寸的数量级，耦合就会受到严重阻碍。因此，阵列大小实际上受到了限制，这将在 4.2.2 节中讨论。至关重要的是，除了由 DOE 或 MO 等个别光学元件引入的光学衰减，没有任何额外的能量成本。对处于满足式（4.4）条件的区域内的元件，耦合是完全并行实现的。一般来说，该概念不要求两个 MO 具有相同的焦距。在这种情况下，式（4.1）、式（4.3）和式（4.4）中的 f 指的是第一个 MO 的焦距。

如果发射器直接对光反馈敏感，如 VCSEL 等半导体激光器，将反射镜置于 $z_m = z_a + 2f + D$ 处，则会产生成像光学谐振器，其构型如图 4.1（b）所示。反射的光场将第二次穿过 DOE，导致阵面 z_a 中的额外衍射和衍射级分布，这产生了比 z_m 中耦合范围更大的耦合范围。此外，在反射中，位于 z_a 处形成的图像是由 4f 构型产生的。因此，衍射级将围绕其原始发射器的位置 $r_{i,j}^{\text{array}}$ 排列，产生包括自反馈在内的局部耦合：发射器(i,j)将被其自身的场和位于其附近的发射器注入，其范围由 DOE 的特定衍射图样定义。原则上可以移除第二透镜，根据 2f 成像产生反馈，并因此将发射器(i,j)与位于以$(-i,-j)$为中心的邻域中的发射器进行耦合。需要强调的是，RC 并不意味着自耦合，但从非线性动力学的角度来看，网络的最终行为肯定会有所不同。最后，$w_{i,j}^{\text{DOE}} \neq w_{j,i}^{\text{DOE}}$ 将允许符合有向图的网络结构。对于电光发射器阵列，前面讨论的用于半导体激光器的直接耦合方法通常是不够的，除非在发射器的位置进行从光信号到电信号的转换，反之亦然。虽然这种情况是由光学光阀[11]和基于集成探测器和激光器的先进阵列[12]产生的，但是包括电光 SLM 在内的大多数电光非线性元件阵列将不提供这种功能。对于这些系统，衍射图像将需要用电子空间传感器来

记录，通常是相机，它又必须耦合到电光发射器阵列。

4.2.1 耦合矩阵

为了详细描述通过衍射耦合建立的网络耦合矩阵（W^{DOE}），我们首先采用基于 SLM 的设置 1 [7]。图 4.2 说明了这样一个实验方案。照明激光器（Thorlabs LP660-SF20，$\lambda = 661.2nm$，$I_{bias} = 89.69mA$，$T = 23℃$）的场通过偏振控制拨片调整为 s 偏振，并由第一个透镜（L1，Thorlabs AC254-035-B-ML）准直，产生 SLM 的平面波照明。通过第二个透镜（L2，Thorlabs AC254-200-B-ML）定位，使得照明聚焦在第一个 MO（MO1，Nikon CFI Plan Achro 10X）的后焦平面上。该显微镜物镜接受由偏振分束器（Polarizing Beam Splitter，PBS）立方体反射的 s 偏振照明光。在 PBS 和 MO1 之间，我们放置了半波片（$\lambda/2$），对准该半波片以使被照射的 SLM（Hamamatsu X13267-01）在强度调制模式下工作。我们采用了 5 个拨片，而不是 3 拨片光纤偏振控制器的标准配置，这大大提高了 PBS 的消光比。经过 SLM 的反射和潜在的偏振修正后，光的 p 偏振部分通过 PBS 传播，然后通过 DOE（HOLOOR MS-443-650-Y-X）和四分之一波片（$\lambda/4$）。第二个 MO（MO2，Nikon CFI Plan Achro 10X）创建一个像平面，在这个像平面内我们放置了一个宽带高反射介质镜。在反射之后，光再次通过 DOE，并且由于两次通过 $\lambda/4$ 波片，p 偏振被转换成 s 偏振，导致在 PBS 处几乎 100%的反射。在那里，两次衍射的光场通过另一个 MO（MO3，Nikon CFI Plan Fluor 4X）在相机（CAM，Thorlabs DCC1545M）上成像。至关重要的是，与前面的部分相比，发射器阵列内的位置现在仅由单个索引 i 来标识，通过串联，将这个索引直接转换成(i, j)的 2D 索引。我们进行这种简化的目的是避免用三维张量来描述发射器之间的耦合。

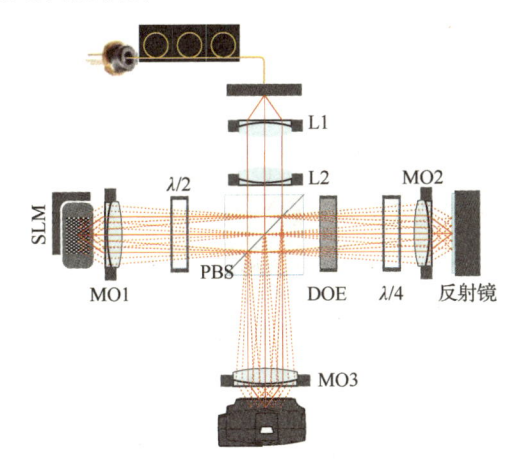

图 4.2 SLM 的表面被激光器的平面波照射

一个 $\lambda/2$ 波片调整 SLM 以在强度调制模式下工作，从 SLM 反射的信号由 PBS 过滤。在 PBS 的透射方向上，DOE 引入衍射级，在两次通过 $\lambda/4$ 波片后，在相机上成像。

在这种表征中，在与 SLM 的每个像素相互作用之后，反射光场的 p 偏振部分以 $4f$ 结构成像到相机上，包括 DOE 的双重衍射。每个 SLM 像素通过其灰度值（Gray-Scale Value）来控制，因此 8 位 SLM 的状态向量为 $x^{\mathrm{SLM}} \in \{0,1,\cdots,255\}$，像素 i 的 p 偏振方向上对准的最终光场由下式给出

$$E_i = E_i^0 \cos\left(\frac{2\pi}{\kappa_{\mathrm{SLM}}}(x_i^{\mathrm{SLM}} + \theta_i^0)\right) \tag{4.5}$$

式中，E_i^0 是照亮像素 i 的光场，$\kappa_{\mathrm{SLM}} = 244.6 \pm 1.6$ 是像素灰度与以弧度计量的偏振角之间的转换；灰度偏移 $\theta_i^0 = 11.1 \pm 1.1$ 是与设备相关的常数。κ_{SLM} 和 θ_i^0 的不确定度对应所有像素测量的标准偏差。在两次通过 DOE 后，通过下式给出相机上注入的信号

$$x_i^{\mathrm{C}} = \alpha \left| \sum_j^N W_{i,j}^{\mathrm{DOE}} E_j \right|^2 \tag{4.6}$$

$x^{\mathrm{C}} \in \{0,1,\cdots,255\}$ 是 8 比特相机状态，$\alpha = \frac{GS}{I^{\mathrm{sat}}} \cdot \mathrm{ND}$。相机的饱和强度由 I^{sat} 给出，ND 表示整个设置的透射效率，包括选择中性密度过滤器，以便相机的动态范围得到最佳利用并避免过度曝光。最重要的是，W^{DOE} 是由 DOE 创建的网络耦合矩阵。相机状态 x^{C} 的大小被线性地重新缩放，使得它的尺寸与有效 SLM 像素的数量相匹配，从而产生 $\tilde{x}^{\mathrm{C}}$。之所以需要这个附加步骤，是因为 MO1 和 MO3 之间存在放大率，并且 SLM（12.5μm）和相机（5.2μm）的像素尺寸不同，光学图像被放大了 2.5 倍。

与式（4.4）给出的对准条件一致，选择照明波长 λ，使得在与 DOE 和 MO1 结合使用时，衍射级之间的间距（p^{diff}）匹配 SLM 的像素间距（$p^{\mathrm{array}}=12.5\mu\mathrm{m}$）。为了获得 W^{DOE}，对于每个像素记录一次 $\tilde{x}^{\mathrm{C}}$，$i \in \{1,2,\cdots,2025\}$ 被切换到其最大 p 偏振（$x_i^{\mathrm{SLM}} \sim 110$），而所有其他像素被设置为最小 p 偏振（$x_{j \neq i}^{\mathrm{SLM}} \sim 50$）。对所有像素执行该过程，一次使用 DOE，一次不使用 DOE，使我们能够首先确认在不使用 DOE 时，像素仅经历自耦合。此外，该程序还允许 W^{DOE} 归一化。当具有 3×3 衍射级的 DOE 在双通操作时，最终衍射是衍射图样与其自身的卷积，平均产生 5×5 耦合图样。图 4.3 显示了 2025（45×45）个非线性光子节点网络的衍射耦合矩阵 W^{DOE}。通过检查插图，W^{DOE} 更多的细节得到展现，可以看到局部连接强度的强烈变化。这是因为每个像素照射了与 DOE 的最低空间频率相当的 DOE 区域。随着该区域从像素到像素的轻微移动，不同衍射级之间的强度分布也发生了变化。这从根本上创建了根据 RC 概念进行计算所需的异构光子网络拓扑结构[13]。

在单次通过中，对于穿过直径明显大于 p^{DOE} 的 DOE 光波，所得到的图样是衍射级的 3×3 构型。结合起来，这些衍射级约占整个光强度的 70%。此外，整个光强度非常均匀地分布在 9 个衍射级上。因此，可以将单通配置的平均耦合近似为 2D 方形窗函数，对于 3×3 耦合窗内的每个入口为 1，否则为 0。这假设了局部衍射图样的波动是由于个别像素的小光束直径引起的，在整个网络中得到了平均，从而产生用于照亮多个 DOE 周期 p^{DOE} 的 DOE 衍射图样。对于双重传输配置，这种假设导致该 2D 方形窗函数与其自身的卷积，产生现在由 5×5 个非零项组成的锥形分布。

在图 4.4 中，我们展示了从实验中获得的全局平均耦合特性。为此，我们采用先前为耦合矩阵表征记录的图像 $\tilde{x}^c$，并选择以激活像素为中心的 9×9 项的区域，即零阶的位置。所有像素的子阵列相加并归一化，得到的平均网络耦合，如图 4.4（a）所示。正如预期的那样，中心的耦合强度最强，对应于 DOE 双重传输后的平均零级强度。在图 4.4（b）中，我们显示了穿过图 4.4（a）所示数据中心的水平和垂直剖面切割。实验获得的结果与底部总宽度为 5 的预期锥形耦合轮廓非常匹配。对于大于 2 的耦合半径，实验获得的平均耦合强度不严格等于零，我们将其归因于源自 DOE 较高衍射级的不可忽略的贡献。

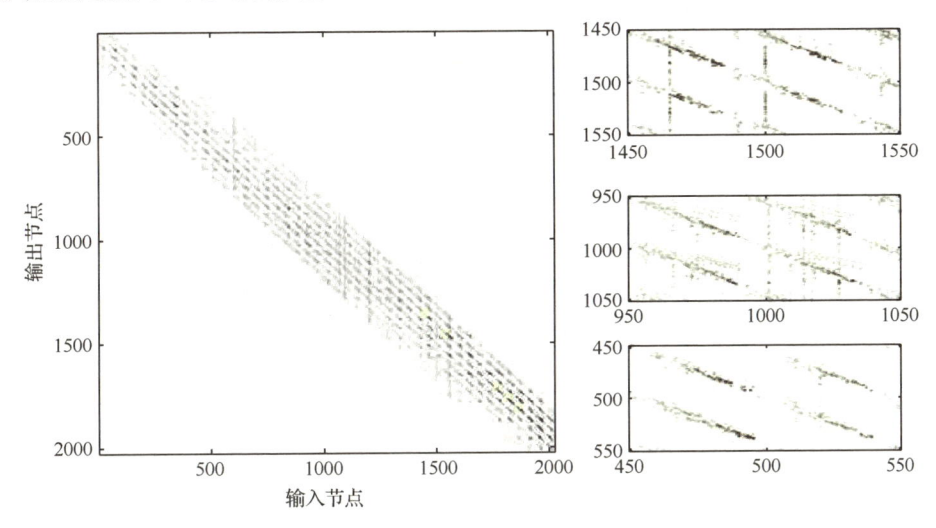

图 4.3　2025 个非线性光子节点网络的衍射耦合矩阵 W^{DOE}

大面板中的对比度被人为增强，以显示耦合结构。右侧较小的面板（原始对比）显示了局部耦合强度，揭示了复合连接权重分布，同时也揭示了耦合的局部性质。

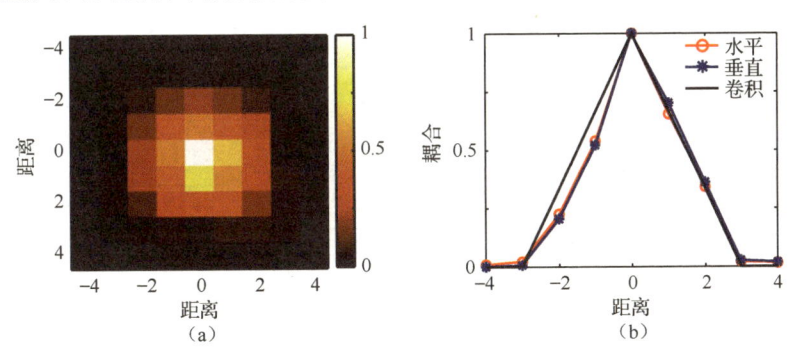

图 4.4　全局平均耦合特性

图 4.4（a），归一化的平均耦合强度随耦合距离的变化而变化。主导的耦合项对应于自耦合，耦合发生在半径为 3 的范围内。图 4.4（b），通过面板图 4.4（a）所示数据中心位置的水平和垂直剖面。平均耦合是高度对称的，并随着距离经历线性衰减。这种拓扑可以通过宽度为 3 的两个阶跃函数的卷积来很好地解释，从而产生三角形分布。这是两次通过 DOE 的结果，因此将 3×3 耦合矩阵与自身卷积。

• 67 •

4.2.2 网络规模限制

虽然已经证明可以耦合几千个光子节点，但是衍射耦合的有效性取决于位置 $r_{i,j}^{\text{array}}$。从式（4.3）中可以得出，相邻发射器衍射级之间的重叠如下

$$\Phi_i^{\text{Node}} > \theta_{i,\pm 1}^{\text{diff}} - \theta_{i\pm 1}^{\text{im}} \tag{4.7}$$

$$\Phi_i^{\text{Node}} = \tan^{-1}\left(\frac{i \cdot p^{\text{array}} + a/2}{f}\right) - \tan^{-1}\left(\frac{i \cdot p^{\text{array}} - a/2}{f}\right) \tag{4.8}$$

这里，Φ_i^{Node} 是光子神经元的光学模式所覆盖的对向角，由直径为 a 的孔径发射。此外，式（4.7）是通过第一衍射级（$\theta_{i,m}^{\text{diff}}, |m|=1$）的受限耦合。结合起来，式（4.1）、式（4.2）和式（4.7）创建了对应于傍轴近似的条件，这里近似的有效性限于小于 Φ_i^{Node} 的偏差。

由于概念有效性的重要性，我们描述了大范围发射器位置 r_i 偏离耦合条件的情况。在实验中，我们实现了图 4.1（a）所示的设置。为了模拟单模光网络节点的发射，我们使用单模光纤（Thorlabs TW670R5A2）末端的发射，该光纤耦合到与 4.2.1 节中相同的激光器，波长 λ=661.2nm。光纤通过测微 xy 位移台（Thorlabs ST1XY-S/M）沿物平面移动，图像记录在具有 2.2μm 像素大小的 CMOS 相机（IDS USB 3 uEye LE）上。使用 MAG=10 的 MO（Nikon Plan N，NA = 0.25）准直光纤的发射，将其成像到具有 MAG=4 的 MO（Nikon N4X-PF，NA = 0.13）的相机上。两个 MO 相隔 D=50mm，DOE 大概位于两者中间。在每个位置 r_i，我们记录了相机的图像，由于在这种配置中光仅通过 DOE 一次，所以我们通过 9 个高斯分布拟合得到衍射级。

在图 4.5（a）中，我们显示了在双对数标度上，0<r_i<2mm 时，衍射级=-1 的预期和实际位置之间实验获得的失配（星形）。从数据中可以明显看出，对于 r_i≤1mm 的圆内位置，失配保持在 0.1μm 以下。假设 p^{array}=10μm，这种离散光子发射器阵列的典型值[7,14]，对于 30000 多个节点，有可能实现衍射耦合。然而，对于 r_i>1mm，可以发现耦合失配显著增加。与借助式（4.1）和式（4.2）获得的分析结果相比，很明显，实验结果和分析解严重偏离。

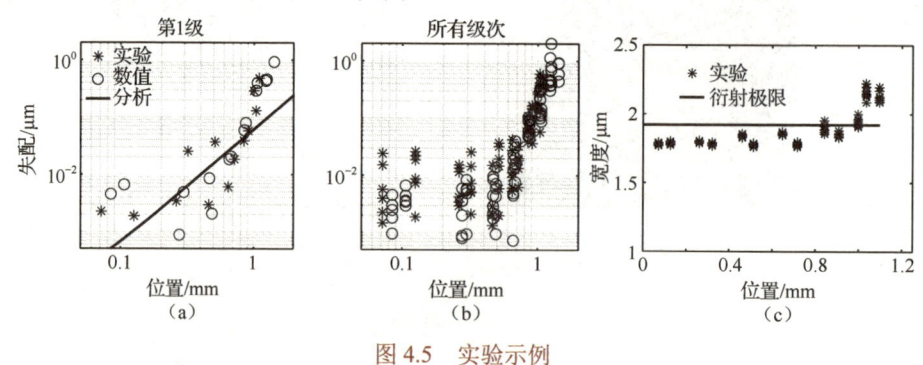

图 4.5 实验示例

图 4.5（a），水平面内第一衍射级和发射器标称位置之间失配。图 4.5（b）与图 4.5（a）一样，但适用于所有级次。对于超过 1mm 的距离，失配的增加是由光束渐晕引起的。对于 4mm^2 大小的阵列，失配保持在 1μm 以下。图 4.5（c），对于同一区域，成像系统仍然保持衍射极限，允许耦合由 40000 个单模发射器组成阵列，这些发射器之间的距离为 10μm。

我们可以根据数值仿真来理解其潜在的原因。为此，我们通过基于平面波角谱的方法计算了准直光束的光学传播，重要的是没有采用傍轴近似[10]。使用相位恢复，我们确定了包括在光束传播仿真中 DOE 的相位轮廓。最后，我们基于采用德拜近似的数值方法仿真了 MO[15]。所有相关参数，如 MO 的 NA 和 MAG 以及单个光学元件之间的距离，都取自实验。数值仿真的结果与实验结果在两个方面都非常一致，见图 4.5（a）中的圆圈，r_i≤1mm 时衍射耦合的证实，以及 r_i>1mm 时与解析解的强烈偏离。通过检查对于光束传播至关重要的位置 z 确定了原因：对于 r_i>1mm，第二个 MO 的入射光瞳导致大量光束渐晕。该光瞳上衍射强烈地使衍射级偏离其未受干扰的位置。因此，我们可以得出结论，即使当前可扩展性已经非常优秀，网络托管能够超过 30000 个节点，其性能仍受到成像系统的限制，而不是衍射耦合概念的限制。

图 4.5（b）显示了实验和数值结果的所有级次的耦合失配。首先，所获得的失配证实了为第 1 级所获得的极限。其次，它揭示了对于较小的r_i，该实验展示了限制在～40nm 以下的位置分辨率。这种出色的精度是相机低探测噪声的结果，允许高度精确的拟合。有趣的是，我们发现数值模拟在位置分辨率上同样有限。在这里得到的～10nm 的极限是拟合算法收敛准则的结果。

最后，成功的耦合不仅需要不同衍射位置之间的精确一致，而且衍射成像不会显著恶化发射光学模式的质量。因此，在图 4.5（c）中，我们显示了从实验中获得的像平面内各个衍射级的宽度（星形）。直线对应光学系统的衍射极限，表明只要光束渐晕可以忽略，我们的系统就保持衍射极限。略好于衍射极限的成像性能可归因于与单模光纤的 NA 相关的不确定性，这又导致计算准直光束宽度的不确定性。总之，我们可以确认衍射耦合的出色可扩展性，允许创建由数十万个元素组成的单模发射器网络。

4.3 垂直发射激光器的网络

在第二个实验中，我们研究了小型半导体 VCSEL 激光器阵列的衍射耦合。在这个早期实验[6]中，我们实施了不同的光学设置来创建 4f 衍射耦合。在图 4.1 和图 4.2 中，4f 成像通过两个透镜或 MO 实现，DOE 和其他光学元件包含在其间的准直空间中。这种方法受无限远校正显微镜设计的启发，其优点是像差大大降低，因为所有平面光学元件都位于光束被准直的空间中。然而，不利方面是不能调整 f，因此在式（4.3）的对准条件中，f 不是参数而是常数。对于我们的商用 VCSEL 阵列（Prince ton Optronics PRI-AA64-PK-SM-w 0975），p^{array}=250μm 和 λ≈(966±2)nm 是固定的，商用 DOE（HOLOOR 1803）的 p^{DOE} 也是如此。这仅使焦距 f 作为可调参数，并且这种可调成像设置的最简单配置是基于利用单个透镜的直接成像。在图 4.6（a）中，我们示意性地说明了最终的实验设置。VCSEL 阵列被放置在谐振器内的唯一透镜前面的距离 f_1>f 处（Thorlabs AL1225-B，f=25mm）。根据透镜的成像特性，在 $f_2 = (f_1^{-1} + f^{-1})^{-1}$ 处成像，放大率 M=f_2/f_1。因此，我们可以调整 f_1，从而满足式（4.3）

的耦合条件，然后简单地将反射镜放置在透镜后面的 f_2 处。我们使用 SLM（Holoeye，LC-R 1080）代替简单的反射镜，这使得除了通过 W^{DOE} 实现耦合外，还可以对耦合矩阵进行额外的控制。

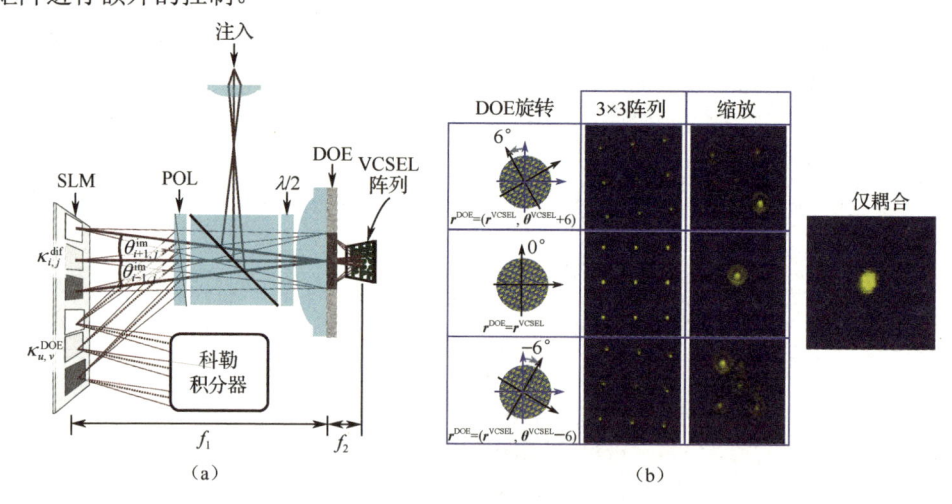

图 4.6 实验示例

图 4.6（a），基于单透镜结构的光学 4f 谐振器。通过改变距离 f_2，可以将衍射系统的成像角度调整到 DOE 的衍射角度。该方案允许通过外部注入激光器进行光注入，并且光反馈具有偏振选择性。图 4.6（b），若要进行微调，将 DOE 安装在测微计控制的旋转台上，可以看到在中间一列中，来自 9 个相邻激光器的衍射级很好地重叠。从有反馈的图像中减去没有反馈的图像，我们可以确定反馈的光学质量非常好。

50/50 分束器（Beam Splitter，BS）为外部注入激光器创建了输入端口，并允许光学反馈的成像（为简单起见未示出）。在这个 BS 后面，一个罗雄棱镜使系统的反馈和输出具有偏振选择性。最后，在输出中我们加入了一个科勒积分器，在 100μm 的焦点内均匀化阵列的输出。这在来自不同 VCSEL 的不同平面波矢量之间产生了空间重叠，因此允许同时检测各个 VCSEL 的特性。这一步是必不可少的，否则我们无法同时确定全局网络动态，而只能一次测量一个激光器的动态。

接近电泵浦 VCSEL 的单个偏置电流阈值（I_{th}～0.2mA），由于中心 3×3 阵列的 25% 的自耦合，我们降低了激光阈值。对于远离中心的元件，该值显著降低，并且在中心 5×5 阵列之外，不能可靠地确定这种影响。这表明我们的衍射网络的尺寸主要被限制在中心 3×3 阵列。我们继续通过包括 DOE 和检查阵列发射功率的修改以及通过耦合诱导的网络动力学来评估衍射耦合。为了使我们网络中 VCSEL 之间的相互作用最大化，我们根据表 4.1（T_{array}=40℃，λ_{array}=966.92nm）通过偏置激光器来最小化它们的光谱失谐。两个激光器没有被泵浦：一个没有被阵列制造商连接；另一个不能被充分调谐到与其他激光器共振。在没有耦合的情况下，我们测得自由运行阵列发射功率 P_0=186μW，对于自耦合，该功率增加到 P_{SC}=195μW，对应于 P_{SC}=1.048P_0。激光器之间的耦合进一步增加了阵列发射功率，现在 P_{FC}=205μW（P_{FC}=1.052·P_{SC}）。这些增加现象清楚地表明，如果像差得到控制，我们的衍射耦合方案能够耦合单模半导体激光器。为了使耦合最大化，小心控制 DOE 的旋转角度至关重要。在图 4.6 (b)中，我们展示了单个激光器耦合贡献的空间重叠对该对准参数的敏感性。因此，我们将 DOE 安装在测微计控制的旋转台上（Thorlabs CRM1P/M）。为了正确对准，我们可以看到反馈信号是由单个激光叠加而成的单个高斯状光斑。相邻激光器的不同衍射级之间的对准质量很高，甚至艾里函数（Airy-function）的条纹也是一致的。

表 4.1   966.92nm 时阵列发射的偏置电流

2.188mA	0mA	0.658mA
1.77mA	0mA	0.908mA
2.4mA	1.189mA	1.411mA

在表 4.1 的偏置条件下，每个研究的耦合构型导致相对耦合引起的功率增加小于在接近单个激光阈值时获得的25%。这种降低的相对影响是激光网络动力学的直接结果，其在低偏置电流和高偏置电流之间显著不同。所有耦合激光器都明显偏置在孤立阈值以上，因此很可能表现出混沌动力学[16]，从而限制了相对功率的增加。

4.3.1 网络动力学和光注入

将光谱对准的外部激光注入 7 个有源 VCSEL，继续我们的分析。通过这样做，我们证明了衍射激光网络可以全光耦合到外部信息，这是它们作为光学神经网络的基本功能。如果注入激光器的偏振与阵列的偏振（s 偏振）对准，则我们测量到 $P_{CL}=1.112P_{FC}$ 的功率增加，其原因是将阵列部分相干地锁定到外部注入激光器上。当根据表 4.1 进行偏置时，最终阵列的发射具有严格的线性偏振性（p 偏振），因此通过罗雄棱镜耦合出谐振器。为了成功地将阵列锁定到注入式激光器，阵列会将其偏振从注入式激光器的 p 偏振切换到 s 偏振。我们把注入诱导开关对比度 Δ_{inj} 定义为

$$\Delta_{inj} = \frac{I_{inj}^p - I_{inj}^{CT}}{I_0^p} \tag{4.9}$$

式中，I_{inj}^p、I_0^p 和 I_{inj}^{CT} 分别作为有注入和没有注入的阵列的 p 偏振发射强度以及 s 偏振注入激光器的串扰。获得 $I_{inj}^p=(98.3±3)\mu W$、$I_0^p=(294±3)\mu W$ 和 $I_{inj}^{CT}=(34±1)\mu W$，使用 150μW/阵列激光器的中等注入激光强度，相应的注入诱导开关对比度 $\Delta_{inj}=78\%$。

除了修改激光器的输出功率外，延迟的光反馈还可能诱发复杂的网络动力学。我们通过位于科勒积分器焦点位置的快速光电接收器（FEMTO HSA-X-S-1G4-SI-FS）检测到了这些动态。在图 4.7（a）中，我们展示了多种耦合构型下网络强度动态的多个射频频谱。红色数据显示了网络的自由运行动态，揭示了外腔往返频率（$\tau^{-1}=0.65GHz$）周围的多个宽频谱特征。此外，我们可以在该频率的一半处识别更强的动态，对于偏振保持相互作用，该特征代表了相互耦合的激光器[17]。因此，动态主要由外腔往返频率（$\tau^{-1}\approx 0.65GHz$）及其更高次谐波，以及$(2\tau)^{-1}$附近的耦合感应分量控制。在射频频谱中既有窄频谱特征，也有宽带特征，这表明了周期性和复杂

动态的结合。由表 4.2 中的数据可知，偏置电流分布很广，范围是 $3.5I_{th} \leq I_{bias} \leq 12I_{th}$，这是通过利用激光器发射波长的电流依赖性来最大化阵列的光谱均匀性所需要的。然而，如此大的偏置电流扩散导致网络激光器的工作条件同样不均匀，这表明了动力学的复杂性和多样性。

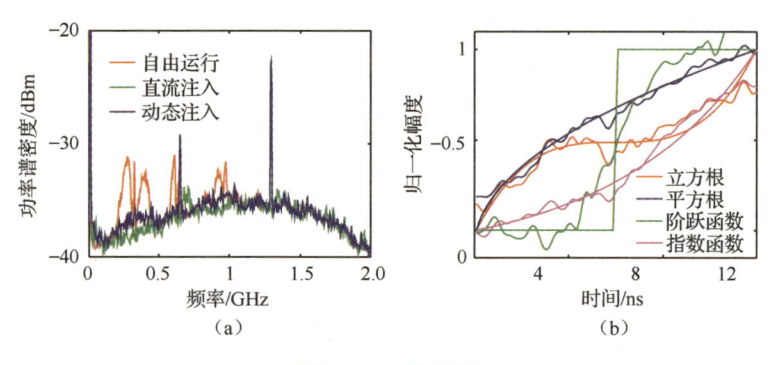

图 4.7 实验示例

图 4.7（a），耦合自由运行、直流注入和动态注入阵列的射频频谱分别显示为红色、绿色和蓝色数据。自由运行动力学显示了光腔往返时间和相互耦合的清晰特征。这些动力学可以通过直流注入与外部注入激光器有效抑制，外部注入激光器的调制强烈驱动网络。图 4.7（b），驱动激光器动力学的线性组合可用于近似各种非线性变换。

表 4.2 衍射激光器网络参数，偏置电流见表 4.1

功率无耦合	186μm	P_0
功率自耦合	195μW	$P_{SC}=1.048P_0$
功率全耦合	205μW	$P_{FC}=1.102P_0$
相干锁定		$P_{CL}=1.112P_{FC}$
直流锁定分数		$\Delta_{inj}=78\%$

然后，我们再次用外部注入激光器注入激光阵列，并再次采用正交偏振对准。在得到的 RF 频谱（图 4.7 中的绿色数据）中，动力学特征几乎完全消失，只有在 τ^{-1} 附近保留了微弱的动力学特征。因此，我们通过稳定锁定外部注入激光器成功地抑制了激光器网络的动态。最后，我们研究了网络对外部扰动的响应。因此，注入激光器由马赫曾德尔调制器［图 4.6（a）中未示出］以 $\nu_{inj}=\tau^{-1}$ 的频率进行调制。锁定网络的动态特性，如图 4.7（a）中的蓝色数据所示，主要受注入激光器调制的影响。至关重要的是，我们在激光器网络中发现了强烈的非线性混合：在两倍的注入调变频率下有同样尖锐的光谱成分。因此，我们已经成功地构建了半导体激光器的时空网络。更高阶也可能存在，然而，这些在我们的快速光电接收器的带宽（1.4GHz）之外。此外，我们可以在 0.65GHz 的带宽下并行驱动所有网络激光器，从而产生输入信息的强烈非线性混合。虽然这仍然只是针对小型网络进行了演示，但其代表着向完全并行和超高速半导体激光器网络（充当 RC）迈出的第一步。

4.3.2 函数逼近

使用激光器网络进行计算的最后一步是对激光器的输出进行加权和合并。为此，我们激活了阵列中心所有 8 个相连的激光器，根据表 4.3 所示数据偏置它们。以正弦强度和 v_{inj}=33MHz 的频率调制光注入，其周期约为网络耦合延迟 τ=1.3ns 的 20 倍。通过选择如此低的调制频率，注入功率线性增加的时间窗口（正弦波极值之间的时间窗口）跨越多个 τ。在此期间，注入信号近似为线性斜坡，我们将其用作系统输入 $u(t)$。我们使用快速光电接收器和采样率为 40GSamples/s、模拟带宽为 16GHz 的实时示波器，分别记录每个激光器的网络响应。网络状态是向量 $x(t)$，包含 8 个项——每个有源激光器一项。

表 4.3 通过 VCSEL 阵列进行动态注入锁定和离线函数逼近的偏置电流

3.1mA	0mA	1.7mA
2.6mA	1.24mA	1.65mA
3.2mA	2.0mA	0.218mA

我们定义了由激光器网络的输出 $y^{out}(t)$ 近似的多个目标非线性变换 $f^T(u(t))$。基于 $x(t)$，系统输出由下式给出

$$y^{out}(t) = W^{out} x(t) \quad (4.10)$$

式中，W^{out} 是系统的读出层权重，我们通过第 2 章中介绍的标准矩阵求逆技术来计算。作为目标 $f^T(u(t))$，我们选择立方根、平方根和指数函数加上阶跃函数，如图 4.7（b）所示。在同一幅图中，我们用相同颜色的实线显示了输出结果 $y^{out}(t)$。演示系统的计算能力当然是有限的，并且依赖于离线程序。然而，从图 4.7（b）中的数据可以明显看出，这种系统能够以非常高的带宽处理数据。所有的变换都是通过网络在 12ns 内实现的，使用的是每网络激光器 150μW 的注入功率。对于完全实现的光学系统，这将对应于 83MHz 的全局时钟速率，比当前实现所能达到的速率高出近 3 个数量级[18]。此外，每个激光器需要 150μW 的注入功率，这意味着可以用 1W 单模注入激光器注入超过 6000 个激光器。对于这样一个系统，每次变换的能量将采用微焦级，以便使用这样的大网络潜在地实现复合变换。

4.4 Ikeda 振荡器的储备池

Ikeda 延迟系统已经在许多场合展示了实现光子 RC 的优异性能。非线性 Ikeda 系统的定义特征是其 $\sin^2$ 非线性。如 Ikeda[19]的原始出版物所述，非线性通常是由多个波之间的干涉以及对 $|E|^2$ 敏感的过程产生的。这里，我们采用了另一种方法，并基于旋转、滤波和光场偏振检测实现了 Ikeda 非线性。对许多空间分布的分立元

件进行偏振控制的现成系统是 SLM。因此，我们扩展了 4.2.1 节中最初使用的系统。

4.4.1 实验设置

储备池物理实现的第一步是实现一个复杂的时空系统。我们的主要目标是创建一个系统，该系统可以很容易地放大到大量的光子神经元；可以通过光学输入和读出层进行实际扩展；基于完全并行的光学概念；非常适合作为概念验证实验。SLM 系统在 $1mm^2$ 的面积内包含超过 6000 个用作非线性网络节点的像素，已经用于测量 DOE 的耦合矩阵 W^{DOE}，具有极好的可扩展性。这是一个现成的设备，结合无限校正 MO，光学设置可以很容易地扩展，以实现输入和输出端口。因此，这种系统中涉及的所有光学过程都是并行进行的。最后，对该装置进行全面表征，从而可以创建精确的模型，并因此详细分析对概念验证至关重要的基本方面，这对该领域未来的发展同样至关重要。

在图 4.8（a）中，我们显示了储备池计算机中的相关连接及其命名，图 4.8（b）中显示了完整的实验设置。在我们的 RC 系统中，单个输入根据注入权重 W^{inj} 将信息注入储备池。如前所述，根据连接矩阵 W^{DOE}，储备池以连接权重在循环拓扑中进行内部连接。最后，根据权重矩阵 W^{DMD}，结合网络状态，给出单一计算结果。根据 RC 概念，可以随机选择输入和循环内部权重[13]。虽然 W^{DOE} 不是随机的（见 4.2.1 节），但它肯定具有局部复杂性，因此有望提供 RC 所需的高维网络。

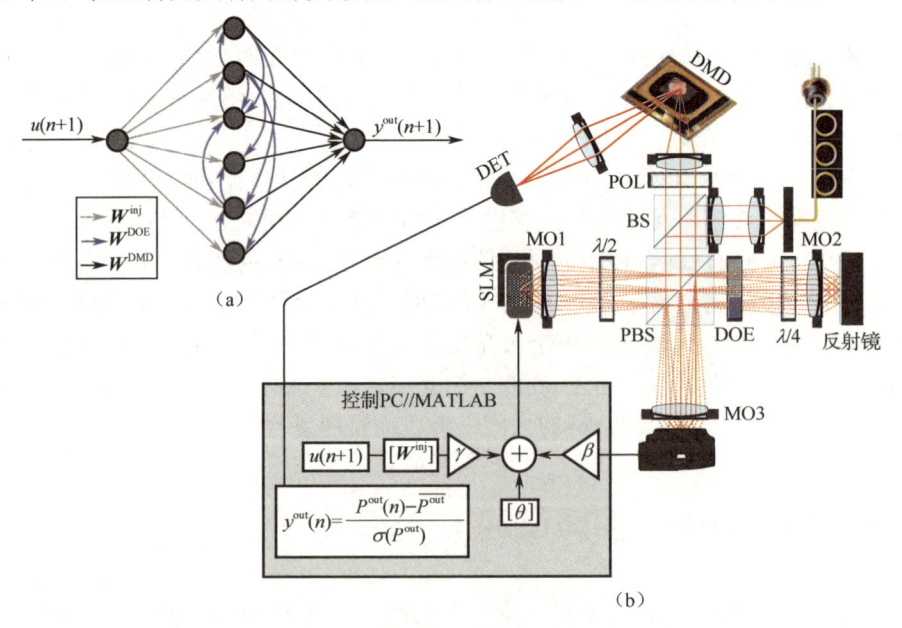

图 4.8 实验示例

图 4.8（a），在我们的光子储备池中以光学和电子方式实现的连接。图 4.8（b），基于 4.2 节介绍的实验装置，现在由数字微镜器件（DMD）中实现的读出权重 W^{DMD} 扩展。实验通过 PC 控制，该 PC 还实现了 DMD 权重的学习并向系统注入外部信息。

4.4.2 耦合 Ikeda 振荡器的驱动网络

图 4.8（b）中的实验系统是 4.2.1 节和图 4.2 中系统的修改版本，使其适合用作储备池[7]。我们在 PBS 前增加了一个 50/50 分束器（BS）。在反射中，BS 创建 SLM 照明激光器的输入端口和 SLM 的读出层，并因此创建网络状态；读出层功能将在下一节讨论。图 4.8（b）中的所有其他光学部件与 4.2.1 节中介绍的相同。

为了从 4.2.1 节的静态系统中进行转换，我们在实验中引入了一个时间背景，并允许外部信息的注入。如图 4.8（b）中灰色框所示，相机状态 $x^{C}(n)$ 被记录，SLM 状态 $x^{SLM}(n)$ 由运行在外部计算机上的 MATLAB 控制。如图 4.8（b）所示，相机和 SLM 连接成一个公共系统，前者作为后者的输入。因此，相机和 SLM 状态向量被分配一个额外的索引 n，对应于系统的整数时间。为了闭合储备池循环连接性所需的时空环路，我们首先将重新缩放的相机状态 $\bar{x}^{C}(n)$ 乘以反馈增益 β，并添加相位偏移矩阵 θ 以及外部信息 $u(n+1)$，然后将结果发送到 SLM 以创建储备池状态 $x(n+1)$

$$x^{SLM}(n+1) = \beta \bar{x}^{C}(n) + \gamma W^{inj} u(n+1) + \theta \quad (4.11)$$

$$x(n+1) = f(x^{SLM}(n+1)) \quad (4.12)$$

式中，W^{inj} 是由 0 到 1 之间的元素组成的随机注入矩阵；γ 是注入强度。因为 $x^{SLM}(n+1)$ 用作由 SLM 像素和 PBS 提供的非线性 $f(\cdot)$，式（4.11）和式（4.12）具有与经典 RC 概念[13]相同的结构。唯一的区别是，这里主要的网络状态是光场，而网络是根据光强度更新的。因此，人们必须考虑相机状态取决于总光场的光强检测，参见式（4.6）。重要的是，卸载到控制 PC 的唯一矩阵乘法是注入矩阵。

我们将储备池状态 $x(n+1)$ 定义为在 p 偏振中 SLM 的强度，因此可以在 PBS 之后的透射中检测到。储备池的动态演变由耦合的 Ikeda 映射根据下式控制

$$x_i(n+1) = \alpha |E_i^0|^2 \cos^2\left[\beta \cdot \alpha \left|\sum_j^N W_{i,j}^{DOE} E_j(n)\right|^2 + \gamma W_i^{inj} u(n+1) \theta_i\right] \quad (4.13)$$

式中，$i=1,2,\cdots,N$ 是单个光子神经元。整个系统的整体更新率为 5Hz，目前受到控制 SLM 的 MATLAB 脚本的限制。SLM 本身的最大帧速率为 50Hz，这与系统的硬件限制相对应。最大 2500 节点的储备池可以基于我们当前的实验来实现。至关重要的是，该尺寸不受衍射耦合概念的限制，如 4.2.2 节所述。更确切地说，成像装置的视场和照明平面波的大小，这两者都可以通过使用更紧凑的机械结构和用更大数值孔径的透镜替换图 4.2 中的 L2 来显著地扩展。

在图 4.9 中，我们显示了在 $N=45×45=2025$ 个节点的网络中记录的储备池节点 (22,25) 的两个示例性分叉图。图 4.9（a）的数据是在没有 DOE 的情况下被我们的系统获得的，是被非耦合 Ikeda 映射的点阵获得的。在图 4.9（b）中，我们将 DOE 包括在光束路径中，W^{DOE} 显然会对节点动态特性产生强烈的影响。然而，对耦合网络来说，获得 $x(n+1)$ 并不是直接的，因为相机只记录系统经过 W^{DOE} 变换后的状态。

因此，我们仔细表征每个 SLM 像素的非线性函数，从而获得函数 f(·)，根据式（4.12），我们使用该函数将状态 $x^{SLM}(n)$ 转换为 $x(n+1)$。

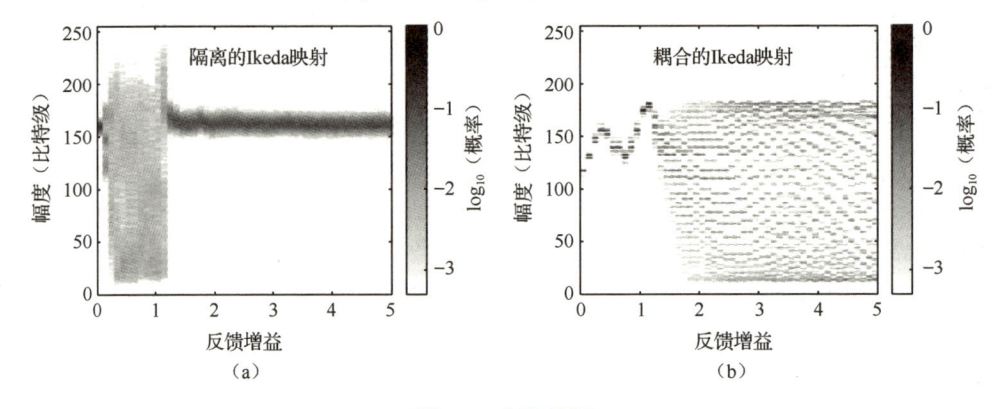

图 4.9　实验示例

图 4.9（a），未耦合到其他网络节点（无 DOE）的节点(22,25)的分叉图。图 4.9（b），同一节点的分叉图，现在实现了与其他网络节点的耦合（使用 DOE）。

动态行为之间的明显差异是扩展的稳定状态，可以在没有最近衍射耦合的系统中找到这种稳定状态。对于 $\beta>1.2$，系统在表现出较小反馈增益的混沌动力学之后稳定。这个意外不动点背后的原因是节点非线性函数的饱和。特别是对于这个节点，发送给它更新的自变量，即 $x^{SLM}_{1015}(n+1)$，当 $\beta>1.2$ 时超过 255，因此 SLM 引入了一个人为的限制，导致节点的动态稳定在 $x_{1015}=f_{1015}(255)$。引入 DOE 会在网络的耦合拓扑中产生上述不均匀性，导致一些单个节点经历比大多数网络更大的耦合。因此，系统 ND 滤波器的衰减不得不增加 60%，节点的平均耦合仅在 β 较高时才会饱和。最后，耦合节点混沌状态的幅度概率分布显示，在可用的 8 位灰度范围内，少数状态的概率有所提高。我们把这归因于在我们的非线性函数近似过程中不可避免的实验噪声。因此，当我们近似 SLM 的动作时，结果不是平滑的非线性变换。对非线性的多个测量值求平均值可以降低这种效应，但不能完全抑制它。

4.4.3　读出权重和光子学习

信息处理的最后一步是调整系统，使其执行所需的计算，通常根据一些学习惯例修改连接权重来实现这一点。受 RC 概念[13]的启发，我们将学习诱导的权重调整限制在读出层。图 4.8（b）中介绍的 BS 为我们的光子储备池创建了输出端口，我们选择 50/50 分光比，以最大化输出功率的信噪比。我们重点研究了一个具有 $N=900$ 个节点的储备池，由于这些节点是空间分布的，我们可以使用一个简单的透镜（Thorlabs Ac254-400-B）将储备池状态的一个版本成像到数字微镜器件（DMD，DLi4120 XGA，间距 13.68μm）上。DMD 的单个反射镜可以在±12°之间翻转，只有在-12°时，光信号才有助于探测器的输出（DET，Thorlabs PM100A，S150c），参见

图 4.8。因此，我们物理实现的读出权重是严格布尔型的。利用相机上成像的场和 DMD 之间的正交偏振，我们的系统输出是

$$y_k^{\text{out}}(n+1) \propto \left| \sum_i^N W_{i,k}^{\text{DMD}} (E_i^0 - E_i(n+1)) \right|^2 \tag{4.14}$$

式中，k 是当前的学习迭代。在实验中，权重向量 $W_{i=1,\cdots,N,k}^{\text{DMD}}$ 对应于 DMD 对-12°的反射率的方阵。图 4.8（b）显示了 DMD 的方向选择性反射率。SLM 和 DMD 之间的成像放大率为 20，结合 SLM 像素和 DMD 反射镜的不同间距，使得大约 18×18 微反射镜的正方形区域对应于单个 SLM 像素的区域。DMD 安装在旋转台上（Thorlabs cRM1L/M），允许 SLM 和 DMD 轴之间精确对准。最后，我们仔细确定了 SLM 网络状态在 DMD 表面上的位置，使用加载到 SLM 上的规则测试图样实现了大约一个 DMD 微反射镜的位置灵敏度。在下文中，18×18 微反射镜的所有阵列被分配给它们相应的 SLM 像素，并且被统一切换。

值得注意的是，DMD 实现的权重不是时间调制，如延迟系统中的储备池实现所需的时间调制[20]。一旦获得了 W^{DMD} 的某种结构，其功能就可以通过反射或透射中的被动衰减来实现。这种被动权重最终是节能的，并且通常不会导致带宽限制。在这个特定的实现中，反射镜一旦被训练，就可以简单地保持在其位置，并且如果被机械地夹紧，将不会进一步消耗能量。最后，对所有元件并行光学执行读出，见式（4.14）。

训练我们的 RC 对应于 $W_{i=1,\cdots,N,k}^{\text{DMD}}$ 的优化，使得在 $k=1,2,\cdots,K$ 次学习迭代之后，输出 $y_k^{\text{out}}(n+1)$ 能够近似学习目标 $y^{\text{T}}(n+1)$[7]。我们训练了系统，以执行混沌麦克-格拉斯序列（Mackey-Glass sequence）[21,13]的一步预测，因此 $y^{\text{T}}(n+1)=u(n+2)$。麦克-格拉斯序列的参数与文献[22]中的相同，使用 0.1 的积分步长。为了进行训练，我们注入了 200 个点作为训练信号 $u(n+1)$，由于其瞬态特性，我们从产生的储备池输出 y_k^{out} 中去除了前 30 个数据点。我们进一步减去其平均值，并通过其标准偏差进行归一化，得到信号 $\tilde{y}_k^{\text{out}}(n+1)$，利用该信号我们确定了 $\tilde{y}_k^{\text{out}}(n+1)$ 和 $y^{\text{T}}(n+1)$ 之间的归一化均方误差（NMSE）ε_k。

对 DMD 配置的修改仅仅是对特定神经元 i 的单组微反射镜的反转，并且如果导致 $\varepsilon_k<\varepsilon_{k-1}$，则获得从 W_{k-1}^{DMD} 到 W_k^{DMD} 的修改。因此，我们不计算随后用于精确调整 W_{k+1}^{DMD} 的梯度；我们的简单方案是修改系统的行为（输出），并评估修改是否有益。因此，我们为每次学习迭代计算奖励

$$r(k) = \begin{cases} 1, & \varepsilon_k < \varepsilon_{k-1} \\ 0, & \varepsilon_k \geq \varepsilon_{k-1} \end{cases} \tag{4.15}$$

更重要的是，我们的系统选择要修改的 W_k^{DMD} 项所依据的特定规则。在第一代（$k=1$）中，N 个读出权重 $W_{k=1}^{\text{DMD}} \in \mathbf{Z}\{0,1\}$ 被随机初始化，测量 $\tilde{y}_1^{\text{out}}$ 的 170 个点，测定 ε_1。对于下一个（$k=2,\cdots,K$）学习迭代 l_k，根据下列方程修改朝向读出权重位置的点

$$W_k^{\text{select}} = \text{rand}(N) \cdot W^{\text{bias}} \qquad (4.16)$$

$$[l_k, W_k^{\text{select,max}}] = \max(W_k^{\text{select}}) \qquad (4.17)$$

$$W_{l_k,k}^{\text{DMD}} = \neg(W_{l_k,k-1}^{\text{DMD}}) \qquad (4.18)$$

式中，rand(N)创建了一个随机向量，其中 N 个项在 0 和 1 之间等间距分布。max($\cdot$) 返回其自变量的最大项的位置（l_k）和值（$W_k^{\text{select,max}}$），并且 $W^{\text{bias}} \in [0,1]$ 在 $k=2$ 处被随机初始化，项在 0 和 1 之间等间距分布。式（4.18）中的符号 $\neg(\cdot)$ 是求反算子。项 $W_{i=l_k,k=k}^{\text{DMD}}$ 因此被反转，根据 W_k^{select} 中最大项的位置选择特定项。因此，矩阵 W^{bias} 具有控制被选择项的概率的偏置函数功能。它根据下式进行更新

$$W^{\text{bias}} = \frac{1}{N} + W^{\text{bias}}, W_{l_k}^{\text{bias}} = 0 \qquad (4.19)$$

因此，每次学习迭代，其项线性增长 $\frac{1}{N}$，而最后一个翻转读出权重的位置 l_k 被设置为零。因此，W^{bias} 将学习偏离修改其构型最近被优化的权重。在模拟中，这种有偏学习规则表现出明显更快的学习收敛，我们将其归因于它更有效地探索了 W^{DMD} 的相关维度。最后，在过渡到下一个学习步骤之前，W^{DMD} 的配置由下式给出

$$W_{l_k,k}^{\text{DMD}} = r(k)W_{l_k,k}^{\text{DMD}} - (r(k)-1)W_{l_k,k-1}^{\text{DMD}} \qquad (4.20)$$

从技术上讲，我们的探索策略类似于随机梯度下降，式（4.15）和式（4.20）加强了修改，这些修改是有益的。

4.4.4 抑制单极系统的性能限制

在实现性能优化的过程中，我们发现了首次实现光学神经网络时已经面临的挑战[23]。一般来说，神经网络概念利用实数的全部范围，因此包括正值和负值。在许多光学架构中，内部和读出连接权重是正的；状态 $x(n+1)$ 也是如此。这极大地限制了系统的功能：与负连接权重相乘不仅允许减去来自不同非线性节点的响应，还允许改变节点非线性变换的对称性。由于没有考虑这些限制，在使用我们的系统对麦克-格拉斯序列的学习过程和预测进行第一次评估时受到了性能限制。

我们引入了一种通过负连接权重来补偿节点非线性变换求逆的缺失的策略。考虑一个系统，该系统专门由具有线性整流器非线性的节点组成，并且专门具有正连接权重。如果没有负连接权重，那么这样的系统将不能以负斜率综合从输入到输出的变换，因此严重减小了系统能够近似的函数空间。对于所有节点沿其非线性的相同部分运行的情况，相同的限制将适用于我们的储备池。

因此，我们利用了 SLM 的 $\cos^2(\cdot)$ 非线性的非单调和周期性。从两个不同值随机选择了网络节点的相位偏移 $\theta_{i|i=1,2,\cdots,N}$。局部扫描两个偏移以获得最佳性能，我们得到 $\theta_0 = 42 \triangleq 0.17\pi$ 和 $\theta_0 + \Delta\theta = 106 \triangleq 0.43\pi$ 并作为两个理想相位偏移。因此，节点偏向于接近局部极小值（θ_0）或极大值（$\theta_0+\Delta\theta$），这实现了我们假设讨论的特定配置。结果是节点群表现出沿其负斜率运行的动态，而其他节点群则表现出沿其正斜率运

行的动态。此外，我们通过引入一个节点偏移为 $\theta_i=\theta_0+\Delta\theta$ 的概率 μ，分析了网络中两个值之间有偏分布的影响。

在图 4.10 中，我们使用 $\beta=0.2$ 和注入强度 $\gamma=0.25$ 显示了不同 μ 值的学习曲线。$\mu=[0.25,0.35,0.45,0.5]$ 的概率比分别显示为蓝色、红色、黄色和紫色数据。我们给出了每条学习曲线获得的最佳性能，揭示了网络对称性破坏的强烈影响。在 $\mu=0.45$ 时，出现了最佳性能，对应于正负斜率之间分布几乎平衡的储备池。我们想要强调的是，将 μ 从 0.25 更改为 0.45 会将系统的预测误差降低大约 50%，这证明了我们方法的有效性。因此，W^{DMD}、W^{DOE} 和 x 中负连接权重的缺失可以通过结合具有正斜率和负斜率的非线性变换来部分补偿。由于这种单极神经网络在许多基于硬件的系统中是一个常见的挑战，所以我们的结果对神经网络硬件实现具有重要意义。

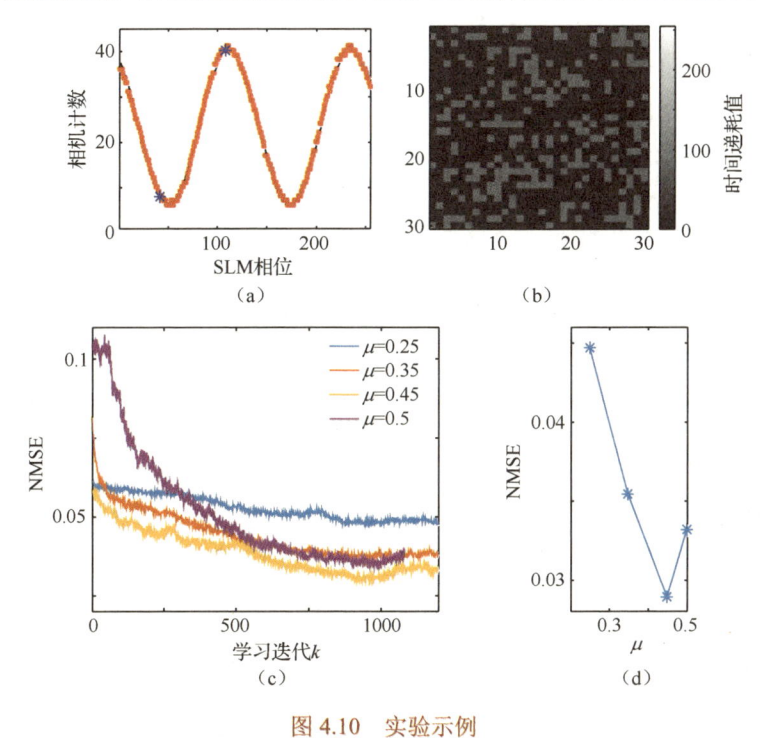

图 4.10　实验示例

图 4.10（a），光子储备池节点（红星）的非线性函数示例。根据概率 μ，网络的节点沿着其非线性分布，从接近局部最小值或最大值（蓝星）的相位偏移开始。图 4.10（b），穿过光子储备池的相位偏移的随机分布。图 4.10（c），使用 $\gamma=0.25$ 和 $\beta=0.2$ 获得不同 μ 值的学习曲线。图 4.10（d），在每个概率 μ 下获得的最佳性能，说明网络节点响应的对称性破坏对系统性能的强烈影响。

4.4.5　系统性能

我们通过研究反馈增益 β 和输入比例 γ 来优化系统性能。在图 4.11（a）中，我们显示了在优化的全局条件下（$\beta=0.8$，$\mu=0.4$ 和 $\mu=0.45$），500 步（蓝星）的训练样本大小的误差收敛。误差有效减小并最终稳定在 $\varepsilon\approx0.013$。考虑到学习仅限于布尔读出权重,这是一个极好的结果。训练后,对不属于训练数据集的 4500 个连续数据点的序列进一步评估预测性能。如图 4.11(a)中的红线所示,测试误差与训练误差相匹配。因此,我们可以得出结论,光子循环神经网络(RNN)成功地概括了潜在的目标系统的性质。从图 4.11(b)中可以看出这种优良的预测性能。属于左侧 y 轴(蓝线)的数据显示记录的输出功率,而右侧 y 轴(红点)显示归一化的预测目标信号。两者之间的差异几乎不可见,并且预测误差(黄色线)很小。

下面介绍我们想要讨论的系统性能的多个特性。在相同条件下重复学习时,系统通常在可比数量的学习迭代 k 之后收敛到非常接近的可比误差。鉴于 $W_{k=1}^{DMD}$ 的随机初始配置对 $k=1$ 时 NMSE 的显著影响,这是特别有意义的,参见图 4.10(c)。优化前的初始误差波动了两倍,范围为 6%~12%。重要的是,并不是从最低初始误差开始的优化在学习后达到最小误差。这也是我们在许多学习实验中已证实的一个特征。因此,我们得出结论:特定的学习惯例有效地扫描光子储备池中可用的函数空间,$W_{k=K}^{DMD}$ 的最终构型不是唯一的。相反,整个学习路由的每次重复都会导致不同的 $W_{k=K}^{DMD}$。系统的误差范围可能由许多性能相当的最小值组成。另一种解释是,我们还远未达到全局最优性能,并且不断恶化的过程(如噪声)会抵消误差分布的细微特征,从而导致非常广泛的全局最优。我们的观察结果支持了这一点,即达到最佳性能的速度相当快,而且在再次达到最佳性能后,长时间尺度的参数漂移往往会降低系统的性能,参见图 4.10(c)。这会导致系统响应的系统性修改,将在 4.4.6 节中讨论。在具有多个局部极小值的系统中,这些修改可能会使系统跨越其他极小值,从而导致更复杂的性能影响。然而,我们发现这种漂移似乎只会导致单调的性能下降。最后,我们观察到学习通常在 $K\sim N$ 学习迭代之后收敛。如果可以证实这一点,则将表明缩放出色,但首先需要研究储备池节点数 N 对收敛速度的影响。

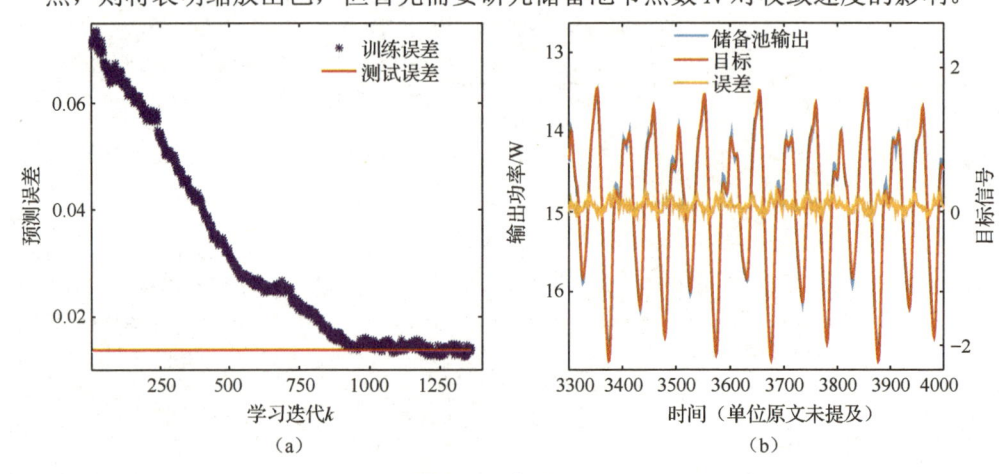

图 4.11 实验示例

图 4.11(a),最优参数($\beta=0.8$,$\gamma=0.4$,$\mu=0.45$)下的学习性能。图 4.11(b),光子 RNN 在输出功率(蓝线)下的预测输出很难与预测目标信号(红点)区分开来。预测误差 ε 由黄色虚线数据给出。

最后，我们对注入信号进行 3 倍下采样，以创造与文献[22]、[24]相同的条件。在这种条件下，我们的误差（ε=0.042）比基于半导体激光器的延迟 RC 大 2.2 倍，比基于马赫曾德尔调制器的设置大 6.5 倍。然而，根据我们当前设置中显著增加的硬件实现水平来解释这些结果是很重要的。在文献[22]、[24]中，使用双倍精度的权重在离线程序中以数字方式应用读出权重。在文献[24]中，确定了数字化分辨率对计算性能的强烈影响，这表明仍可通过提高 W^{DMD} 的分辨率来显著降低 ε。

4.4.6 噪声和漂移

4.4.5 节已经说明了物理实现的模拟神经网络带来了一个新的特性：各种类型的噪声，如网络状态变量中的噪声或系统参数的漂移。最终，网络状态噪声和漂移都可能被认为是发生在不同时间尺度上并根据不同谱密度分布的扰动。如果由于与复杂环境的相互作用，则实验参数的漂移可能遵循白噪声，如果与组件老化等相关，则可能遵循 $1/f$ 功率谱密度分布[25]。

为了探索噪声对系统响应时间和外部环境漂移等较慢时间的影响，我们每隔 $\Delta T \sim 10$ 分钟测量一次储备池响应。如前所述，输入数据为混沌麦克-格拉斯序列的 T=500 个数据点，从而产生时间连接的储备池状态矩阵 X_t，具有 900×500 个项，用于时间 T 的测量。从该矩阵中，前 10 列由于其瞬态特性而被移除。其他参数为 β=1.0 和均匀相位偏移 θ=25，为 γ=1.0 和 γ=0.5 进行了测量。为了量化噪声和漂移的偏差后果，我们确定网络的响应一致性[26]。作为矩阵 X_{t_1} 和 X_{t_2} 之间的一致性 C，我们定义了节点时间序列之间的零滞后（CC）处的互相关，以及整个网络的平均值（$C = \overline{CC}(X_{t_1}, X_{t_2})$）。为了捕捉短期和长期效应，我们计算连续记录之间的一致性（$C_s = \overline{CC}(X_t, X_{t+\Delta T})$）以及每个记录与第一个记录之间的一致性（$C_l = \overline{CC}(X_{t=0}, X_t)$），见图 4.12（a）。由所获得的一致性揭示的最明显的特征是注入强度 γ 的强烈影响。γ=1（深色数据）的短期和长期一致性都非常高，在两种情况下都高于 0.95。此外，短期一致性（深色圈）和长期一致性（深色叉）之间有明显的区别。平均 $\overline{C_s} = 0.993$，围绕其有接近 1h 的周期振荡。在减小参数漂移的窗口内，C_s 通常保持在 0.9935，我们将其作为系统的一致性极限。长期相关性 C_l 开始时处于可比较的水平，然而在 2h 的过程中下降到 0.98 以下，在大约 16h 的实验连续时间中，从 0.98 开始继续下降。这种缓慢的时间尺度通常与系统环境中的缓慢修改和漂移相关联。因此，我们得出结论，慢漂移对系统状态有可测量的影响，在这种情况下，远远超过短期波动。

将注入强度减半（γ=0.5，浅色数据）对 C_s 和 C_l 有惊人的显著影响，C_s 和 C_l 均降至约 0.85。至关重要的是，相对于短期（浅色圈）影响，人们无法确定任何额外的长期（浅色叉）影响。因此，系统的一致性受到快速时间尺度上发生的污染的限制；漂移可以忽略不计。这些测量突出了一个重要的问题。最初，注入强度 γ 的主要目的被认为是通过诱发 β=1 时储备池高维相空间的偏移来引起系统的高维响应。现在已经很清楚，除此之外，γ对于系统的稳定性也很重要，这是对延迟系统已经研究过的事情[22]。重要的是，一致性从 0.993 降低到 0.85（因子 20）大大超过注入强度（因子 2），确定非线性效应为起因。

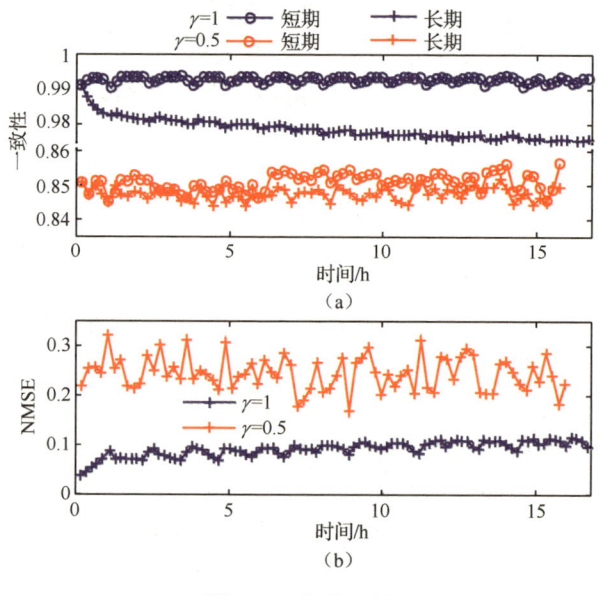

图 4.12 实验示例

图 4.12（a），外部信息不同注入强度的光子储备池的短期和长期一致性。深色数据：$\gamma=1$，浅色数据：$\gamma=0.5$。注入强度对系统的一致性有很强的影响，在良好的运行条件下（一致性高），长期漂移的影响是显而易见的。图 4.12（b），短期一致性给出了预测误差的下限，而漂移则不断恶化系统的性能，远离这个极限。考虑到一致性不良，系统的不良性能似乎仅限于短期一致性。

图 4.12（a）中的数据表明，γ对慢速漂移的影响是稳定有限的。与不同的初始条件相比，快速时间尺度噪声导致系统轨迹扰动，这是网络接近混沌边缘运行的结果。然而，长期参数漂移通过系统地修改网络节点的响应来修改系统相空间的全局属性。因此，更强的外部驱动可能会降低第一种噪声的影响：储备池状态中减少的部分容易受到以前噪声历史在储备池状态中"记忆"的影响。总的来说，在不动点之外的网络上进行计算的几个方面变得很重要[27]。另外，增加注入强度对于抑制由参数漂移引起的对神经网络相空间拓扑的全局修改几乎没有益处。

这两种效应对光子甚至模拟神经网络的计算性能的影响如图 4.12（b）所示。我们使用第一次记录的储备池响应，通过普通矩阵反演技术离线计算读出权重。这些权重在连续记录储备池状态时保持不变，并根据 100 个测试样本确定 NMSE。因此，其结果显示了不同时间尺度上的扰动对系统性能的影响：对于完全一致的系统，NMSE 将保持不变；对于$\gamma=1$的一致储备池，读出权重被优化的响应，我们直接获得 NMSE=0.005。使用 17min 后记录的储备池响应已经显示出 NMSE=0.035，从此预测性能继续恶化。性能恶化的速率逐渐减慢，直到性能在 NMSE≈0.1 附近或多或少地饱和。在 4.4.3 节介绍的硬件学习中，系统优化和漂移导致的持续恶化之间不断发生竞争，并且一旦优化速率下降到低于由于漂移导致性能恶化的速率，系统的性能就受到限制。必须记住，一致性和预测误差是针对预测的不同次优参数获得的。

对于 $\gamma=0.5$ 的不太一致的储备池，整体性能明显更差。当使用特定计算读出权重的相同状态时，得到的 NMSE 与 $\gamma=1$ 时得到的 NMSE 相当。然而，只要我们使用相同的读出权重，基于连续记录的储备池状态计算输出，误差瞬间就跳到了 NMSE≈0.25 周围。此外，存在较大的性能波动，这再次证实了我们的解释，即在这些条件下，实验与实验之间的显著差异是性能下降的原因。因此，长期漂移不会显著影响系统的预测性能就不足为奇了。

4.4.7 自治系统：输出反馈

在 Jaeger[13] 编写的 RC 原作中，混沌麦克-格拉斯序列的长期预测是基于一个有趣的概念：反馈强迫实现。反馈强迫架构使用自己的输出作为未来的输入，见图 4.13（a）。随着学习优化系统，使其输出接近未来输入，即 $y^{out}(n+1)\approx u(n+2)$，可以通过系统自己的输出代替外部输入，让系统自主演化。两个不同输入之间的切换由开关 S 实现，开关 S 在初始训练期间处于位置 S_1，使得储备池由外部数据 $u(n+1)$ 驱动。在预测过程中，该开关在初始瞬态期间保持在同一位置，但在到达时间 $n=n'$ 后，切换到位置 S_2，现在将储备池的输入连接到其自身的输出。以这种方式操作的 RC 成为自主的且因此自治的信号发生器，在训练期间指定其输出信号。因此，它不仅是混沌信号预测的一个有趣的概念，而且是任何类型的复杂信号产生的一个有趣的概念。在物理硬件储备池中，到目前为止，仅使用第 8 章中讨论的 FPGA[20] 控制的延迟系统进行了演示。

在图 4.13（b）中，我们示意性地说明了基于原始光子 RC 的该功能的硬件实现。开关 S 在 MATLAB 控制例程中实现，在反馈强制位置使用我们系统光输出的归一化和偏移消除版本。使用麦克-格拉斯序列的 500 个步骤训练系统，如 4.4.3 节所述。在预测误差收敛到之前获得的值之后，我们将开关 S 设置到位置 S_2。不幸的是，在开关从 S_1 拨动到 S_2 的时刻，系统进入第二个瞬态，自主演化的光子 RC 的输出和目标立即发散。我们目前的假设是，现在单步预测误差仍然太大，并且当切换开关时，$y^{out}(n+1)$ 和 $u(n+2)$ 之间的差引起太大的扰动。

然而，我们可以专注于系统的长期自治动力学，并将其属性与麦克-格拉斯序列的属性进行比较。在图 4.14（a）中，我们分别用深色和浅色显示了原始麦克-格拉斯时间序列的一部分和我们的自治系统的输出 $y^{out}(n)$。从外观上看，我们可以看到两种输出有着明显的相似之处。我们的自治光子 RC 能够吸收大振幅和小振幅之间的非规则交替，加上重要的局部极值，包括在这些点的附加小振幅调制。在图 4.14（b）中，我们显示了 $u(n+1)$ 和 $y^{out}(n+1)$ 的自相关，这是基于具有 5000 个数据点的时间轨迹获得的。数据表明,首先,我们的自治系统很好地近似了非规则振荡的周期,事实上误差在 10% 以内。其次,系统稳定地逼近目标系统,因为其输出的特性不会随着其自由演化的时间而改变。最后,在图 4.14(c)和图 4.14(d)中,我们分别显示了原始麦克-格拉斯信号的吸引子和我们的自治系统输出的吸引子,两者都被投影到它们的前三维上。吸引子是基于 Takens 延迟嵌入方案获得的,其中我们使用了 $\tau_T=-12$ 的嵌入延迟[28]。虽然图 4.14(c)和图 4.14(d)的吸引子之间的差异是清楚的,但同样明显的是,我们的自治系统开始逼近目标吸引子的重要拓扑特征。此外,人们可以直接看到预测误差和潜在的系统噪声的影响:在小距离上,我们系统输出的相邻轨迹有规律地交叉。因此,自主创建的吸引子的局部结构几乎完全丢失。

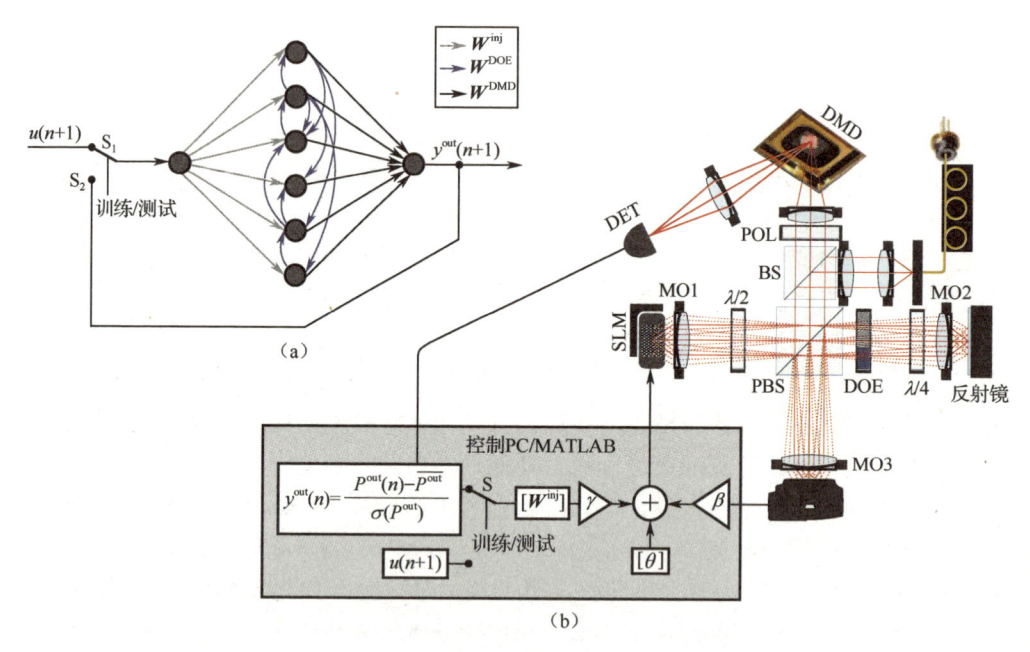

图 4.13 实验示例

图 4.13(a),RC 概念的扩展,现在包括系统自身输出作为输入的可能性。这种反馈强制是通过在学习之后拨动开关 S 来实现的。图 4.13(b),基于与之前相同设置的实验实现。

这是首次基于时空光子储备池和未通过数字串行硬件实现的权重证明了这种反馈强迫光子 RC。这里报告的结果证明该系统能够自主逼近复杂的时间信号和演变。对于未来的工作,应考虑对学习进行多项改进,并且仔细调查开关 S 切换到自主操作时电流大瞬态背后的原因。

图 4.14 实验示例

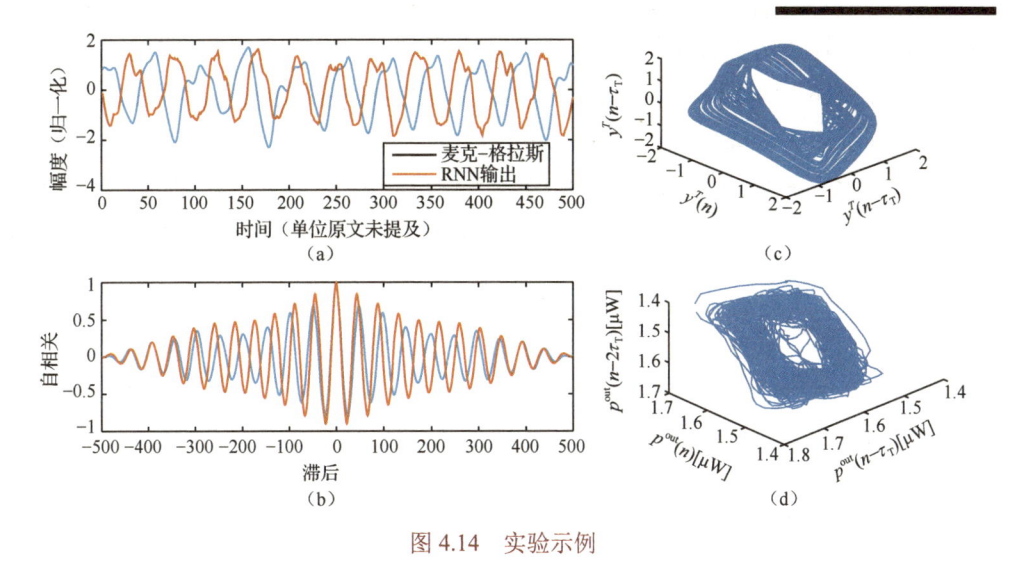

图 4.14（a），与原始麦克-格拉斯数据相比，在反馈强迫下创建的光子储备池的长期动力学（浅色数据）。图 4.14（b），两个信号的自相关显示出非常相似的特征。原始麦克-格拉斯序列的吸引子见图 4.14（c），大致近似于自主创建的光子储备池的输出见图 4.14（d）。

4.5 结论

  大规模时空神经网络是可能实现的，并且可以有效地利用光学的平行性。经过早期的分类实验，我们还表明了这些系统是处理时间信息的优秀候选者，如复杂和混沌的信号预测。衍射耦合已经证明它是创建大规模时空光子元件网络的强大工具。基于数值模拟和分析考虑，我们已经表明这个概念可以扩展到由上万个网络光子元件组成的网络。这种大规模的网络不仅对光子神经网络的实现具有很大的吸引力，而且对非线性网络动力学和其他应用的基础研究，如潜在的相干光束组合，也具有很大的吸引力。通过实验表明，我们可以耦合垂直发射的半导体激光器和电光 SLM 的像素。利用后者，我们创建了多达 2025 个光子振荡器的网络，其中需要强调的是，不是衍射耦合方案而是成像设置强加了尺寸限制。

  在网络中，我们基于商用 VCSEL 阵列具体体现出来，耦合了多达 21 个激光器[29]。自由运行激光器网络的非线性动力学清楚地显示了相互耦合的特征。除了耦合外，我们还同时将外部驱动激光器注入到网络的激光器中。对于恒定的注入功率，我们能够有效地抑制网络的复杂动力学，并且能够识别激光器之间相干性增加的第一效应，这是耦合和外部注入的结果。使用注入强度的调制，我们强烈地修改了网络动态。通过注入调制频率更高级的存在，我们能够通过网络激光器识别输入信号的非线性变换。我们单独记录了这样的变换，并且在一个离线实验中，使用这些响应来合成各种目标非线性。这些结果是形成基于大型半导体激光器阵列的全光神经网络的第一步[6,30]。这种系统可以很容易地在超过几十 GHz 的带宽上运行，这将在人工神经网络的实现中引入范式的转变。

基于类似的实验，我们实现了由多达 2025 个 Ikeda 映射组成的大规模时空网络。该实验使用 SLM 实现，提供了对所有系统参数的访问，因此非常适合概念验证。基于这个网络，我们修改了具有光输出的系统，该系统可以基于数字微反射镜阵列对单个光子神经元进行空间寻址和加权。这种商用设备实现了储备池的光学读出权重，我们实现了渴望的学习[7]。考虑到权重是硬件实现的并且限于布尔项，该系统能够以优异的性能执行混沌麦克-格拉斯序列的一步预测。

为了实现这种功能，我们设计了一种新颖的策略来部分补偿网络的单极性连接权重和状态。利用 SLM 的周期性非线性，我们将网络分成沿着非线性函数的正部分和负部分工作的节点。通过这样做，我们有效地缓解了单极系统通常面临的挑战之一：系统可用的非线性函数空间维度大幅减少。这种策略对于该领域的未来成功至关重要。在神经网络的硬件实现中，人们无疑将继续面临由实现基材的物理属性的限制结果导致的挑战。

此外，我们还从系统的缺陷中获益，然而，这些缺陷是现实世界硬件网络的噪声和漂移的一个不可否认的特征。这些缺陷也很可能是在硬件基材中实现的神经网络的永久伙伴。我们首次详细研究了它们对网络一致性的影响，以及一致性对系统计算性能的影响。我们发现，噪声和漂移对这类系统的计算有着根本不同的影响，这凸显了未来对这类影响进行仔细研究的重要性。人们还会感兴趣的是，鉴于这些在物理基材中不可避免的退化，某些学习策略是否是有利的。事实上，这些退化也总存在于人脑中。

最后，我们朝着创建自治系统迈出了第一步。在为混沌信号预测进行训练之后，我们使用反馈强制将光子储备池连接到它自己的输出。在这一步之后，系统自动创建一个复杂的时间序列，它与原始的训练目标有很高的相似性。必须提到的是，当切换到自主运行时，我们发现了一个强烈但短暂的不良性能瞬态，其来源仍有待确定。

总之，我们已经证明了在各种光学基材上建立大规模光子网络的可行性。对 RC 的应用展示了这种系统为人工神经网络领域提供的巨大潜力。它们是完全并行的，全局系统的带宽不受或几乎不受系统大小的影响。这些系统在性能扩展和规模方面优于针对不同物理网络概念报道的其他系统。复杂的耦合和读出权重可以基于无源和恒定的空间调制。这些技术的实施最终都是节能的，并且不会限制系统的带宽。因此，我们可以有效地实现大型光子神经网络，并且最大限度地利用固有的光学并行性，以及其能量效率和潜在的空间带宽积。

原著参考文献

5. 用于储备池计算的时间延迟系统

Silvia Ortín, Luis Pesquera, Guy Van der Sande, and Miguel C. Soriano

5.1 导言

基于延迟的储备池计算机是基于具有延迟特性的动态系统的储备池计算实现的。动态系统通常是单个非线性节点。稍后将详细地解释，基于延迟的储备池计算机将非线性节点响应的不同时隙分配给不同的网络节点，这些节点也被称为"虚拟节点"。单个非线性节点响应的这种时分复用相当于沿着延迟反馈回路具有一组分布式虚拟节点。

基于延迟的储备池计算机的相关性依赖这样的事实：它们极大地简化了硬件实现。因此，第一台光子储备池计算机就是基于这种方法实现的[1-4]。

在这里，我们概述了基于延迟的储备池计算机的理论基础。此外，我们用众多数值仿真和概念的电子实现中的几个例子来说明系统的主要性质。我们还研究了基于延迟的储备池计算机的物理实现中的主要挑战。

5.2 标准储备池计算

在开始基于延迟的储备池计算（Reservoir Computing，RC）之前，为了完整起见，我们在本节中回顾一下标准储备池计算的基本概念。关于储备池计算概念更深入的描述，我们建议读者参阅本书第 2 章和第 3 章的相关内容。储备池计算是循环（递归）神经网络的一种实现，其一般思想是将网络分成几部分。循环（递归）部分很难训练，因此，增加了另一层（读出层），它只不过是一系列与循环部分接口的简单线性节点[5]。传统的储备池计算实施通常由 3 个不同的部分组成：输入层、储备池和读出层，如图 5.1 所示。

输入层通过随机固定输入区权重将输入信号送到储备池。这些权重将缩放给予多个节点的输入，为每个单独的节点创建不同的输入比例因子。第二层称为储备池或液体，通常由大量随机互连的非线性节点组成，这些节点构成一个循环网络。这些节点由输入信号的随机线性组合驱动。由于每个节点状态都可以被视为另一个状态空间方向上的偏移，因此原始输入信号被映射到高维状态空间。新出现的储备池状态由所有单独节点的组合状态给出。与传统的循环神经网络中发生的情况相反，储备池本身内部的耦合权重无须训练。它们通常以随机方式选择，在全局范围内进行调整，以便网络在某个动态范围内运行。在输入信号的影响下，网络表现出瞬态响应。这些瞬态响应由读出层通过单个节点多个状态的线性加权和读出，最后一层没有发生额外的非线性变换。训练算法的目标是找到最佳读出权重，因此可以简化为线性分类器。

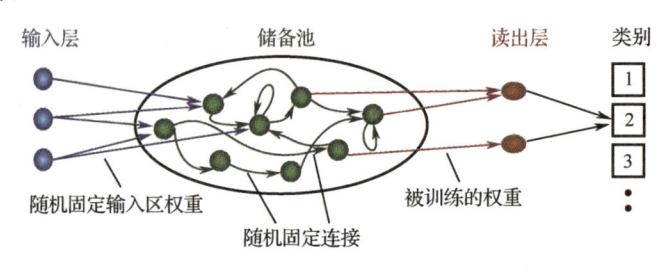

图 5.1　经典储备池计算方案

通过随机连接的输入层将输入耦合到储备池中的 N 个节点。储备池节点之间的连接是随机选择并保持固定的，也就是说，储备池是没有经过训练的。储备池的瞬态动态响应由读出层读出，它是储备池多个节点状态的线性加权和。该图摘自 Appeltant 等人的著作[6]。

我们使用的储备池计算实现与回声状态网络密切相关[7]。在回声状态网络中，根据以下方程计算时间步 k 处的节点状态

$$r(k) = F[W_{in}^{res} \cdot r(k-1) + W_{in}^{res} \cdot u(k)] \tag{5.1}$$

式中，$r(k)$ 是时间步 k 处新节点状态的向量；$u(k)$ 是时间步 k 处的输入矩阵；W_{res}^{res} 和 W_{in}^{res} 矩阵包含（通常是随机的）储备池和输入的连接权重。为了获得良好的性能，权重矩阵通过乘法因子进行缩放。对于非线性函数 F，通常选择 sigmoid 函数，例如，选择 $F(x)=\tanh(x)$。在某些情况下，还包括从输出到储备池节点的反馈①，该方法将在第 8 章中使用。在简化公式中，输出是节点状态和恒定偏置值的加权线性组合

$$\hat{y}_{out}(k) = W_{res}^{out} \cdot r(k) + W_{in}^{out} \cdot u(k) + W_{bias}^{out} \tag{5.2}$$

在储备池计算中，只有式（5.2）中的矩阵被优化（训练）以最小化计算的输出值 $\hat{y}_{out}(k)$ 和所需的输出值 $y_{out}(k)$ 之间的均方误差。

5.3　延迟反馈系统

具有延迟反馈和/或延迟耦合的非线性系统，通常简称为"延迟系统"，这是一类吸引了大量注意力的动态系统，因为它们出现在各种现实生活情况中[8]。通常出现在交通动态（如驾驶员的反应时间[9]）、混沌控制[10-11]或基因调控网络中。基因调

---

① 当包含从输出回到储备池节点的连接时，式（5.1）变为
$$r(k) = F[W_{res}^{res} \cdot r(k-1) + W_{in}^{res} \cdot u(k) + W_{out}^{res} \cdot \hat{y}_{out}(k-1)]$$

控网络中的延迟源于转录、平移和易位空间[12]。此外,在捕食者-被捕食者模型中,延迟代表捕食者的怀孕期或反应时间。有时系统中的延迟源于先前捕食者数量对当前捕食者变化率的影响[13]。在大脑中,延迟发生的原因是两个神经元之间的轴突传导延迟[14]。远程大脑皮层区域会受到一系列轴突传导延迟的影响。这些区域之间的总连接延迟甚至可能是几十毫秒,但研究人员仍然观察到远程大脑皮层区域之间的零延迟同步[15-17]。当信号从一个激光器传输到另一个激光器时,在半导体激光器网络中会出现延迟[18]。无论是通过自由空间还是通过光纤,光都需要覆盖一定的距离,这需要时间。在控制系统中,延迟反馈源于这样一个事实,即在信息的感测和系统在控制信号的影响下的后续反应之间存在有限时间。另一个取自日常生活的例子是淋浴水的温度控制。因为水需要沿着加热元件和淋浴头之间的管道行进一定的距离,所以从使用者的角度来看,对系统的任何温度调节的响应都不会立即产生。这可能导致不稳定的行为,控制器由于系统的明显无响应性而过多地提高或降低水温。

已经表明,延迟对系统的动态行为具有矛盾的影响,要么使其稳定,要么使其失稳[11],可能出现复杂的动态。这已经在如生物系统[19]或激光网络[20]中观察到。通常,调整单个参数(如反馈强度)就足以获得各种行为,从稳定的周期性和准周期性振荡到确定性混沌[21]。在光子学中,一种通常稳定的激光源当受到反馈时,即使反馈强度很小,也会变得混沌。作为一个例子,我们采用一个最简单的延迟系统,由以下方程给出

$$\dot{x}(t) = -\alpha x(t-\tau) \tag{5.3}$$

其中,我们选择 $\alpha=0.2$,τ 代表延迟。在图 5.2 中,我们显示了该方程在三个不同 τ 值下的解。当查看图 5.2(a)中 $\tau=7$ 的时间轨迹时,在系统达到恒定输出值之前,可以在瞬态中观察到一些阻尼振荡。然而,当延迟时间增加到 $\tau=8$ 时,如图 5.2(b)所示,振荡不再呈指数衰减。它们的振幅随着时间的增加而增加。对于更大的 τ($\tau=10$),这种行为通过更强的幅度增长得到证实,如图 5.2(c)所示。对这个系统而言,延迟显然具有不稳定的影响。

从应用的观点来看,延迟系统的动力学正在引起人们的兴趣:虽然最初它被认为是一个麻烦,但现在被认为是一种可以有益地开发利用的资源。它在混沌通信中得到了应用[22],储备池计算也是受益于延迟的一个例子[6,1]。其中最简单的延迟系统之一由单个非线性节点组成,其动力学受其过去一段延迟的输出影响。这种系统易于实现,因为它只包括两个元件:一个非线性节点和延迟回路。当处理多个非线性节点与延迟耦合的更复杂情况时,这些系统已经成功地用于描述一般复杂网络的性质。它们允许更好地理解同步和共振现象[23-25]。本书特别感兴趣的是这样一种情况,即只有少数几个动态元件与某个配置中的延迟耦合,例如,由多个延迟耦合元件组成的一个圆环[20]。

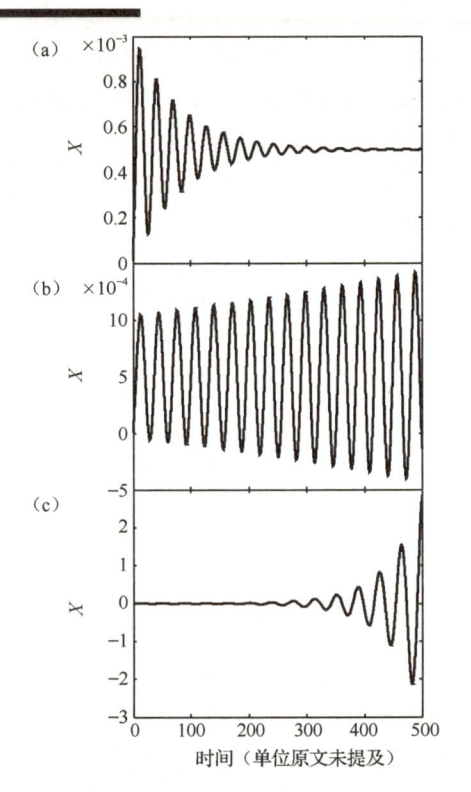

图 5.2 延迟的失稳效应，源于式（5.3）给出的系统的时间轨迹

图 5.2（a）中 $\tau=7$，图 5.2（b）中 $\tau=8$，图 5.2（c）中 $\tau=10$。注意纵轴中不同的比例因子。

在数学上，延迟系统由延迟微分方程（Delay Differential Equation，DDE）描述，延迟微分方程与普通微分方程（Ordinary Differential Equation，ODE）有本质的不同，因为 DDE 的时间相关解不是唯一由给定时刻的初始状态确定的。对于 DDE，需要提供一个延迟时间间隔上的连续解，以便正确定义初始条件。DDE 的一般形式由下式给出

$$\dot{x}(t) = F[x(t), x(t-\tau)]$$

式中，F 是任何给定的线性或非线性函数；τ 是延迟时间。在数学上，时间连续延迟系统的一个关键特征是它们的状态空间变为无限维。这是因为它们在时间 t 的状态依赖连续时间间隔 $[t-\tau, t]$ 期间非线性节点的输出。另一种解释是，延迟反馈方程导致非有理传递函数，从而导致无穷多个极点。延迟系统的动力学在实践中保持有限维[26]，但表现出高维度和短期存储（记忆）的特性。由于计算处理的两个关键组成部分是非线性变换和高维映射，所以延迟系统是合适的候选对象。

5.4 作为储备池的延迟反馈系统

储备池一词最初指一个大型的、随机连接的多个非线性节点或神经元的固定网

络。然而，并不是所有的储备池都是神经网络。模拟物理系统，如水面波纹的非线性行为，已被用于基于储备池计算范式的信息处理[27]。因此，储备池计算实现了神经形态计算，且不需要互连大量离散神经元。

利用储备池计算，在循环网络中不需要可重新配置的连接链路。这种随机和固定的连接从根本上降低了硬件实现的复杂性。在前面的章节中，我们展示了如何在光子芯片上或使用衍射光学元件实现用于光学储备池计算的循环网络。各种光子技术可用于实现具有各种网络拓扑结构的储备池计算的光学网络。如前几章所述，基于光网络的储备池计算机有许多硬件节点和网络自由度，尽管它们是人工固定的。

在本节中，我们将重温延迟嵌入式储备池计算的概念，仅使用具有延迟反馈的单一非线性节点。从网络的角度来看，它只有一个（硬件）节点。即使对于非常大的储备池尺寸，延迟型方法也允许更简单的系统结构。基于延迟的储备池计算与前几章的硬件密集型系统相比的优势在于，硬件要求最低。其实，基于延迟的储备池本质上是固定的：其采用具有单一非线性状态变量的延迟动态系统的形式。我们可以从空间连续介质（即延迟线）中对基于延迟的储备池的节点进行采样。这些节点被认为是虚拟的，因为它们不是作为硬件中的组件或单元来实现的。然而，基于延迟的储备池计算已经表现出与网络化的储备池计算相似的性能，其优点是对硬件的要求最小，因为其不需要形成复杂的互连结构。在光学中，它甚至允许使用与光通信相关的传统硬件。

5.4.1 用具有延迟反馈功能的非线性节点实现

基于延迟的储备池计算的概念，仅使用具有延迟反馈的单一非线性节点，由 Appeltant 等人[6]和 Pacquot 等人[28]在 20 世纪 10 年代早期提出，是光子系统中最小化预期硬件复杂性的一种手段。第一个工作原型是由 Appeltant 等人[6]于 2011 年在电子学领域开发的，在此之后，他们又快速开发了高效的光学系统[29,1]。

本质上，延迟线储备池计算的思想构成了空间和时间之间的交换：在空间上用许多节点完成的事情现在在时间上用多路复用的单一节点完成。这种硬件简化是有代价的：与 N 节点标准空间分布的储备池相比，系统中的动态行为必须以高 N 倍的速度运行，以便具有相等的输入吞吐量。图 5.3 显示了基于延迟的储备池计算机的结构。

通过具有反馈回路的单一非线性节点（或更一般的非线性动态元件）有效地实现基于延迟的储备池计算[6]。如前所述，在基于延迟的储备池中，在延迟线中有单一节点和许多虚拟节点（也称为虚拟神经元）。控制这些延迟系统的一般方程是

$$T\dot{x}(t) = F[x(t), \eta x(t-\tau) + yJ(t)] \tag{5.4}$$

式中，T 是系统的响应时间；τ 是延迟时间；$J(t)$ 是掩码输入；y 是输入比例或输入增益；η 是反馈强度；F 是非线性函数。掩码输入 $J(t)$ 是原始输入的离散随机映射的连续版本。为了构造这个连续数据 $J(t)$，原始输入 $W_{in}^{res}u(k)$ 的离散随机映射的连续版本在时间上被多路复用，这将在 5.4.2 节描述。

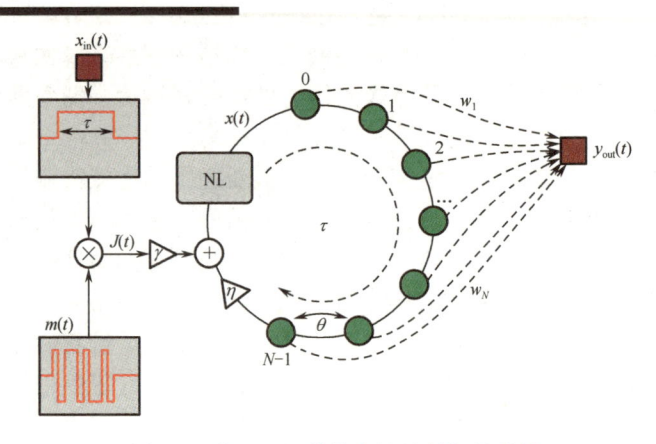

图 5.3　基于延迟的储备池计算机的结构

首先使用掩码函数 m(t)对一维输入信号（红色）进行预处理。虚拟节点沿延迟线定义并形成储备池（绿色）。读出层（蓝色）与标准储备池计算机的结构相同。

5.4.2　延迟反馈方法中的时间复用

非线性节点受时间连续输入流 $u(t)$或时间离散输入流 $u(k)$的影响（见图 5.4），这些输入流可以是时变的标量变量或者任意维度 d 的向量，通过使用时间复用使输入进行串行化来实现对多个单独的虚拟节点的馈送。在我们的方法中，T_{in} 的每个时间间隔（数据注入/处理时间）代表另一个离散时间步长。为此，输入流 $u(t)$或 $u(k)$经历一次采样和保持操作，以定义在被更新之前的一段时间内恒定的流 $I(t)$。对于 $T_{in}k \leq t < T_{in}(k+1)$，所得连续函数 $I(t)$通过 $I(t)=u(k)$与离散输入信号 $u(k)$相关联。图 5.4 中说明了 $T_{in}=\tau$ 的特殊情况，并且描述了函数 $I(t)$。因此，在我们的方法中，储备池的输入总是首先在时间上离散化，而不管它是来自时间连续的输入流还是时间离散的输入流。实际注入非线性节点的是时间连续信号，但是从这个信号中不能区分原始数据点是来自离散的信号还是来自时间连续的信号。

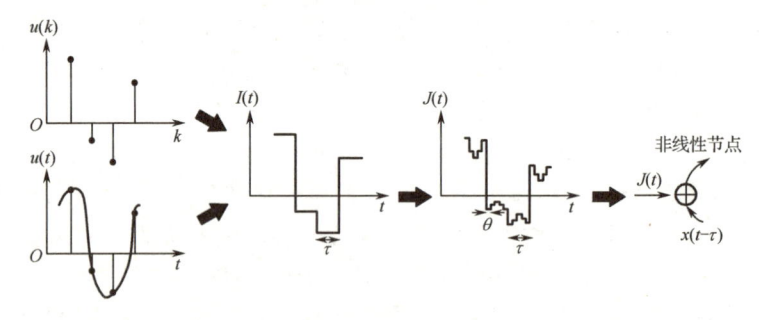

图 5.4　掩码步骤

时间连续输入流 $u(t)$或时间离散输入流 $u(k)$经历采样和保持操作，产生在更新之前的一个间隔 T_{in} 期间恒定的流 $I(t)$。在这种特殊情况下，$T_{in}=\tau$。将输入流馈送到多个单独虚拟节点的时间输入序列由 $J(t)=M \cdot I(t)$给出。该图摘自 Appeltant 等人[6]的著作。

在输入驱动阶段，还引入了特定的输入连接结构。根据在传统神经网络储备池中发生的情况，每个单个虚拟节点可以具有其适当的输入比例因子。对"经典"储备池设置而言，这些值对应于输入层和储备池之间连接的权重。在式（5.1）中，为了方便起见，我们在这里重复该方程

$$r(k) = F[W_{res}^{res} \cdot r(k-1) + W_{in}^{res} \cdot u(k)] \tag{5.5}$$

这些权重被称为 W_{in}^{res}，这是原始概念中的随机（$N \times d$）矩阵（N 是虚拟节点的数量，d 是输入的维数）。发送到对应于给定虚拟节点的时隙的每个输入值，首先乘以与该节点相关的因子。这样做是为了增加网络的可变性。然而，延迟反馈系统仅包括一个物理上存在的非线性节点，该非线性节点向延迟线中的所有虚拟节点提供反馈。因此，所有虚拟节点状态源自相同的非线性变换，并且不可能在虚拟节点本身中实现缩放因子。最方便的选择是通过引入函数 $M(t)$ 将耦合权重从流 $I(t)$ 印记到虚拟节点，函数 $M(t)$ 从现在开始称为掩码（掩模）[①]，如下所示：对于 $(i-1)\theta < t \leq i\theta$ 和 $M(t+T_{in})=M(t)$，$M(t)=W_{in,i}^{res}$。这个掩码函数是一种分段常数函数，在 θ 的区间上是常数，具有周期性，周期为 T_{in}。因此，$\theta=T_{in}/N$，并代表虚拟节点之间的时间间隔。长度 θ 的每个间隔期间的掩码函数值是从某个概率分布中独立随机选择的。当输入信号是一维信号时，要注入的值由下式给出

$$J(t)=I(t) \cdot M(t) \tag{5.6}$$

函数 $J(t)$ 是输入和掩码函数的乘积，如图 5.4 所示。当输入由 d 个值 $I^j(t)$ 组成时，对于每个输入 j，我们生成一个单独的掩码 $M^j(t)$，随后将它们全部加在一起。要注入的值由下式给出

$$J(t) = \sum_{j=1}^{d} I^j(t) \cdot M^j(t) \tag{5.7}$$

关于基于延迟的储备池计算中输入映射程序的其他描述，参见文献[30]、[31]。

5.4.3 基于延迟的储备池计算中的读出和训练

非线性节点的输出由输入的变化驱动。为了将延迟线中的多个状态与对应于输入阶跃的储备池状态相关联，需要再次离散化信号。储备池状态包括多个虚拟节点状态，即在注入时间间隔 T_{in} 中每个间隔 θ 结束时的多个值。对于第 i 个虚拟节点，第 k 个离散储备池状态由下式给出

$$r_i(k)=x[kT_{in}-(N-i)\theta] \tag{5.8}$$

注意，该定义意味着虚拟节点状态 r_i 总是在间隔 θ 结束时读出。虽然这是本章的常见步骤，但采样位置的其他选择也可以产生良好的结果。

每个虚拟节点 r_i 是延迟线中的测量点或抽头。然而，这些抽头不一定要在物理上实现。因为 x 信号在延迟线中循环往复不变，所以单个测量点就足够了。在每个

[①] 英文原著中单词为 mask，国内通常翻译为掩码或掩模。

T_{in} 间隔之后，获得输入 $u(k)$ 的新储备池状态 ($r(k) \in \mathbf{R}^{1 \times N}$)。

储备池状态本身并不是整个系统的预期结果。使用训练算法将读出权重分配给每个虚拟节点，使得状态的加权和尽可能接近期望的目标值

$$\hat{y}_{out}(k) = W_{res}^{out} r(k)$$
$$= \sum_{i=1}^{N} W_{res,i}^{out} \cdot r_i(k)$$
$$= \sum_{i=1}^{N} W_{res,i}^{out} \cdot x\left[kT_{in} - \frac{T_{in}}{N}(N-i)\right]$$

$W_{res,i}^{out}$ 被分配给虚拟节点 r_i，x 是非线性节点的输出，$\hat{y}_{out}(k)$ 是计算出的目标近似值。W_{res}^{out} 的值由线性训练算法确定。读出层的训练遵循储备池计算的标准程序[32,7]。以这种方式，我们可以将每个离散输入阶跃 $u(k)$ 映射到离散目标值 $\hat{y}_{out}(k)$ 上，并且对于每个 k 都是如此。测试使用先前未见过的输入数据（与用于训练的输入数据相同）来执行。

最后，我们注意到，如图 5.3 和式（5.4）所示，掩码输入 $J(t)$ 由输入缩放因子 γ 调整，反馈 $x(t-\tau)$ 由反馈强度 η 调整。这样做的目的是使非线性节点偏置在最佳动态范围内。输入比例 γ 和 η 的最佳值取决于手头的任务，以及非线性节点的特定动态行为。寻找这些参数的最佳点是一个非线性问题，可以通过梯度下降或扫描参数空间来解决。

5.4.4 例子：混沌时间序列预测

为了比较传统的储备池计算方法和我们的延迟反馈系统，我们通过一个常用的基准任务——混沌时间序列预测来展示它们的功能。在不详细讨论确切的数据处理流程的情况下，我们说明了不同的步骤并比较了性能。测试数据来源于时间序列预测竞赛，该竞赛是为了比较不同的时间序列预测方法而组织的调查。当时出现了许多新的创新方法，与标准的预测方法竞争，如人工神经网络。1993 年 5 月，在新墨西哥州的圣达菲，举行了北约比较时间序列分析高级研讨会，对当时现存方法及其性能进行了综述[33]。作为一项挑战，相关方提供了来自不同系统的若干时间序列。这里，我们考虑来自 NH_3 混沌激光器的集合，其表现出与洛伦兹混沌相关的动力学特征。输入数据序列的一小部分在后面的图 5.6 中描述，激光强度值显示在 y 轴上，与记录的数据点的索引相对。

我们的目标是基于系统的当前值和时间轨迹的所有值，领先一步进行预测。在我们的训练过程中，对于具有许多节点的储备池网络和延迟反馈系统的情况，将时间序列作为例子馈送到系统。系统处理输入数据，并对其进行非线性转换。在图 5.5 中，显示了随机连接节点网络和延迟反馈系统的部分储备池状态，在这两种情况下，我们考虑了 400 个状态。一个时间序列实现由 1000 个测量点组成。馈送到储备池的每个测量点导致储备池的所有 400 个节点状态的改变，因此 1000 个测量点的 400 个数据系列被记录为储备池状态。这两个系统虽然依赖于不同的连接和配置，但是使用具有相同参数的相同非线性函数作为网络节点。

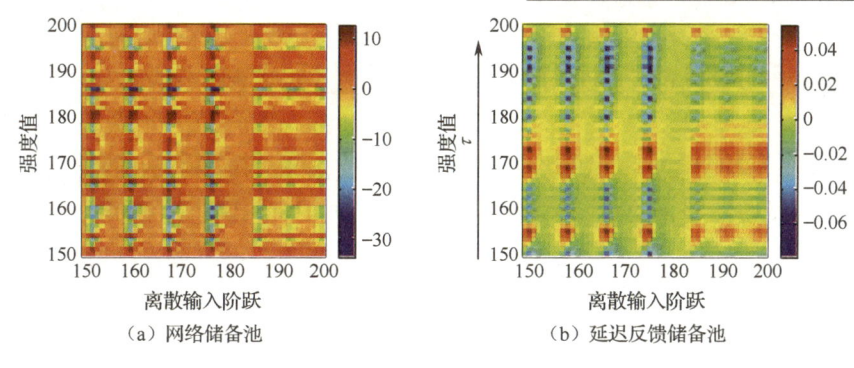

5. 用于储备池计算的时间延迟系统

（a）网络储备池　　　　　　　（b）延迟反馈储备池

图 5.5　圣达菲序列预测结果的时空再现

呈现了节点储备池状态演变的局部放大画面。馈入 1000 个输入阶跃导致每 1000 个阶跃构建 400 个储备池状态。这里，对于 50 个节点，只显示了 50 个输入阶跃。状态值以颜色代码显示。

在图 5.5（a）和图 5.5（b）中，都使用了 400 个节点，但只画出了 50 个节点状态。在图 5.5（a）中，描述了传统的网络储备池状态。不同的节点状态沿 y 轴绘制，它们在离散时间内的演变通过沿 x 轴移动给出。图 5.5（b）显示了我们用延迟反馈设置所能获得的状态。图 5.5 中选择的表示方式相当于系统[34]进行的时空映射。沿着 x 轴移动给出了时间上的演变。图 5.5（b）中的每一个离散输入阶跃对应于 τ 的时间跳跃。对于网络和延迟反馈响应，储备池状态的一般趋势非常相似。它们对相同的输入都以相似的方式做出反应，这一事实首先表明两者都能够以可比较的方式提取信息。

基于延迟的储备池已经实现了可与圣达菲混沌时间序列预测的更传统的储备池计算方法相媲美的性能[35]。在图 5.6 中，描述了这些储备池状态的训练程序的结果。十字对应原始目标的样本点，黑色曲线是近似值。注意，目标的近似值也是一个离散时间序列，其样本数与原始目标相同。完整的线条只是为了方便观测，并不意味着我们只对输入或目标的一些点进行了采样。对于这些例子和储备池参数，误差表示为归一化均方误差，对于网络方法是 0.0651，对于延迟反馈方法是 0.0225。通过优化储备池，网络方法和延迟反馈方法都可以获得更低的误差值。

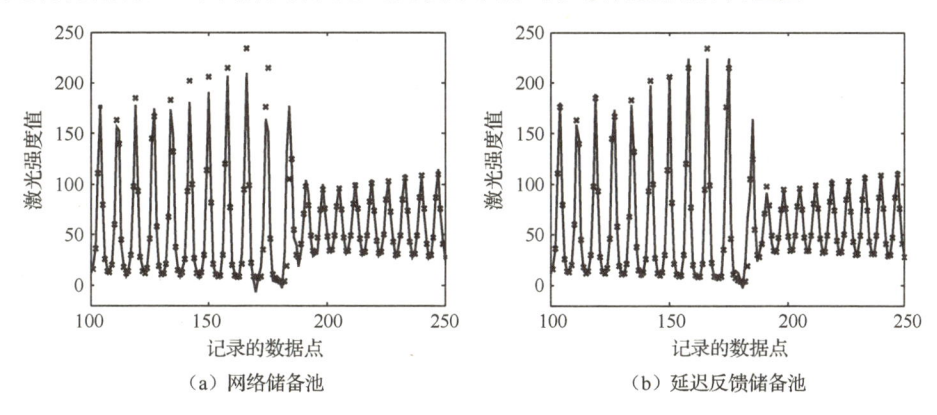

（a）网络储备池　　　　　　　（b）延迟反馈储备池

图 5.6　圣达菲序列的目标重建结果

5.5 基于延迟的储备池计算机的互连结构

在 5.4 节描述的具有外部输入的延迟反馈系统中，我们可以确定 4 个时间尺度：虚拟节点之间的时间间隔 θ、数据注入时间 T_{in}、延迟时间 τ 和非线性节点的响应时间尺度 T。数据注入时间 $T_{in} = N\theta$ 由计算特定任务所需的虚拟节点的数量 N 和时间间隔 θ 来定义。数据注入时间 T_{in} 与非线性节点的固有动态一起控制虚拟节点之间的连接性。通过设置不同时间尺度的值来创建给定的互连结构。

虚拟节点可以通过两种方式连接：一种是通过反馈回路；另一种是通过非线性节点的固有动态。鉴于非线性节点的固有动态，为了在虚拟节点之间创建虚拟互连，虚拟节点之间的时间间隔 $\theta = T_{in}/N$ 必须足够短以保持非线性节点处于瞬态。如果虚拟节点之间的时间间隔 θ 小于系统的时间尺度 T，则虚拟节点的状态依赖于相邻虚拟节点的状态[6,36]，见图 5.7（b）。通常引用 $\theta=0.2T$[6,37]。然而，没有理由假设这可能与任务和系统偏差不相关。如果 θ 太小，则非线性节点将无法跟随输入信号的变化，响应信号将太小而无法测量。如果 θ 太大，则由于非线性节点的固有动态，相邻虚拟节点之间的互连结构会丢失，见图 5.8（b）。

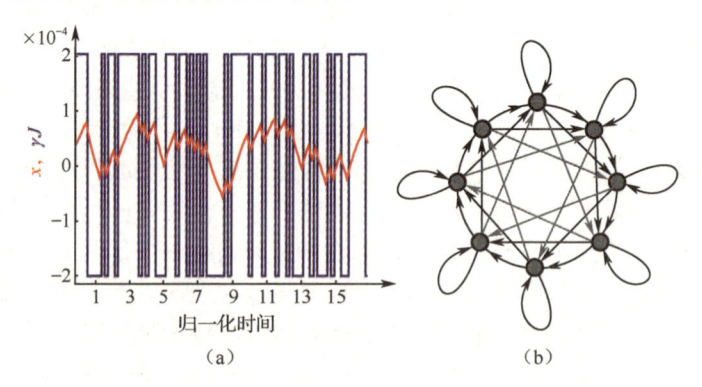

图 5.7　当 $T_{in} = \tau$ 时，小 θ 的输入时间轨迹和相应的交互结构

图 5.7（a），当非线性系统的时间尺度 T 远大于虚拟节点的时间间隔 θ（$T \gg \theta$，并且 $T_{in}=\tau$）时，系统的输入时间轨迹 $\gamma J(t)$（深色）和振荡器输出 $x(t)$（浅色）。这里，我们选择 $T/\theta=5$。x 轴和 y 轴上的值都是无量纲的。掩码 $M(t)$ 取两个可能的值。图 5.7（b），在这种情况下，系统没有时间达到渐近值。因此，非线性节点的固有动态将相邻的虚拟节点相互耦合。该图取自 Appeltant 等人[6]的补充材料。

虚拟节点也可以通过反馈回路[28-29]建立网络结构。这可以通过在延迟时间 τ 和数据注入/信息处理时间 $T_{in}=N\theta(\tau \neq T_{in})$ 之间引入失配来实现，参见后面的图 5.11。

与传统的储备池相比，节点之间的所有交互都发生在从一个离散时间步到另一个离散时间步，基于延迟的储备池计算中节点之间的交互通过非线性系统的固有动态（通常在同一离散时间步长内）和反馈线路（通常从一个离散时间步到另一个离散时间步）发生。为此，虚拟节点之间的连接并不完全对应式（5.1）中用于传统储

备池的互连矩阵 W_{res}^{res}。尽管这两种类型的虚拟节点连接并不排斥，但在文献中，大多数研究小组或者使用基于延迟的储备池计算——仅使用通过固有系统动力学创建的虚拟连接[6,37]，或者通过反馈线路连接[28-29]。对于 $T_{in}=\tau$ 的情况，当时间尺度由 $\theta \leq T \ll \tau$ 相关时，我们预测具有良好的性能。同样清楚的是，基于延迟的储备池计算的操作速度，即数据注入时间 $T_{in}=N\theta$，取决于 θ，因此具有仅通过反馈线路（$\theta \gg T$）连接的虚拟节点的基于延迟的储备池计算，比通过系统动力学（$\theta<T$）利用虚拟连接的对应储备池计算慢。

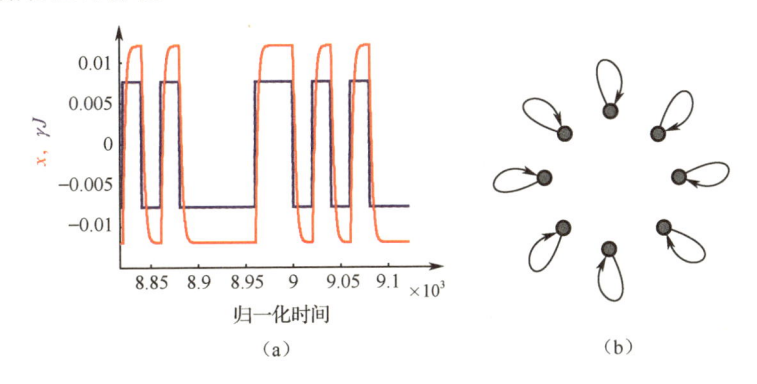

图 5.8　当 $T_{in}=\tau$ 时，大 θ 的输入时间轨迹和相应的交互结构

图 5.8（a），当非线性系统的时间尺度 T 远小于虚拟节点的间隔 θ（$T \ll \theta$，并且 $T_{in}=\tau$）时，系统的输入时间轨迹 $\gamma J(t)$（深色）和振荡器输出 $x(t)$（浅色）。这里，我们选择 $T/\theta=0.05$。x 轴和 y 轴上的值都是无量纲的。掩码 $M(t)$ 取两个可能的值。对于这种参数选择，系统迅速达到稳态。图 5.8（b），在这种情况下，系统的行为类似于 N 个独立节点，每个节点仅在前一时间步与自身耦合。该图摘自 Appeltant 等人[6]的补充资料。

5.5.1　通过系统动力学的互连结构

当 $\theta<T$ 时，由于系统（T）对输入的非即时响应，给定虚拟节点在时间 t 的状态取决于先前虚拟节点的状态。低通滤波系统的这种依赖性的强度是虚拟节点时间间隔的指数衰减函数。

对于 $T_{in}=\tau$ 的情况（即虚拟节点之间的唯一连接是通过系统动力学）下的时间序列预测任务（NARMA10），发现 $\theta=0.2T$ 是 $N=400$ 个虚拟节点的最佳选择[6]。如图 5.7 所示，这个比率导致相邻虚拟节点之间的耦合显著。在图 5.7（a）中，节点输出永远不会离开瞬变状态。由于系统动力学的存在，一个虚拟节点的状态依赖于前一个虚拟节点的状态，等效连接图如图 5.7（b）所示。所有节点都与相邻节点相连，随着时间的推移，连接权重呈指数递减。在这种情况下，它们也会经历自耦合 $T_{in}=\tau$。

可用时间尺度之间的关系在储备池计算的传统公式（如 5.2 节给出的公式）和通过系统动力学创建的虚拟互连之间建立更正式的链接。在下文中，我们将导出一个近似的互连矩阵 W_{res}^{res}，该矩阵描述了处理来自不同输入时间步信息的虚拟节点之间的耦合，这些虚拟节点仅通过系统动力学连接。为了简化符号，在下文中，我们相对于非线性系统 T 的固有时间尺度归一化所有时间，也就是说，我们在 $T=1$ 的单位中工作。在下文中，我们考虑以下形式的非线性方程

$$\dot{x}(t) = -x(t) + F[x(t-\tau), J(t)] \tag{5.9}$$

式中，F 是任何非线性函数；$J(t)$ 由式（5.6）给出。我们记得，$J(t)$ 在连续时间为 θ 的每个片段上是恒定的，并且在包含虚拟节点 i 的片段上等于 $W_{\text{in},i}^{\text{res}} u(k)$，$W_{\text{in},i}^{\text{res}}$ 是节点 i 的特定输入缩放因子。假设 $F[x(t-\tau), J(t)]$ 在连续时间 θ 期间是一个恒定值，求解式（5.9）得到

$$x(t) = x_0 e^{-t} + (1-e^{-t}) F[x(t-\tau), J(t)] \tag{5.10}$$

式中，x_0 是每个时间间隔 θ 开始时的初始值，即前一个虚拟节点的值。特别是，将 t 替换为 θ，虚拟节点的值由式（5.10）给出。现在回到输入信号 $u(k)$ 的离散时间，在时间 θ 之后达到第 i 个虚拟节点（$i \in [1,N]$）的状态，用在式（5.8）中定义的 $r_i(k)$ 表示。在时间步 k 处对虚拟节点 i 的输入等于 $W_{\text{in},i}^{\text{res}} u(k)$。对于每个虚拟节点，式（5.10）可以重写为

$$r_1(k) = r_N(k-1)e^{-\theta} + (1-e^{-\theta}) F[r_1(k-1), W_{\text{in},1}^{\text{res}} u(k)]$$
$$\vdots$$
$$r_i(k) = r_{i-1}(k)e^{-\theta} + (1-e^{-\theta}) F[r_i(k-1), W_{\text{in},i}^{\text{res}} u(k)] \tag{5.11}$$
$$\vdots$$
$$r_N(k) = r_{N-1}(k)e^{-\theta} + (1-e^{-\theta}) F[r_N(k-1), W_{\text{in},N}^{\text{res}} u(k)]$$

式中，θ 表示虚拟节点的时间间隔。这个方程允许我们在时间步 k 循环地计算每个虚拟节点状态，将其仅作为同一时间步 k 的输入和时间步 $k-1$ 的虚拟节点状态的函数

$$r_i(k) = \Omega_i r_1(k-1) + \sum_{j=1}^{i} \Delta_{ij} F[r_j(k-1), W_{\text{in},j}^{\text{res}} u(k)] \tag{5.12}$$

以及

$$\Omega_i = e^{-i\theta}, \Delta_{ij} = (1-e^{-\theta}) e^{-(i-j)\theta}, i \geq j$$

该公式是式（5.1）的类似物，代表经典储备池，明确地描述了系统动力学连续时间步之间的状态耦合。然而，它不同于传统的储备池，因为非线性函数在求和之前应用于多个状态。图 5.9 通过显示两个 θ 值的交互强度矩阵说明了这种交互拓扑结构。系数 Ω_i 对应于最后一列中发现的值，而对角和非对角元素由 Δ_{ij} 给出。对传统储备池而言，这与 $W_{\text{res}}^{\text{res}}$ 有关，其中 $T_{\text{in}} = \tau$。

该解析推导中最强有力的假设是，函数 F 在区间 θ 上被视为一个常数值。为了验证该近似是否有效，我们进行了数值检验。当运行一些随机输入样本的储备池时，我们用幅度为 1 的脉冲干扰其中一个虚拟节点，并观察这种干扰是如何传递到其他虚拟节点的。在这个数值实验中，我们选择了麦克-格拉斯非线性类型来完成函数 F

的角色。图 5.10 显示了从数值仿真中获得的交互结构。由于所获得的值取决于脉冲的强度和非线性传递函数的精确形状，因此缩放可以用任意单位表示。

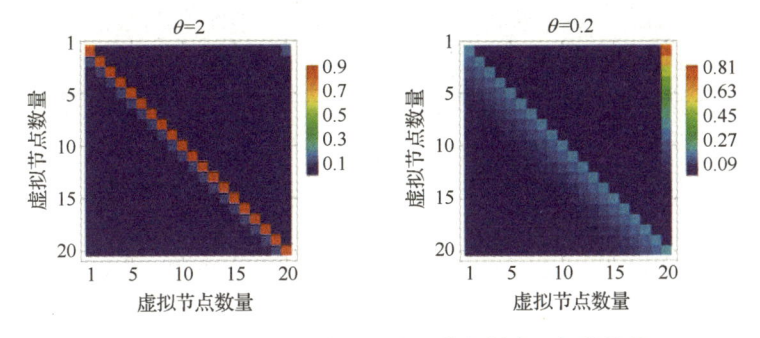

图 5.9 当 $T_{in}=\tau$ 时，大 θ 和小 θ 的解析交互拓扑结构

不同虚节点分离的交互图，其中我们将式（5.12）中的系数 Ω_i 和 Δ_{ij} 使用颜色编码绘制成矩阵。对于 θ 的大值（左图），对角元素明显大于所有其他元素，但是当 θ 减小时（右图），非对角元素的指数尾部以及与前一个输入步的最后一个虚节点的连接占据主导地位。该图摘自 Appeltant 等人[6]的补充资料。

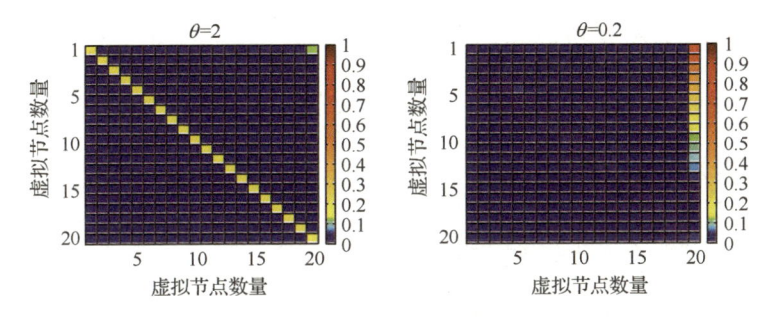

图 5.10 当 $T_{in}=\tau$ 时，大 θ 和小 θ 的数值交互结构

不同虚节点分离的交互图，其中我们使用彩色编码将虚节点之间的耦合强度绘制成矩阵。对于 θ 的大值（左图），对角元素明显大于所有其他元素，但是当 θ 减小时（右图），非对角元素的指数尾部以及与前一个输入步的最后一个虚节点的连接占据主导地位。

通过定性研究，分析结果得到了证实。对于较大的 θ 值（$\theta=2$），自反馈是所有虚节点的最强耦合成分。这产生了强烈的主对角线（左图）。当将 θ 设置为较小值（$\theta=0.2$）时，固有系统动力学的影响变得更加重要，非对角元素更加明显，与最后一个虚节点（最后一列）的耦合也很强（右图）。

5.5.2 通过反馈线的互连结构

选择 $\theta \gg T$，给定虚节点的状态实际上独立于相邻虚节点的状态，并且非线性节点动态导致的虚节点之间的连接可以忽略不计（见图 5.9）。对于每个虚节点，非线性节点达到其稳态，并且储备池状态仅由输入 $J(t)$ 的瞬时值和延迟的储备池状态确定。式（5.9）给出的系统可以描述为一个映射

$$x(t)=F[x(t-\tau), J(t)] \qquad (5.13)$$

式中，F是任何非线性函数；$J(t)$由式（5.6）给出。

如果 $\theta \gg T$ 且 $T_{in}=\tau$，则虚拟节点之间没有耦合，并且储备池状态的多样性降低。这种情况下的行为如图 5.8 所示。图 5.8（a）显示了注入的输入（深色）和延迟线中发送的非线性节点的相应输出（浅色）。此处显示的时间轨迹部分对应一个时间复用输入值，其上印有一个二进制掩码。因为每个掩码值保持恒定足够长的时间以使系统达到稳态，所以具有相等掩码值的所有节点状态都是相同的。不考虑从延迟线分接的虚拟节点的数量，利用这个二进制掩码，只有两个不同的储备池状态值可以用于计算。图 5.8（b）从连接性方面说明了等效的传统节点网络。所有节点都具有自耦合，这是由 $T_{in}=\tau$ 导致的延迟反馈引起的，但它们不受网络中其他节点状态的影响。

如果输入采样周期（T_{in}）与延迟线长度失谐，则也可以使用非线性节点的反馈连接虚拟节点[28]。通过使用 $\alpha=(\tau-N\theta)/\theta$，可以根据虚拟节点的数量来量化这种错位。由这种错位产生的虚拟网络结构的拓扑取决于 α 的值。当 $\alpha=1$（即 $\tau=T_{in}+\theta$）时编码的交互拓扑结构实际上等同于具有环形拓扑结构的标准 ESN[38]（见图 5.11）。在 $1 \leq \alpha \leq N$ 的情况下，当 $\theta \gg T$ 时可以由下式描述虚拟节点 $r_i(k)$

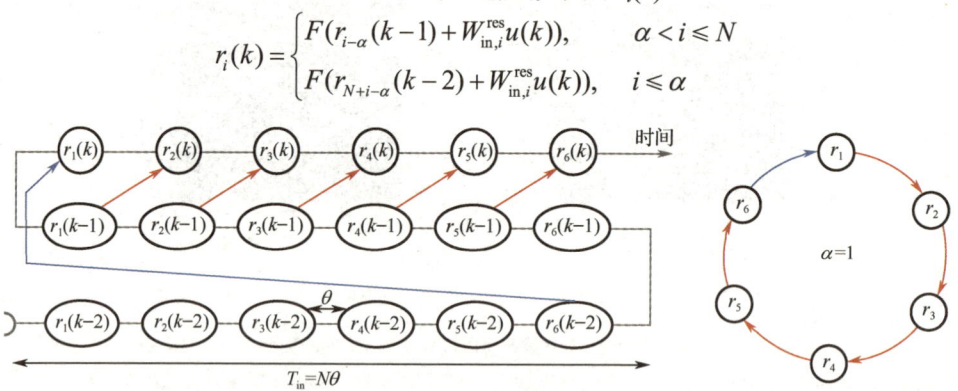

$$r_i(k)=\begin{cases} F(r_{i-\alpha}(k-1)+W_{in,i}^{res}u(k)), & \alpha<i\leq N \\ F(r_{N+i-\alpha}(k-2)+W_{in,i}^{res}u(k)), & i\leq \alpha \end{cases}$$

图 5.11 当 $\tau=T_{in}+\theta(\alpha=1)$ 和 $N=6$ 时，延迟线上虚拟节点的示意图（左图）和相应的交互图（右图）

（红色箭头表示时间步 $k-1$ 处的连接，蓝色箭头表示前一时间步 $k-2$ 处的连接）

5.6 输入层的权重分布

输入层定义了外部输入和储备池之间的连接性。在传统的储备池计算系统中，输入和储备池中不同节点（式（5.1）中的 W_{in}^{res}）之间的连接具有随机分配的权重。这些权重通常按照均匀分布分配[5]。

在基于延迟的储备池计算中，只有一个硬件节点，并且标准储备池计算中输入层的时空分布必须通过时间复用来执行。因此，如 5.4.2 节所述，基于延迟的储备池计算中的掩码是一个分段常数函数（在 θ 的区间内为常数），以 T_{in} 周期性重复。

非线性系统对每个掩码函数的响应被分配给相应的虚拟节点。在长度为 θ 的每个区间内，掩码的值通常是独立随机选择的，并且定义了从输入到储备池的耦合权重，这如同在标准储备池计算中一样。掩码将输入随机映射到储备池中。此外，掩码的重要作用是最大化以后用于计算的系统响应的多样性。

在 $\tau \neq T_{in}$ 和 $\theta \gg T$ 的基于延迟的储备池计算实现中，掩码（或权重）通常取自[-1,1]中的均匀分布，因为这种方法与标准储备池计算密切相关。对于这种方法中输入权重的其他分布，已经进行了有限的研究。相比之下，$\tau = T_{in}$ 和 $\theta < T$ 的第一个基于延迟的储备池计算实施方案使用从二进制均匀分布中随机抽取的输入权重[6]。尽管基于最大长度序列的非随机掩码构建过程对随机时间分配进行了改进，二进制权重通常在时间上随机分布[39]。后来的研究表明，在存在噪声的情况下，二值输入权重的选择是次优的[35,40]，因为不同的虚拟节点最终具有相似的值，在存在实验不确定性的情况下，这些值很难区分。

对于基于延迟的储备池计算的硬件实现，从均匀分布或六值分布中抽取的输入权重（对于每个掩码在时间上随机分布），导致系统响应的多样性。因此，使用这些权重分布在混沌时间序列预测任务中产生较低的预测误差[35,40]。

最近在文献[40]中报道了输入权重选择的最终改进。Nakayama 等人[40]聚焦于时间序列预测任务，取 $\tau = T_{in} + \theta$，其中 $\theta < T$，发现了最佳预测误差，这时掩码是一种模拟的不规则函数，与非线性储备池系统本身具有相同频率的带宽。具有所需带宽的掩码可以按照两个不同的过程来创建，或者使用具有截止频率（色噪声）的随机分布，或者使用混沌状态中非线性节点的内在动态的时间片段。这些结果强调了掩码带宽的重要性，并与针对完全训练的硬件系统报告的结果一致[41]。文献[41]中表明了当整个系统（输入层、储备池和读出层）通过反向传播技术优化时，掩码的带宽调整到系统的模拟带宽。

5.7 基于延迟的储备池计算的计算量

由时间相关的外部信号 $u(t)$ 驱动的动态系统 X 可以处理其中包含的信息[42]。如文献[42]所述，可以使用线性估计量从动态系统的状态中重建先前输入 $z(u(t-h),\cdots,u(t))$ 的函数。该估计量由系统的 N 个内部变量构建，见文献[42]中的方程（3）。这 N 个变量提供了一个高维空间，称为一个储备池。容量 $C[X,z]$ 衡量动态系统 X 在计算 z 方面有多成功，参见文献[42]中的方程（4）、（5）。

动态系统的总计算量对应于系统可以计算的输入线性独立函数的总数。如果系统遵守衰退存储条件[43]，则总计算量等于系统的线性独立内部变量的数量[42]。在基于延迟的储备池计算中，系统的内部变量是虚拟节点，因此基于延迟的储备池计算的计算量由线性独立的虚拟节点的数量给出。因此，基于延迟的储备池计算的计算量隐藏在储备池状态的多样性中。通过非线性节点（$\theta<T$）的动力学连接的相邻虚

拟节点相互影响并具有相似的状态，从而在可用的储备池状态中产生较小的多样性。当节点之间的分离增加且 $T_{in}>\tau$ 时，多样性增大，而节点之间的虚拟连接减少。这种行为可以在图 5.12 中观察到，该图描绘了节点间隔 θ 的两个不同值的基于延迟的储备池计算的储备池状态。

线性独立虚拟节点的数量不仅取决于虚拟节点之间的间隔，还取决于 T_{in} 和 τ 之间的错位，即当 $\alpha<0$ 时，虚拟节点的数量$|\alpha|$没有通过反馈线路与先前时间的节点连接，于是计算量降低。如果$|\alpha|$和 N 不互质，则计算量也会降低。在这种情况下，反馈线导致 N 个虚拟节点形成 $gcd(|\alpha|,N)$环形子网，其中 gcd 是最大公约数。每个子网有 $p=N/gcd(|\alpha|,N)$个虚拟节点。属于不同子网的虚拟节点状态对输入具有类似的依赖性，并且储备池多样性降低。当存在 p 个子网络并通过动力学进行的虚拟节点连接可以忽略（$\theta\gg T$）时，对于 $0<\alpha<N$，线性基于延迟的储备池计算的总容量在（$p+1$）和 $2p$ 之间。

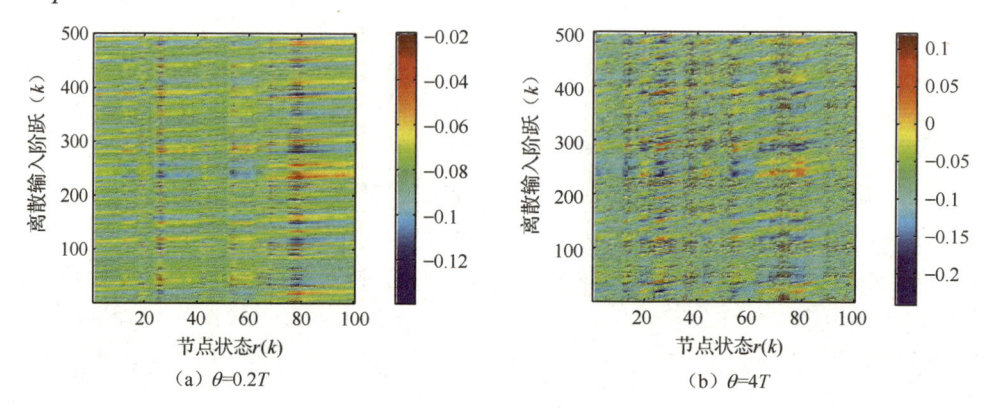

图 5.12 使用颜色编码的基于延迟的储备池计算的储备池状态的演变

该系统由式（5.9）控制，$F=\eta F_{sig}$，式中 F_{sig} 是 sigmoid 函数，$N=100$，$\eta=0.1$，$T=1$，$\tau=T_{in}+\theta(\alpha=1)$。对于较小的 θ 值，虚拟节点的状态不如较大的 θ 值多样。

在动态系统 X 中，当 z 是过去输入的线性函数之一时，$z(t)=u(t-k)$，计算量对应于文献[44]中引入的线性存储容量。线性存储容量是一种估算储备池计算系统中可用衰退存储量的方法。基于延迟的储备池计算由于其反馈线路而具有内在存储。这种衰退存储对于执行某些依赖于上下文的任务是必不可少的，如时间序列预测。一旦任务需要的存储超过系统提供的存储，储备池计算机的性能就会显著下降。

动态系统的最大总容量是 N，N 是系统内部状态的数量（基于延迟的储备池计算中虚拟节点的数量）。线性储备池的总容量见式（5.9）中的函数 F，等于线性存储容量。图 5.13 显示了线性基于延迟的储备池计算的线性计算量，对于延迟和输入之间的两个不同错位值 $\alpha=1(\tau=T_{in}+\theta)$ 和 $\alpha=0(\tau=T_{in})$，虚拟节点之间的间隔增加。在 $\alpha=1$ 的情况下，线性存储容量随着节点间隔的增大而增加。这里，节点间隔更大意味着通过动态的连接更弱，虚拟节点之间的线性独立性更强。在对输入（$T=0$）有瞬时响应的线性储备池的极限情况下，所有虚拟节点都是线性独立的，总容量将达到其最大值 N。如图 5.11 所示，这种拓扑类似于文献[38]中介绍的简单循环储备池拓扑结构。相比之下，虚拟节点只有在 $\alpha=0$ 的情况下才由系统动力学连接（见图 5.7 和图 5.8）。因此，图 5.13 显示线性存储容量下降超过 $\theta>T$，因为基于延迟的储备池计算不再是一个连接的网络。

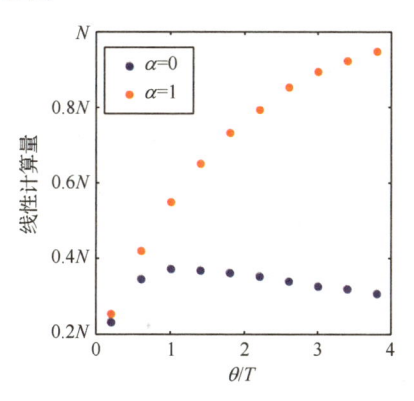

图 5.13　线性基于延迟的储备池计算的线性计算量

$N=100$，作为 α 的两个不同值的虚拟节点 θ 间隔的函数。基于延迟的储备池计算受式(5.9)控制，线性函数 $F(y)=\eta y$，$\eta=0.9$，$T=1$。已经获得线性计算量，求和直到 $k=N$。

与仅具有线性存储容量的线性系统相反，非线性动力系统具有线性和非线性存储。因此，它们能够对输入进行非线性变换。然而，在这种情况下，总计算量仍然受到储备池尺寸的限制。因此，在动态系统拥有的线性存储及其以非线性方式处理输入的容量之间，存在一个权衡[42]。在这种情况下，由线性和非线性动力学组成的混合储备池被建议作为缓解存储与非线性之间权衡的一种应变方法[45]。

当 $\theta<T$ 时，基于延迟的储备池计算的硬件实现在计算速度和可用计算量之间达到折中。然而，从计算量的角度来看，这种参数组合不是最佳的。

5.8　基于延迟的储备池计算的硬件实现

由于基于延迟的储备池计算概念的多功能性，它可以在完全不同的硬件平台上实现。第一个工作原型是由 Appeltant 等人于 2011 年在电子学领域开发的[6]，并在 2012 年迅速跟进了光电子实现[1,29]。从光电子实现向前发展，实现了基于半导体光放大器和半导体激光器的第一个全光延迟型储备池计算机[3-4]。我们可以在文献[46]中找到基于延迟的储备池计算的最新硬件实现的更详细的列表。

基于延迟的储备池计算实验之间的主要差异在于储备池的非线性以及输入注入时间和延迟时间之间的相对时间。在全光实现的情况下，输入注入到系统的方式也有所不同。

基于延迟的储备池计算的大多数硬件实现侧重于储备池的实际演示。在标准计算机上离线仿真输入层和读出层。然而，现在已经有了旨在仿真硬件上完全实现三层储备池计算的第一批工作。通过这种方式已经证实了独立延迟型储备池计算机的概念验证[47]。

光电和全光学系统已经广泛用于基于延迟的储备池计算，已经执行了许多分类、预测和系统建模任务，并取得了最先进的结果。举几个例子，语音识别[1,48,4]、混沌时间序列预测[1,35,4]、非线性信道均衡[29,47,3]和雷达信号预测[47]已经获得了优异的性能。

尽管这种设置甚至可以以 GHz 速度工作，但大多数光电基于延迟的储备池计算实现的工作速度在 MHz 范围内[49]。在全光延迟型储备池计算实现的情况下，基于带反馈的半导体激光器的光子储备池在 GB/s 的速率下表现出超常规的信息处理能力[4]，这是迄今为止最快的储备池计算机之一。相比之下，大多数电子实现都在 kHz 范围内。这些电子实现作为最快的光子实现的实验平台，将在后面的章节中讨论。特别是，电子平台允许用仿真非线性系统探索计算的特殊性。

5.8.1 基于延迟的储备池计算的电子实现示例

出于说明目的，在本小节中，我们将重点关注基于延迟的储备池计算概念的仿真和数字混合实现，其中将非线性模拟电子电路作为主要计算单元[6,37]。这种基于延迟的储备池计算方案在概念上可以分为几个不同的模块，如图 5.14 所示。首先，有一个输入前处理阶段，对输入数据进行时间复用。12bit 分辨率的数模转换器（DAC）和模数转换器（ADC）连接数字和模拟部分，反之亦然。然后，选择模拟麦克-格拉斯电子电路[37]作为该实现中的非线性，数字实现的延迟元件提供所需的反馈。最后，在输出后处理阶段，系统输出由虚拟节点值的线性加权和给出。在离线训练过程中，通过简单的线性回归获得权重。

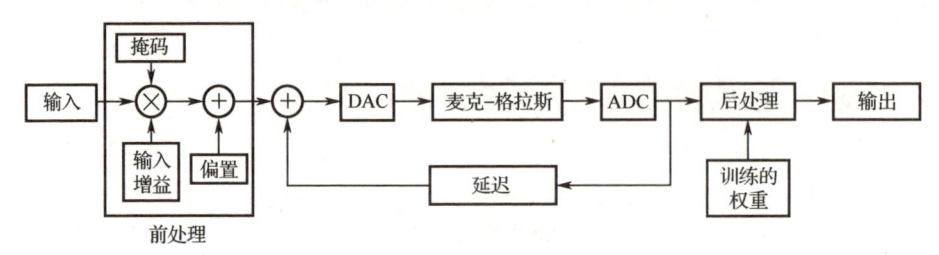

图 5.14 基于单个麦克-格拉斯非线性延迟元件的储备池计算实现示意图[37]

通过适当的缩放，在存在掩码输入 $J(t)$ 的情况下，具有延迟的麦克-格拉斯系统可以建模如下[37]

$$\dot{x}(t) = -x(t)\frac{\eta \cdot [x(t-\tau) + \gamma \cdot J(t)]}{1+[x(t-\tau)+\gamma \cdot J(t)]^p} \tag{5.14}$$

式中，x 表示动态变量；t 表示无量纲时间；τ 表示反馈回路中的延迟；η 和 γ 分别表示反馈强度和输入缩放。注意，对于缩放模型，$T=1$。该方程对应于麦克-格拉斯非线性方程，见式（5.9）。指数 p 可以用来调节非线性度。图 5.15 显示了这种实现的实验麦克-格拉斯函数，以及相应的数值拟合。在这个例子中，麦克-格拉斯方程用指数 $p\sim 6$ 拟合实验非线性。

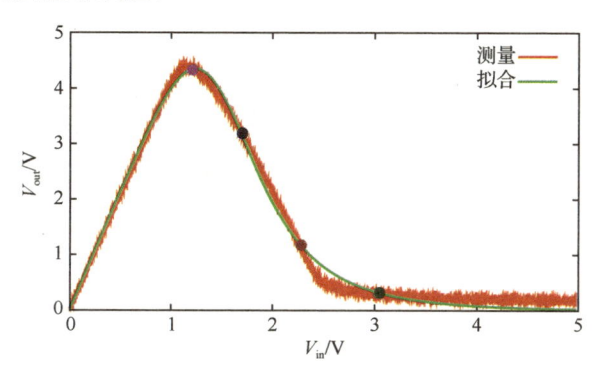

图 5.15 实验非线性函数（红色实线）与使用麦克-格拉斯非线性拟合（绿色虚线）的比较

（用不同颜色的点标出的工作点对应于图 5.16 中的实线）[37]

我们在这里评估了该电子方案对于 5.4.4 节中相同的时间序列预测任务的性能。这个任务包括对基准混沌时间序列，即圣达菲时间序列的提前一步预测。对于此任务，$T_{in}=\tau$，$N=400$，输入掩码具有在时间上随机分布的 6 个不同幅度水平，平均值为零。有关这种基于延迟的储备池计算的更多信息，请参见文献[37]。图 5.16 显示了 ADC 不同比特分辨率下，实验和仿真中测试集的提前一步预测的归一化均方误差（NMSE）。我们观察到 NMSE 明显依赖于输出 ADC 中的比特数，随着输出比特数的增加，低 NMSE 区域变宽。当 ADC 分辨率大于 8bit 时，$\gamma\sim 0.3$ 和宽范围反馈强度的 NMSE 低于 0.05。

这个例子很好地说明了硬件节点的非线性函数在系统性能中发挥的重要作用。在基于延迟的储备池计算中，系统输出围绕工作点振荡。振荡的工作点和最大幅度决定了系统的有效非线性函数，即系统实际探索的非线性函数部分。图 5.16 中的彩色线显示了基于延迟的储备池计算在图 5.15 中相应彩色点附近工作时的 NMSE 值。例如，当振荡的幅度很小（低 γ）且工作点在数值麦克-格拉斯函数的拐点附近时（见图 5.15 中的黑点），麦克-格拉斯节点的响应几乎是线性的。相反，非线性函数最大值处的工作点（见图 5.15 中的粉红色点）会导致麦克-格拉斯节点极其明显的非线性响应。图 5.16 表明，这些工作点导致大的 NMSE 值，而当系统在图 5.15 中的棕色点附近工作时，得到最低的 NMSE 值。

圣达菲时间序列预测任务需要一个具有衰退记忆和非线性计算量的储备池计算系统。当工作点处于麦克-格拉斯函数的一个极其明显的非线性区域中（图 5.16 中的粉线）时，系统达不到圣达菲任务所需的记忆容量，NMSE 增加。反过来，当工作点在麦克-格拉斯函数的准线性区域中（图 5.16 中的黑线）时，系统的记忆量大，但非线性计算量较低，NMSE 有微小的增量。如前所述，储备池计算系统的记忆容量与其计算量之间存在权衡[42]。在这个例子中，图 5.15 中的棕色工作点导致线性记忆和非线性计算量之间的最佳折中。

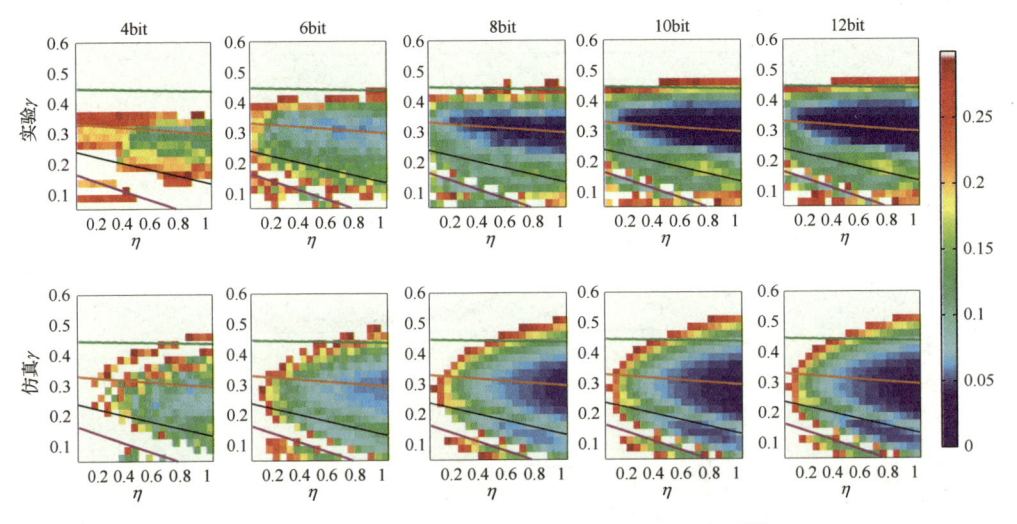

图 5.16　圣达菲时间序列预测的实验和仿真结果[37]

彩色编码的 NMSE 作为系统参数 η 和 γ 的函数，用于输出 ADC 中的不同比特数。指数设置为 $p=6$、$N=400$、$\theta=0.4T$ 和 $T_{in}=\tau$。颜色线对应于图 5.15 所示的工作点。NMSE 值是三个数据分区的平均值。

5.8.2　基于延迟的储备池计算机物理实现中的挑战

与数字实现相比，储备池计算硬件实现的主要优势是高处理速度、并行性和低功耗。然而，物理模拟系统会受到噪声的影响。有限的信噪比（SNR）减少了计算量[42]，并降低了性能。

基于延迟的储备池计算的硬件实现的另一个限制来自系统对输入信号的非即时响应。当 θ 小于系统的响应时间时，系统的动力学将连续的虚拟节点耦合在一起。这些网络连接导致相似的虚拟节点状态，并且计算量下降。在这种情况下，输出的协方差矩阵是糟糕的，最大和最小特征值之间的比率很大（条件数）。此外，这类储备池对噪声更敏感[50]。总之，当固有动态的影响不可忽略时，计算量会下降，并且对噪声更敏感。我们可以通过增加节点距离 θ 来减轻系统动力学的影响。由于信息处理速率（由 $T_{in}^{-1}=(N\theta)^{-1}$ 给出）受到系统响应时间的限制，所以从实用的角度来看，最好使系统尽可能地快。如果希望高速硬件实现仍然具有良好的计算量和一定程度的噪声健壮性，建议使用中间值 θ，但不能像在 5.7 节讨论的那样任意小。

1. 噪声的作用

储备池计算系统的不同层可能会存在多个噪声源。特别是，噪声可能出现在储备池本身和/或输入层和读出层中。采集程序（即读出层）中的噪声来自检测噪声和数字化噪声，在模拟和数字混合实施的情况下，这是最强的噪声成分[35]。数字化噪声源于 ADC 和 DAC 的有限分辨率，它们充当模拟和数字世界之间的接口。

由于噪声会降低系统性能，因此可以通过对系统的测量响应进行过采样和求平均值来降低数字化噪声，也可以通过对储备池输出的多次重复进行平均来提高信噪比。在所有这些降低噪声影响的策略中，最大信息处理速率会降低。

有趣的是，分类任务在有限的信噪比下相对稳定[51]。对于数码语音识别任务，全光硬件系统在速度和准确性方面甚至优于储备池计算的软件实现[4]。相反，当信噪比降低时，时间序列预测任务的性能会显著下降[35]。敏感度的不同源于两个任务性质的不同。分类任务只需要一个赢者通吃的决定，这个决定主要依赖于对相应数字形状的识别。在存在数字化噪声的情况下，仍然会保留这种形状。然而，时间序列预测实际上需要非线性变换的精确近似。

储备池状态对噪声的敏感性会对系统的一致性有明显的影响。一致性与多个相似输入的系统响应的再现性有关。计算性能需要可再现的结果，这使得一致性成为储备池计算的必要条件[52]。由于储备池中的噪声和不同的噪声实现，不同的初始条件集合可能导致在相同输入的注入下动力学的不同时间演变。因此，缺乏一致性会降低性能[40, 52]。

在基于激光器的光子系统中，自发辐射噪声总是存在于储备池中的。基于延迟的储备池计算的全光学实现的数值仿真已经显示[53-54]对于自发辐射噪声的实际值，时间序列预测任务性能下降。在全光基于延迟的储备池计算中，我们还发现计算性能对反馈相位非常敏感[55]。换句话说，延迟时间精确值的微小波动会对性能产生重要影响。我们可以通过修改读出层来避免这种相位敏感性，从而根据储备池状态及其延迟版本的组合来优化读出权重[55]。总之，读出层中的噪声通常是光子系统计算性能的主要限制因素[35]。

在下文中，我们展示了一些由于噪声引起的性能下降的例子，集中在通过系统动力学存在虚拟连接的情况。

2. 电子实现中的噪声

5.8.1 节中描述的电子实现[51]研究了读出层中的数字化噪声。我们提醒读者，在这个特定的实现中，$\theta<T$，不存在失配（$T_{in}=\tau$）现象。我们评估了圣达菲时间序列预测任务的性能，并且发现当输出 ADC 的比特分辨率增加时，性能提高。然而，当其他噪声源占主导地位时，对大于 10bit 的分辨率（见图 5.16 的上一排图），这种改进达到饱和。在这种电子实现中获得的最大信噪比略大于 60dB。

3. 光电实现中的噪声

光电实现由一个具有延迟反馈的非线性振荡器构成[35]。非线性变换由马赫-曾德尔调制器（Mach-Zehnder Modulator，MZM）提供。在存在掩码 J 的情况下，该系统可以建模如下

$$\dot{x}(t) = -x(t) + \eta \cdot \{\sin^2[x(t-\tau) + \gamma \cdot J(t) + \Phi] - 0.5\}$$
$$\dot{x}(t) = -x(t) + \eta \cdot \{\sin^2[x(t-\tau) + \gamma \cdot J(t) + \Phi] - 0.5\} \quad (5.15)$$

式中，τ 被缩放为 $T=1$；x 是动态变量；η 和 γ 分别表示反馈强度和输入缩放；Φ 是 MZM 偏移相位。值得注意的是，通过改变 Φ 可以轻松微调工作点附近的非线性的局部特性。

我们在此讨论虚拟节点的数量为 $N=400$、$\theta=0.2T$（由于系统动力学的虚拟连接很重要）和 $T_{in}=\tau$ 的实现。在不同的数字化噪声下，针对两种不同的掩码（二进制掩码和多级掩码）评估圣达菲时间序列预测任务的性能。对于这种系统，已经证明使用多值掩码可以提高其性能[35]。

对于二值和六值掩码，输出数字化比特数对性能下降的影响如图 5.17 所示。在整个数字化比特范围内，与二值掩码相比，六值掩码的预测误差始终较低。多值掩码增加了储备池状态的多样性，从而降低了噪声敏感性。当使用二值掩码时，相邻的虚拟节点状态由于它们之间的短距离（$\theta=0.2T$）而趋于相似，并且性能对噪声非常敏感。在没有噪声的情况下，两种类型的掩码对于圣达菲时间序列预测任务产生相同的误差。

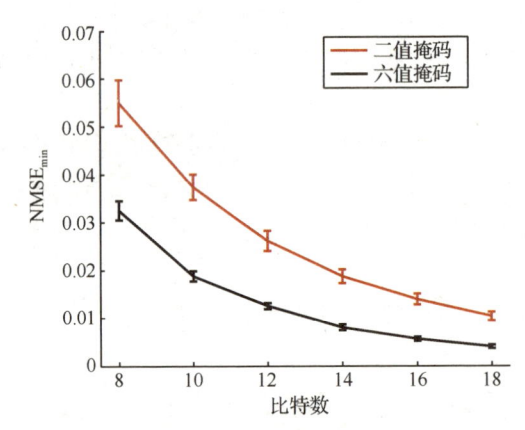

图 5.17　$\eta=0.8$ 和 $\gamma=0.45$ 时，圣达菲时间序列预测任务中的 NMSE$_{min}$ 预测误差与输出数字化位数的函数关系

（红/黑线对应二值/六值掩码，误差条对应于掩码的 10 种不同的随机实现）[35]

图 5.18 显示了使用二值和六值掩码时，圣达菲时间序列预测任务中的归一化均方误差（NMSE）与非线性偏移相位 Φ 的函数关系。在存在数字化噪声（10bit 分辨率）的情况下，在整个参数范围内，六值掩码（黑线）的预测误差明显低于二值掩

码（红线），最小预测误差约为 0.02。当进一步增加掩码中离散值的数量时，预测误差不会减小。

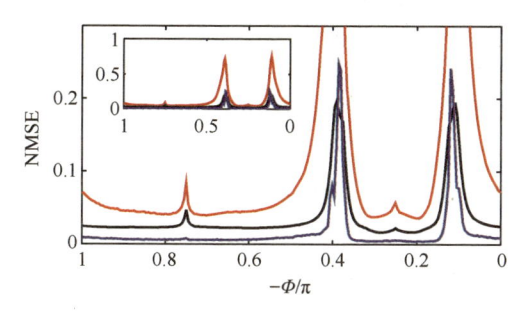

图 5.18　η=0.8 和 y=0.45 时，圣达菲时间序列预测任务中的 NMSE 预测误差与非线性偏移相位 Φ 的函数关系

（红/蓝线对应于存在/不存在的 10bit 数字化噪声的二值掩码，黑线对应于存在 10bit 数字化噪声的六值掩码，在没有噪声的情况下，获得的最小预测误差约为 0.01，见蓝线）[35]

这些数值仿真结果与实验结果一致[35]。光电系统实验实现的预测误差如图 5.19 (b) 所示，它是二值和六值掩码的非线性偏移相位 Φ 的函数。预测误差对偏移相位的依赖性与图 5.18 所示的数值结果一致。六值掩码也比二值掩码获得了更好的性能。六值/二值掩码的最小预测误差为 0.06/0.1，略高于 ADC 的 8bit 数字化的数值结果。当采用 5 倍过采样和后续均值检测信号时，预测误差最低为 0.02，见图 5.19（c）。在这种情况下，读出层测得的信噪比相当于 10bit 动态范围。

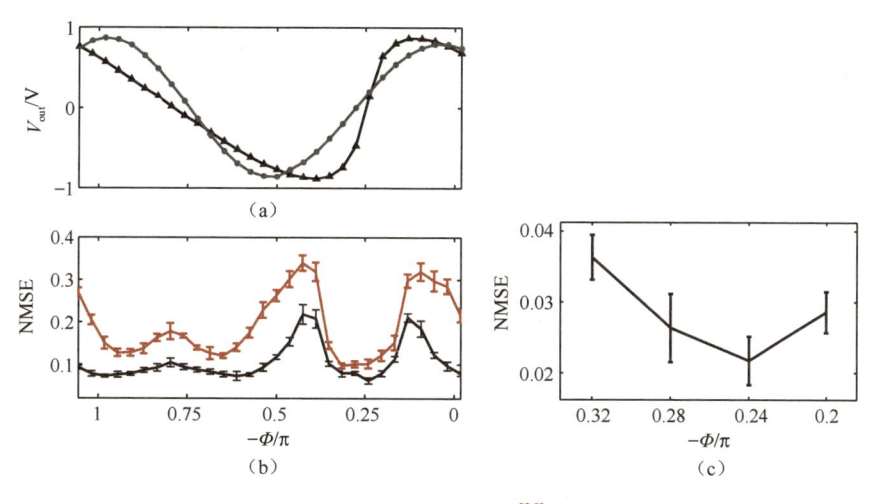

图 5.19　实验示例[35]

图 5.19（a），实验记录的非线性（灰色线）和工作点（黑色线）与 η=0.8 和 y=0 时马赫-曾德尔偏移相位的函数关系。图 5.19（b），圣达菲时间序列预测任务的预测误差（NMSE），具有 400 个虚拟节点，用于二值（灰色线）掩码和六值（黑色线）掩码（y=0.45）。图 5.19（c），使用 5∶1 超采样和随后的平均处理改善后的检测，得到了六值掩码的预测时间序列的 NMSE。

当通过动力学的虚拟连接可忽略不计（$\theta=4T$）且 $T_{in}=\tau+\theta(\alpha=1)$时，我们在光电系统中也分析了有限信噪比的影响[30]。我们在图 5.20 中示出了从实验和相应的数值仿真中获得的记忆函数。单次测量的信噪比（SNR）为 24dB。通过对 10 次重复测量的检测进行平均，实验信噪比可以增加到 40dB。数值和实验之间有很好的一致性。信噪比为 40dB 和信噪比为 20dB 的实验记忆函数的线性记忆容量分别为 8.5 和 6。为了表征噪声导致的线性记忆容量下降，我们还显示了无噪声系统的数值结果，其产生的线性记忆容量为 12。信噪比为 24dB 的光电系统的记忆容量是无噪声系统的一半。

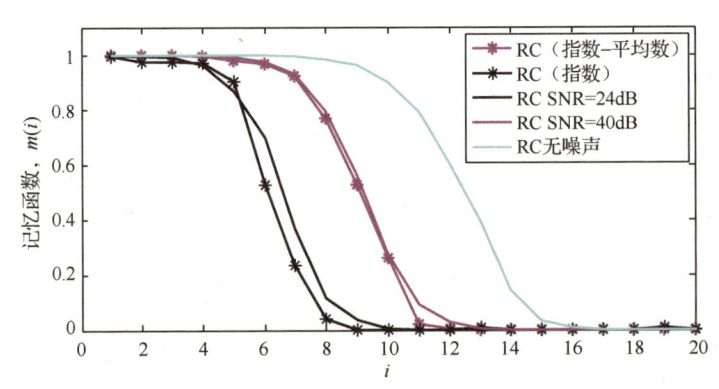

图 5.20 光电 RC 的数值和实验实现的线性记忆容量

（系统参数：$\theta=4T$, $\alpha=1$, $N=246$ 个虚拟节点，$\eta=0.9$, $\gamma=0.3$, $\Phi=0.4\pi$）[30]

4. 系统响应时间的作用

由单个非线性神经元组成的基于延迟的储备池计算可以很容易地在硬件中实现，从而有可能实现高速信息处理。由于信息处理速率（$1/T_{in}$）与虚拟节点数（N）和节点间距（θ）成反比，因此可以通过减少 N 和 θ 来增加输入吞吐量。然而，如前所述，当 θ 的值接近系统响应时间（T）时，计算量（N 为最大值）和噪声健壮性都会降低。为此，系统响应时间对最大信息处理速率施加了限制。

在这种情况下，对于相同总数的虚拟节点，具有 k 个非线性节点的基于并行的架构将信息处理时间减少为原值的 $1/k$。已经证明[56-57]，对于相同的$(T/\theta)>1$ 且没有失配的情况，$T_{in}=\tau$，当对非线性节点使用不同的激活函数时，性能得到改善。这样，储备池的多样性增加了。然而，硬件实现变得比具有单个非线性节点的基于延迟的储备池计算更复杂。

当$(T/\theta)>1$ 且 $T_{in}=\tau$时，已采用多种策略来增加基于延迟的储备池计算的储备池多样性。首先，我们已在 5.6 节和 5.8 节中说明了多值输入掩码的使用可增加储备池多样性和噪声健壮性。

增加储备池多样性的另一个策略是使用多条反馈线路[36,58]。当额外反馈线路的延迟时间接近但不是 τ 的整数倍时，存储容量增加，性能提高。在只有一条具有延

迟时间 $\tau_2=M\theta$（$M>N$）的额外反馈线路的情况下，当 M 和 N 互质时获得最佳性能[59]。在这种情况下，每个虚拟节点的历史中混合在一起的虚拟节点数量被最大化。在基于非线性波长动力学的光电系统中，已经实现了多个反馈延迟线[48]。在这种情况下，已经使用了延迟时间小于 $T_{in}=\tau$ 的 15 条延迟线，为分类任务提供了良好的性能。

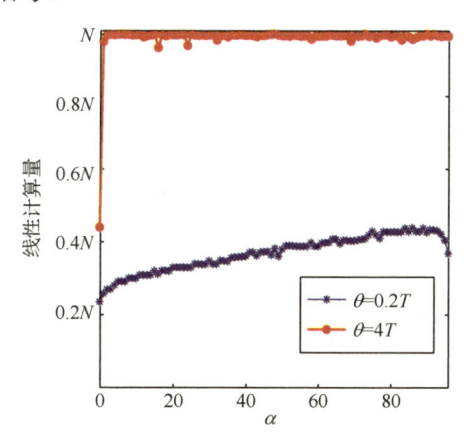

最后，我们考虑一个额外策略，这个策略仍然基于具有一个反馈延迟线的单个非线性节点的简单架构。在该策略中，当 $\theta<T$ 时，失配 α 可用于增加储备池多样性。α 的值必须满足与 N 无公约数的要求。否则，由于子网的形成，计算量会降低（见 5.7 节）。当 $0<\alpha<N$ 与 N 没有公约数时，所有虚拟节点通过反馈连接成环。虚拟节点通过反馈与自身连接所需的最小时间步随着 α 的增加而增加。每个虚拟节点在 $(N+\alpha)$ 个时间步后与自身连接。对于较小的 (θ/T) 值，间隔小于 T 的虚拟节点的状态是相关的。当失配增加时，虚拟节点通过反馈连接到没有通过固有系统响应连接的节点。然后增加了储备池多样性，并实现了更大的计算量。图 5.21 显示了一个具有 97 个虚拟节点的线性基于延迟的储备池计算。当 $\theta=0.2T$ 时，线性基于延迟的储备池计算的线性计算量从 23（$\alpha=0$）增加到 42（$\alpha=94$）。当 $\theta\gg T$，$0<\alpha<N$ 时，线性基于延迟的储备池计算的总线性计算量等于 N，即失配 $\alpha=1$ 就足够了，通常用于基于延迟的储备池计算系统。α 的负值仅用于带有微型激光器芯片的系统[60]。在这种情况下，计算量降低（见 5.7 节）。此外，在具有模拟非随机掩码的系统中已经使用更大的 α（$\alpha=5$）[47]。在这种情况下，需要较大的 α，以确保相连的虚拟节点能够接收完全不同的输入信号。

图 5.21　线性计算量与线性基于延迟的储备池计算的失调 α 的函数关系

该系统由具有函数 $F(y)=\eta y$ 的式（5.9）控制。这些参数是：$N=97$ 个虚拟节点，$\eta=0.9$。

5.9　结论

储备池计算是一种简单而强大的机器学习技术，用于处理序列数据，其中上下文与信息处理相关。储备池通常只不过是一个随机连接的循环网络，输入信息也随机映射到储备池。

基于延迟的储备池计算的发展有助于进一步简化储备池计算概念，其中储备池的连接性不再是随机的，而是遵循预定的（如环形）拓扑结构。这与文献[38]、[61]中给出的结果一致，其中确定性连接的储备池的表现与随机储备池一样好。在基于延迟的储备池计算中，可以通过调整输入采样周期、反馈线路和系统响应时间的相对时间尺度来修改储备池连接性。

大多数机器学习算法应该在软件平台上运行。虽然这也是储备池计算的情况，但由于随机连接性，这一概念特别适合于硬件实现。基于延迟的储备池计算的硬件实现要求最低，因为只需要一个非线性硬件节点即可[6]。循环是通过简单的延迟反馈回路提供的，易于在硬件中实现。基于延迟的储备池计算的概念最初的开发目的是简化硬件实现，重点是光子学，这些概念上的简化已经允许全面硬件实现[47]。

基于延迟的储备池计算利用时分复用技术来创建多个虚拟节点。因此，信息处理速率降低了。在这种情况下，频率复用[62]是提高信息处理速率的一种有前途的方法。我们也可以用时间和频率复用的结合，并且通过组合不同频率的多次重复的储备池输出来降低噪声的影响。

基于延迟的储备池计算方法的发展，以及一般的储备池计算，极大地受益于机器学习、神经科学和动力系统理论专家之间的互动。我们可以预见这种受大脑启发的计算范式在这些不同社区的联合力量下会取得进一步的概念发展。一些仍然面临的主要挑战是改善硬件实现的噪声健壮性、保持极简主义方法的深度架构开发，以及结合模拟和数字系统实现高速、高能效计算。

原著参考文献

6. 作为储备池处理器的 Ikeda 延迟动力学

Laurent Larger

6.1 导言

Ikeda 延迟动力学源于日本研究员 Kensuke Ikeda 在 20 世纪 70 年代末提出的光学设置[1]。其目的是证明在光学系统中产生复杂运动（如混沌）的可能性。当时确实在实验上利用了混沌行为，在电子、固体力学、流体力学、化学等领域的一些真实世界中有效地观察到了混沌行为，然而，在光学中还没有观察到。描述 Ikeda 环形腔的特定数学模型是延迟微分方程，其包含正弦平方非线性延迟反馈项。它类似于几年前流行的另一个著名的延迟模型[2]，即描述血细胞产生动力学的麦克-格拉斯方程。这两种延迟模型之间的主要区别在于非线性函数的形状，对于麦克-格拉斯模型，非线性函数是一个呈现单一最大值的多项式分数，而对于 Ikeda 模型，正弦函数呈现无穷多个极值。作为较早衍生于麦克-格拉斯的模型，Ikeda 延迟动力学成为研究延迟系统丰富性的简化模型。业界除了对于理解观察到的复杂行为中涉及的特定动力学机制有基本兴趣外，几个专门设计的实验[3-4]也引发了一些面向应用的研究。作为一个例子，光子学中发展的混沌运动，连同它们的同步化潜力，在光纤通信加密应用的发展中是有用的[5]。周期解也引发了对基于光电元件系统的深入研究，以便获得用于雷达的高频谱纯度微波振荡[6]。最近，根据储备池计算（RC）概念[7-8]，类似的 Ikeda 型光电设置已被用于第一个光子硬件实现，旨在证明复杂光子非线性动力学具备能够根据 RC 概念高效地执行基于机器学习的信息处理能力。此外，RC 概念的第一次成功硬件实现在不久前进行了演示，其中涉及一个电子电路，该电路也利用了麦克-格拉斯模型的延迟反馈架构[9]。本章旨在提供一些与延迟动力学的特殊动力学复杂性相关的一般概念，具体地说是基于 Ikeda 模型的概念。除了描述这类延迟系统的基本物理性质外，我们还要说明如何将它们的内在动力学特征解释为一种模拟虚拟神经网络的方法，利用这种方法可以有效地实现 RC 概念。

6.2 从理想实验到光电装置

6.2.1 Ikeda 环形腔的工作原理

Ikeda 环形腔示意图如图 6.1 所示。它由一个四反射镜光学环形腔组成，腔内还包含克尔介质。两个不完全反射镜允许将光馈入谐振腔中和从谐振腔中提取光。两个附加的完全反射镜关闭了谐振腔反馈路径。我们假设存在时间相干的激光,使谐振腔内的反馈光与注入的光束干涉。这种光干涉现象正好发生在进入克尔介质之前。根据沿谐振腔累积的相移,可以观察到不同的干涉条件(以 2π 为模,因为数千个光波长对应于谐振腔反馈路径)。为了确定这种精确的干涉条件,光谐振腔反馈路径可以分解为两部分:对应于自由空间传播的固定部分,以及源于克尔介质内部发生的非线性相移的可变路径。然而,克尔相移线性地取决于克尔介质的输入光束的强度水平,即它取决于由前述光干涉条件定义的强度水平。当干涉相消(对于 π 相移)时,这种强度很低,或者当干涉相长(对于零相移)时,这种强度很高。相干光在谐振腔内的每一次往返中,干涉条件可能发生新的变更,导致出现新的干涉强度水平,这种新的干涉强度水平负责新的克尔相移,在光谐振腔内的下一次往返后导致自身干涉条件的改变,以此类推。

因此,观察到的输出光束表现出光强度的连续变化,由光在谐振腔内的往返时间计时测得。根据谐振腔长度除以真空中的光速,该往返时间长度原则上非常短,通常导致几纳秒量级的延迟。这个连续时间通常可以被认为是将干涉条件的两次连续"更新"分开的延迟,因为这可以从谐振腔输出处的光强波动中观察到。然而,要考虑的一个重要的动力学问题与这样的事实有关,即这种干涉条件更新及其实际起源(与上一次往返克尔相变相关)不会瞬间发生。克尔相变是一个光物质相互作用的过程,在非常快的时间尺度(几飞秒)下肯定会发生,但在有限快的时间尺度下不会发生。它大约比往返时间快 3~5 个数量级。每一次克尔相位变化,以及由此产生的每一次干涉变化及其相应的光强变化,都在有限的时间尺度上以连续的方式发生,最快的变化受到克尔介质响应时间的限制。Ikeda 设置的自洽动态状态则对应于光学相位(或强度)所有连续无限小的时间变化的串联,遍布谐振腔往返的时间间隔。所产生的相位变化的动力学,或者其在环形腔输入端产生的干涉状态,实际上是一个连续的时间动态特性,形态为光相位波动或其连续光强度波动(由于干涉现象)的连续波形。时间波形永久地在光谐振腔内流动,一个谐振腔的往返时间与另一个谐振腔的往返时间相邻。无限长动态波形的分析将在后面分解成有限的子波形,其连续时间对应于往返延迟间隔,并且其精细的时间颗粒波动由克尔介质响应时间决定或限制。

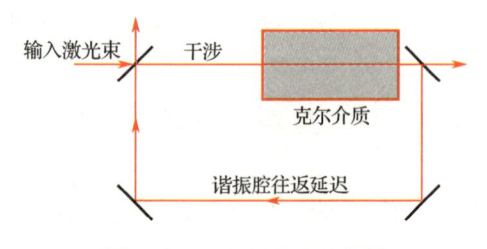

图 6.1 Ikeda 环形腔示意图

6.2.2 通过光电方法转换的全光学 Ikeda 设置

从实验的观点来看，Ikeda 设置的主要缺点在于非线性克尔相变的实际可达到的强度，即由可以进入克尔介质的最小和最大光强程度产生的相变跨度。因此，通常需要相对高功率的激光器，以便在克尔介质中获得显著的相位变化，即 π 阶的相移，随后这种相移允许在往返之后对相长和相消干涉条件进行完全扫描。只有在这种条件下，人们才能通过实验获得在 Ikeda 环形腔中产生的显著非线性（和复杂）动力学，如混沌运动。不幸的是，在克尔介质中用连续波激光器很难获得这种 π 相移，最常见的是需要脉冲激光器，因此极大地改变了最初 Ikeda 想法的固有连续时间特征。然而，将连续时间动力学转变为离散时间动力学，仍然可以获得有趣的现象[10]。

在 Ikeda 提出最初想法之后，多个文献迅速提出了替代的实验方法。克尔相变的一个直接的替代方法是线性泡克耳斯效应，利用该效应可以获得大得多的相变（高达 2π 的几倍），用电驱动代替光强度驱动。然而，这种方法施加了慢得多的动态特性，并且当期望在往返时间（延迟）和相变响应时间之间保持相同的相对比率时，还需要长得多的延迟。对于干涉现象，可以采用许多不同的实验解决方案，例如，由放置在两个交叉或平行偏振器之间的双折射泡克耳斯盒组成的双折射干涉仪配置，或者一个参与沿单个偏振轴的电光泡克耳斯效应的马赫-曾德尔干涉仪。这样，只需要一个标准的光电二极管，就可以检测到所产生的干涉现象的强度。为了确保足够的反馈增益，在将信号反馈到泡克耳斯效应介质的电极上之前，必须进行适当的电子放大。可以通过延迟动力学的光路中足够长的光传播介质（如光纤），或者通过放置在电子路径中的电子延迟线来实现大延迟。除了实验可行性外，Ikeda 设置的光电方法通过使用现代和宽带电信集成光学元件，可提供非常好的实验表征。由于元件可实现数十皮秒的时间响应，故可以加速所涉及的特征时间尺度。此外，由于电光调制装置非常高效，相变跨度以及动态过程的非线性权重仍然保持在几个 π。光电子实现的另一个优点是可以使用各种电子仪器（数字示波器、频谱分析仪等）允许对生成的时间波形进行准确、快速和简单的分析。现在可以获得高达几皮秒的时间分辨率，这些仪器能够记录数百万个连续的延迟间隔。目前它的不足之处是，这种有效的仪器环境还不能用于飞秒现象，因为如果涉及超快速克尔介质，就需要这种环境。最后，在诸如基于 RC 概念的神经形态模拟处理器的信息处理系统框架中，人们具有实验基础的优势，该实验基础与源自信息和通信理论的应用背景内在相关。事实上，通过现代光通信的重要发展，光子系统正受益于许多致力于信息处理、滤波与传输的高性能和成熟技术。

6.3 建模和理论

6.3.1 数学模型、时间尺度、运动

根据支配环形腔的简单波动物理学，并且根据克尔介质中非线性光和物质相互作用的麦克斯韦-布洛赫方程的积分，原始 Ikeda 设置产生了下面的标量延迟微分方程，经过一些简化：

$$y^{-1}\frac{d\Delta\varphi}{dt}(t) = -\Delta\varphi(t) + A\{1 + B\cos[\Delta\varphi(t-\tau_D) + \varphi_0]\} \quad (6.1)$$

式中，$\Delta\varphi$ 是动态变量（由通过克尔介质的强度干涉引起的相移）；$A=n_2kLI_0$ 是与克尔效应效率（克尔系数 n_2，激光的波数 k，克尔介质的长度 L）直接相关的非线性延迟反馈的权重（或增益）；B 代表依赖于谐振腔中损耗的干涉对比度；φ_0 是与相对于激光波长的谐振腔内静态光路相关的偏移相位；γ 是克尔效应的变化率（相关响应时间的倒数）；τ_D 是往返时间（或动力学的延迟）。

如图 6.2 所示，Ikeda 方程的光电实现遵循非常相似的数学模型。简化的归一化方程通常以下列形式提出：

$$\varepsilon\frac{dx}{ds}(s) = -x(s) + \beta\cos^2[x(s-1) + \Phi_0] \quad (6.2)$$

时间变量在这里被归一化为延迟，引入小参数 $\varepsilon=(\gamma\tau_D)^{-1}$，其代表延迟内最细微的相对时间波动。式（6.1）中的干涉对比度 B 通常设置为 1，因为在干涉仪中设置平衡臂相当容易。非线性延迟反馈的权重 A 现在表现为 $\cos^2$ 函数的因子 β。非线性函数的这种写法提供了归一化的最大振幅，并且总是正的 x 值。参数 β 实际上由光电反馈回路中涉及的不同增益决定：电光转换效率，对应于例如电光可调干涉仪中涉及的所谓半波电压 V_π（即在干涉仪臂之间引起 π 相移所需的电压）；光电转换效率，通常是光电二极管的灵敏度；干涉仪的光强水平；电子路径中通常需要的电子放大能力，以适当地调整驱动电光效应电极的电压电平。

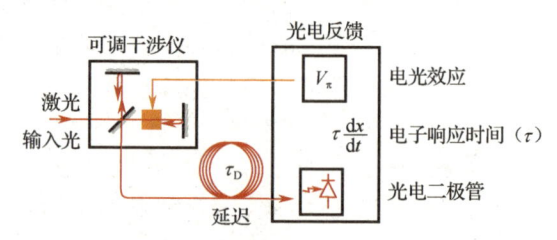

图 6.2 Ikeda 环形腔的光电版本原理

偏移相位 Φ_0 是静态操作参数，以 φ_0 表示，可以独立调节（通过施加到专用偏置电极的 DC 偏移电压，或者任何其他静态可调光路）。

6.3.2 动力学线性部分

Ikeda 延迟动力学的光电实验方法从概念上丰富了通过信号处理观点对 Ikeda 系统的分析，这是对 Ikeda 环形腔设计中提出的物理模型的补充。事实上，限制动力学的克尔效应的固有响应时间，在光电方法的概念上等同于电子路径中存在的一阶线性低通傅里叶频率滤波器，实际上它以同样的方式限制了振荡器反馈回路的带宽。

根据这种信号处理方法，支配非线性延迟振荡器的微分方程源自反馈回路中涉及的线性滤波器。这导致了物理学家通过不太传统的方法获得了一个动态模型，该动态模型基于信号理论带来的理论工具[11]。式（6.1）和式（6.2）因此可以被认为是一阶低通滤波器的结果。该滤波器在傅里叶域由滤波函数 $H(\omega)$ 描述，在时域由相应的傅里叶逆变换描述。后者称为滤波器 $h(s)$ 的脉冲响应，即当其输入设置为狄拉克分布时获得的滤波器输出信号：

$$H(\omega) = \frac{1}{1+i\omega\varepsilon}, \quad h(s) = e^{-s/\varepsilon} u(s) \quad (6.3)$$

式中，ω 是归一化角频率（$2\pi\tau_D f$，f 是傅里叶频率）；$u(s)$ 是 Heavyside 函数（对于 $s<0$，为 0，对于 $s\geq 0$，则为 1）。通过滤波器特性对延迟振荡器进行的傅里叶分析表明，低通滤波器的截止角频率为 $\varepsilon^{-1} \gg 1$。这表明，许多延迟模式（ω 中归一化范围内的整数）可以在振荡器带宽内共存，因此它们可能会通过反馈回路中的非线性混频相互影响。复杂的运动，如混沌，以及信息混合，本质上是由非线性延迟动力学操作的。延迟动力学的时间描述也可以通过使用脉冲响应来重新表述，导致通过卷积对动力学进行积分书写，而不是微分方程书写：

$$x(s) = \int_{-\infty}^{s} h(s-\xi) \cdot f_{\text{NL}}[x(\xi-1)] \quad (6.4)$$

该方程简单地通过扩展线性动态过程并保持非线性延迟反馈项，引入了更一般的延迟方程。这允许更通用的配置，从某种意义上说，$h(s)$ 是与任何类型的线性傅里叶滤波器相关的脉冲响应。这种灵活性很重要，因为它引入了其他类型的傅里叶滤波器的延迟动力学。当处理一个信号处理框架时，选择一些可用的频率，而不选择其他频率，确实常常令人感兴趣。从一个更具实验性的观点来看，Ikeda 延迟动力学的光电设置也可能涉及滤波细节，而这些细节在全光学 Ikeda 环形腔的情况下是无关紧要的。在应用框架中研究 Ikeda 产生的宽带混沌以获得安全光通信时，情况更是如此。当寻求用光电混沌产生超快速混沌时，在电子路径中使用宽带 RF 放大器必然涉及直流非保持器件，因为宽带放大器通常具有固有的低截止频率（通常为 50kHz～20GHz，而不是 DC～20GHz）。这迫使反馈回路具有带通滤波器特征，这一事实导致发现了异常复杂和丰富的动力学，如多种混沌呼吸阀、低频极限环、稳定周期-1（单延迟）极限环[12]以及嵌合状态[13]，参见 6.4.2 节。与传统的低通情况相比，为了考虑额外的高通滤波，在微分方程中采用的最小变化是引入：

- 式（6.2）中的积分项 $\delta\int_{s_0}^{s} x(\xi)\mathrm{d}\xi$ （$\delta\ll 1$ 被定义为 τ_D/θ，θ 是高通截止滤波器的特征响应时间）；
- 在同一方程中的慢变量 δy，y 通过二阶微分方程$(\mathrm{d}y)/(\mathrm{d}s)=x$ 来定义。

非线性延迟反馈函数 $f_{NL}[x]$ 可以用延迟微分方程的更一般形式来考虑。在式（6.4）中，它可以是任何类型，或者是式（6.1）、式（6.2）中的类型，或者是麦克-格拉斯模型 $\beta x/(1+x^n)$ 中涉及的类型。

6.3.3 反馈和非线性

如前所述，属于 Ikeda 家族的延迟方程已经很好地识别并分离了线性和非线性部分。线性部分在于本地时间（非延迟）成分，并且可以采用线性微分方程的形式。非线性部分与一个延迟项有关。值得一提的是，其他非常流行的延迟系统显示出相反的特征：在外腔激光二极管中，局部是非线性的（激光速率方程），而延迟部分通常是外部电磁反馈光场的小线性叠加[14]。

在目前报道的案例中，非线性出现在反馈过程中。它的作用是通过反馈，可能导致线性滤波器的不稳定，线性滤波器通常是稳定的，即在式（6.1）中，$\gamma>0$。非线性在由定点方程 $f_{NL}[x_0]=x_0$ 定义的静止状态 x_0 附近工作。这样就引入了振幅-增益耦合，因为当 x_0 被改变 δx 时，非线性通过因子 $f'_{NL}[x_0]$ 修改 δx（非线性函数在 x_0 处的导数）。由于反馈作用，其小振幅符号非常重要。实际上，非线性反馈系统的有效稳定性（不考虑任何延迟）由新的变化率 $\tilde{\gamma}=\gamma(1-f'_{NL}[x_0])$ 来表征，在式（6.1）或式（6.2）的情况下。这是一个简单的例子，说明当增益足够小时，负反馈($f'_{NL}[x_0]<0$)通常使系统保持稳定，但它使系统速度更快($\tilde{\gamma}>\gamma>0$)；相反，正反馈会使其不稳定（如果 $f'_{NL}[x_0]>1$ ），这在标准比例控制方案中也是众所周知的。

因此，设置静止状态 x_0 的方式对（延迟）反馈系统的性质来说显然是一个重要的问题。这对振幅-增益非线性耦合，即斜率 $f'_{NL}[x_0]$ 的强度有直接的影响。静止状态（及其小振幅-增益特性、强度和符号）通常通过设置偏移来固定，偏移是式（6.1）或式（6.2）中的静态相位参数 φ_0 或 Φ_0。非线性函数的另一个重要特征实际上是它在特定解 $x(t)$ 所跨越的振幅范围 x 上表现出的极值的数量。这与多稳定性（定点方程 $x_0=f[x_0]$ 的解的数量）概念有关，并且与特定解波形发生的非线性混合的强度有关（该强度也可以通过逼近非线性效应的多项式的次数来评估：当接近非线性函数的极值时是二次的，或者在其他地方是三次的，甚至对于非常大振幅的解波形是更高次的）。

对于带通线性滤波器的情况，值得注意的是稳态解必然涉及 $x_0=0=(\mathrm{d}y)/(\mathrm{d}t)$。通过设置偏移相位 Φ_0，仍然可以获得各种振幅-增益条件。

6.3.4 延迟引起的复杂性：自由度、初始条件、相空间

当式（6.1）或式（6.2）中的延迟被设置为零时（或者当延迟与其他时间尺度相比被认为能够忽略时，如响应时间 γ^{-1}），动力学复杂性明显地被限制于标量非线性方程，该标量非线性方程具有单个自由度，最终具有多稳态行为，取决于定点方程 $x_0 = f[x_0]$ 的解的数量。这种标量方程的解可以用单一初始条件 $x_i = x(t=0)$ 的定义来唯一确定，从而得到一维相空间。它最复杂的渐近状态是一个固定点，在带通滤波器的情况下最终是一个极限环（因此也需要一个附加的初始条件值 y_i；相空间为 2D）。

延迟的存在（通常考虑大延迟的情况，其中 $\gamma\tau_D \gg 1$）显著地改变了自由度、初始条件的大小以及实际相空间维数。这种说法即使对于标量方程也是有效的。事实上，由于存在延迟，唯一确定延迟动力学解所需的初始条件，以及表示任何轨迹所需的相应相空间，都变成了无限维：初始条件在于泛函 $\{x_i(t) | t \in [-\tau_D, 0]\}$ 的定义，该泛函由跨越具有延迟长度的时间间隔的无限数量的连续值 x_i 组成。因此，延迟是允许高维运动发展的必要因素。它提供了获得各种波形的可能性，这些波形可以在巨大的相空间内扩展，并且最初由允许采用无限数量的可能形状的泛函来确定。这一本质属性与高维神经网络的概念非常匹配，高维神经网络用于脑启发计算。一般概念实际上是将复杂的信息内容扩展到更复杂的神经网络相空间中，从而可以通过这种扩展正确地提取相关但最初隐藏的信息特征。在这种神经网络扩展上的"读出"操作是一种需要学习的操作，它通常包括在神经网络工作相空间中找到特定位置。该相空间位置通常通过在神经网络内发展的运动来揭示或隔离所寻求的信息特征。在输入信息被正确地注入网络之后触发网络运动本身（"写入"操作）。

除了由于延迟而神奇地跳到无穷大，还必须更现实地应对一些约束和限制。相空间在理论上是无限的，然而延迟动力学中实际可能的轨迹不一定覆盖整个可用空间。一个非常明显的限制在于从延迟微分动力学（它不是离散时间映射，其中动态变量可以通过迭代函数从一个值不连续地切换到另一个值）获得的必然连续的波形。换句话说，最快的振幅变化受到微分过程的响应时间 γ^{-1} 的限制。在傅里叶域中，这对应于低通滤波的高截止频率：高频被滤除，并且迫使平滑波形仅用于动力学，最快的振荡被限制在 γ（rad/s）阶的振荡频率。例如，这对于混沌波形表现出的实际（分形）尺寸有直接的影响。这样的维度确实是有限的，并由 $\beta\gamma\tau_D$ [15] 在 Ikeda 延迟动力学中决定，可以评论如下：$\gamma\tau_D$ 大致是在一个时间延迟间隔内可以拟合的快速 γ^{-1} 振荡的数目；于是，通过由单位振幅 $\cos^2$ 函数的极值操作的非线性混合，因子 β 具有一种维度放大效应。可达维度的上界定义了最小的时间粒度，该时间粒度只能在由延迟动力学所产生的运动中有效。为了进一步说明维数限制的原因，我们可以参考香农采样理论，定性地说明延迟动力学运动的信息内容限于一个 γ^{-1} 时间尺度（相当于一个采样周期）的数量，这个时间尺度可以适应一个时间延迟间隔。当想要适当地注入（"写入"）由延迟动力学处理的信息，从而在延迟系统相空间中扩展该信

息时，对信息的时间密度而言，存在可以匹配延迟储备池中实际可用维度的最佳方式。太慢的采样率不能受益于延迟动力学的所有实际维度；如果注入速率太快，就会高估实际可用的维度，相应的信息就会被延迟动力学过强地过滤掉。对这个"写入"采样周期的经验研究[9]发现了一个在$(5\gamma)^{-1}$附近的最佳值。注意，这个数量与式（6.3）和式（6.4）中引入的脉冲响应函数$h(\cdot)$的宽度有关。

6.4 用延迟系统模拟动态网络

在 6.3 节中，我们已经定性地介绍了延迟动力学的物理和理论表示，揭示了它们内在的高维特征。这种特征与其他同样展现高维特征的动力系统有关，如神经元网络。然而，神经网络具有迥然不同的架构，因为它们形成了互连动力学节点（神经元）的空间扩展网络。除了高维度对处理神经网络中的信息很有意义这一非常定性的事实之外，我们想在 6.4 节里指出，延迟动力学和耦合动力学节点的网络（如神经网络）之间更接近的类比。后面将用它更清楚地解释延迟动力学如何被用作实验上有效且易于处理的信息处理储备池[16]，这种方式最初被命名为回声状态网络（ESN）[17]和液态机[18]。

6.4.1 延迟系统的时空表示

时空表示是在 20 世纪 90 年代初期为延迟动力学提出的[19]。它可以提供延迟动力学中出现的复杂运动的可视化表示，可以揭示与确定性起源相关的隐藏的全局时间结构，然而后者与完全不同的时间尺度（延迟和特征响应时间）相关。这项关于延迟动力学时空运动的早期工作涉及用延迟腔内损耗调制从CO_2激光器获得的实验结果（该模型实际上接近 Ikeda 延迟动力学）。

由于延迟动力学仅仅是物理上的时间运动，指导其时空表示原理的思想是将时间变量 s 分解成两个显著不同的时间尺度的组合：一个时间尺度扮演虚拟空间变量的角色；另一个时间尺度保持其时间意义。需要选择这两个截然不同的（几乎"分离的"）时间尺度，使得它们正确地反映延迟动力学的基本物理特性，其本质上是多时间尺度动力学。根据前面关于延迟动力学建模部分的介绍，一个简单的选择是要强调：

- 作为慢"离散"时间尺度的延迟时间 τ_D（τ_D 在归一化后甚至被转换为统一单位，从而指向一个整数，该整数在环形或反馈架构内的每次往返之后计数连续迭代）；
- 作为快速"连续"时间尺度的响应时间 γ^{-1}（归一化时变为 ε）。

因此，快速时间波动被认为填充了由时间延迟间隔组成的虚拟"空间"。振幅沿着这个虚拟空间的演变受从一个时间延迟间隔到下一个时间延迟间隔的迭代支配。从数学上来说，归一化时间变量 s 在分解成两个时间尺度后如下：

$$s(n,\sigma)=n(1+\nu)+\sigma \qquad (6.5)$$

$$n\in \mathbf{N},\ \sigma\in[0;1+\nu],\ \nu=0(\varepsilon)$$

这里可以注意到，在虚拟空间跨度的选择中存在一个小规模（归一化的）时移 ν。因此，这个虚拟空间域并不与单位归一化延迟准确匹配，但它略微偏离了一个 $\varepsilon=(\gamma_D)^{-1}$ 的小量级。这种偏离源于一个事实，即从一次往返到下一次往返的最大绝对时间相关性并不完全等于延迟。这种小偏移可以解释为线性滤波器的群延迟对有效延迟的额外小规模贡献（因此解释了为什么这是一个 $O(\varepsilon)$ 的小量级）。延迟和响应时间一起在空间跨度中出现，这一事实也表明这两个时间尺度确实对延迟动力学产生的整体行为具有耦合影响。

如果为延迟系统引入这些新的空间和时间变量，就可以在三维空间中方便地用图形表示任何解波形 $x(s)=x(\sigma,n)$（见图 6.3）：颜色编码的振幅归因于动态变量 x，其被认为取决于连续空间变量 σ（水平）和离散时间变量 n（垂直）。由于物理连续性条件，时空平面实际上应该被看作一个弱扭曲的圆柱体（尽管这不太方便）。事实上，在 $x(1+\nu,n)$ 处波形的结束，在物理上与下一个延迟波形从 $x(0,n+1)$ 处开始的起点连续相连。

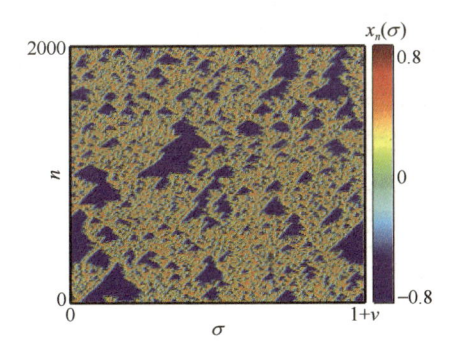

图 6.3　延迟动力学的复杂混沌模式，在适当的时空域 (σ,n) 中表示时，揭示了特定的结构

当需要显示很好的模式时，确定 ν 的数值是需要解决的一个重要问题。事实上，与 ν 正确值的微小正偏差或负偏差会导致沿离散时间轴 n 非常敏感地向左或向右倾斜。在连续的延迟往返之后，ν 失配会迅速累积。发现 ν 的正确值还取决于解的类型（实际上由所有振幅和时间参数以及初始条件确定），而不仅仅取决于模型的时间参数（ε、δ 等）。为了适当地调整 ν 的值，在实践中通常使用检测模式方向的特定算法。

6.4.2　举例说明：延迟动力学中的嵌合状态

嵌合状态对应于耦合振荡器网络中发生的特定行为，其中全局网络运动自组织成多个振荡器集群。每个集群都以稳定共存的方式采取不一致的运动。集群之间的振荡器运动是不一致的,而集群内的运动在所考虑集群的所有振荡器上是一致的。Kuramoto 在 2002 年的原始发现[20]考虑的是一个由相同振荡器组成的网络。根据依赖于振荡器和所考虑相邻振荡器之间距离的耦合函数,每个振荡器类似地耦合到它的许多相邻振荡器。2004 年为探索"嵌合状态"而构建的一个典型模型是一个连续分布的 Kuramoto 振荡器网络[21]:

$$\frac{\partial \phi}{\partial t} = \omega_0 + \int G(x-\xi) \cdot \sin[\alpha + \phi(t,x) - \phi(t,x-\xi)]d\xi \quad (6.6)$$

式中,ω_0 是每个振荡器的自然角频率;$G(\cdot)$ 是振荡器之间依赖于其相对距离的耦合强度函数;α 是非线性耦合的偏移相位。非线性耦合是依赖于振荡器相对相位的正弦函数。应该注意的是,嵌合状态只能在一个小间隔内的特定 α 值,即非线性耦合函数的一个特定工作点上获得。

由于整个网络在结构上被假定为同质,为了尊重网络的固有对称性,先验预期两种典型的渐近网络运动:或者所有振荡器都是同步和相干的,或者所有振荡器都以完全不相干和去同步的方式运行。因此,嵌合状态的数值观察对应于一种意想不到的自发对称性破缺情况,其中不同的不一致行为共存并聚集成集群。这一现象已经吸引了很多人的注意(综述见文献[22]),并将继续下去。2012 年在光学和化学领域发现了两个最早的实验观察[23-24],随后是其他几个实验观察。在这些对嵌合状态的额外实验观察中,出现了一个意想不到的候选者:延迟动力学,首先用电子学方法实现[13],稍晚也在执行类似 Ikeda 的带通振荡器[25]的可调谐激光二极管动力学中实现。在延迟动力学中寻找嵌合状态实际上是出于好奇,想要了解它们的时空表示的有效性,特别是在展示被认为是时空现象特有的运动时。

从更加理论化的观点来看,与 Kuramoto 振荡器网络相比,操纵式(6.4)中的延迟动力学的卷积积分模型,甚至可以导出延迟动力学的紧密连接的数学描述。一个想法是重写式(6.4),在时空类比的框架内考虑延迟动力学的具体性质。这样做的目的是,试图突出虚拟空间域横跨的时间延迟间隔[$s-1$; $s+v$]的重要性,并考虑从一次往返到下一次往返的离散时间迭代。获得了延迟系统的以下数学描述,其公式可以与式(6.6)中给出的嵌合体模拟模型进行比较:

$$x(n+1,\sigma) = I[x(n,\sigma)] + \int_{\sigma-1}^{\sigma+v} h(\sigma+v-\xi) \cdot f_{NL}[x(n,\xi)]d\xi \quad (6.7)$$

式中,$I[x(n,\sigma)]$ 是一个复数,是可以忽略的积分项[1]。

为了对式(6.6)和式(6.7)中的模型进行比较,可以简单地识别两个公式中的不同项。它们都描述了每个动力系统演化的更新规则。它们都涉及在各自空间域(即用于延迟动力学的虚拟空间间隔[$\sigma-1$; $\sigma+v$])的积分项累积贡献。两个积分都表现出两个特征因素。第二个因素表现为在某个固定时间整个空间中任何振荡器产生

---

[1] 积分项 $I[x(n,\sigma)]$ 在积分域[$-\infty$; $n-1$]的有界波动 $f_{NL}[x(s-1)]$ 上累积,由脉冲响应 $h(s)$ 加权;由于 $h(s)$ 在 s/ε 中表现出典型的指数衰减,并且由于在相关积分域上 $s \gg 1 \gg \varepsilon$,因此积分项是一个非常小的量。

的非线性耦合（延迟动力学用的 $\xi \in [\sigma-1; \sigma+v]$）。第一个因素（$h(\cdot)$用于延迟动力学，$G(\cdot)$用于耦合 Kuramoto 的振荡器网络）不依赖于时间，而只依赖于空间，它充当非线性耦合的权重因子。在延迟动力学的情况下，这个权重取决于耦合振荡器之间的虚拟距离 $\sigma+v-\xi$。人们可以注意到，由于当其自变数接近零时，$h(\cdot)$ 已经本地化非零振幅，这表明在本质上，接近 $\sigma+v$ 的虚拟振荡器位置 ξ 对动力学有显著贡献。脉冲响应 $h(t)$ 因此表现为振荡器之间耦合的距离相关加权函数，类似于式（6.6）中的函数 $G(x-\xi)$。

为了观察延迟系统中的嵌合体运动，我们发现有两个特殊的延迟动力学设置值。首先，线性滤波器需要带通，已知带通的目的是稳定周期-1 极限环（Period-1 limit cycle）[26]。这个周期-1 波形（period-1 waveform）确实是延迟动力学中嵌合状态的载波波形。低通配置不允许这种稳定的载波模式，正如文献[27]中所述的——任何复杂初始条件泛函的系统粗化。除了承载模式的稳定性论证，我们还可以讨论带通滤波器相对于低通滤波器在脉冲响应宽度方面的效果。对于带通情况，其宽度确实更宽，这意味着耦合函数允许来自网络中更远的动力学节点的更多影响。当耦合权重在较长距离上起作用时，确实已知嵌合状态是有利的。

我们发现延迟动力学中出现嵌合体的另一个重要特征：它与非线性耦合函数 $f_{NL}[x]$ 的形状有关。这种形状需要不对称最大值和最小值，但是这个条件不能由原始 Ikeda 方程的标准 cos 函数来满足。对于可调激光器设置[25]，这促使人们采用由珀罗-法布里谐振腔提供的亚里函数，而不是二波干涉装置（如双折射滤光器）。

在这种类似 Ikeda 延迟动力学的条件下，有可能获得数值上和实验上精确控制的嵌合体模式，由于有了足够的时空表示，它们几乎被神奇地揭示出来。嵌合体模式本质上表现为平台和混沌序列的交替。这在时间域中可以清楚地看到，然而从时间域中很难提取这种交替的持续重复。然后，时空表示可以很容易地揭示其用 $(1+v)$ 周期载波支持的波形的规律性，见图 6.4 所示的示例。

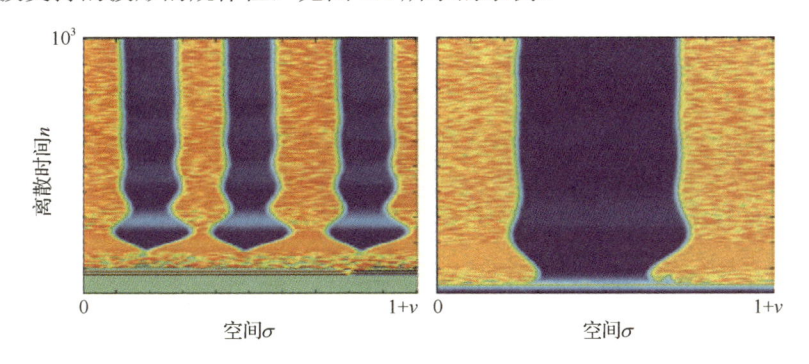

图 6.4　正如在时空域 (σ, n) 中观察到的，两个新兴嵌合状态（3 头和单头）来自不同初始条件，但操作参数相同

根据(ε,δ)参数空间中的操作点，发现了这些嵌合体模式的复杂但确定的组织结构，其涉及虚拟空间中可能的嵌合体"头"的数量。在所报道的与 Kuramoto 振荡器网络的分析类比的框架中，该参数空间直接与耦合权重（函数 $h(\cdot)$）的性质及其在网络的各单独动力学节点的邻域中的跨度有关。

同样重要的是，最近的结果[28]也显示了通过使用加长延迟获得二维虚拟空间的可能性。由于选择的加长延迟明显大于第一延迟，所以模拟了另一个虚拟空间维度。这个额外的空间维度仍然能够在两个虚拟空间维度上进行相干的再现。我们成功地获得了静态（2D 高原）下的混沌岛屿或其对称形式。

最后，必须强调可控性，以及在延迟动力学实验中观察到的嵌合状态与数值结果相比较时的优良匹配精度。节点动力学的同质性和它们在整个网络上的耦合同质性形成了对嵌合状态感兴趣的重要假设。对于不均匀性，对称性破缺确实不会那么令人惊讶。这种理论上的假设在数值上很容易实现，但在现实世界的实验中通常很难实现。然而，在延迟动力学中，仿真动力学节点的虚拟性质使得延迟动力学非常适合这种同质性条件。实际上，网络虚拟性的直接结果是单个物理节点实际上在整个虚拟网络中共享。这种结构迫使任何动力学节点及其耦合环境在虚拟网络中的任何地方都完全相同。

6.4.3 从自主延迟动力学到非自主延迟动力学

前面大部分章节已经介绍了非线性延迟动力系统的一些基本概念和性质。它们被认为是能够引起各种运动的复杂自主动力学，取决于其内在参数设置（时间和振幅参数值），或者取决于反馈回路（非线性变换或线性滤波器）中所涉及的函数的形状。当通过延迟系统的实际使用来关注应用时，动力学必须考虑与外部世界的相互作用，也就是说，动力学必然是非自主的（见图 6.5）。对于混沌加密传输系统，要编码为混沌波形的信息通常可以直接注入延迟动力学[29-30]，从而强烈扰乱混沌运动本身。当信息信号的相对振幅与独立的自主混沌波形相当时，更是如此。对于为雷达应用产生高频谱纯度微波信号的光电延迟振荡器，扰乱周期性振荡的外部噪声是应仔细考虑的小信号，以便分析振荡器的有效频谱特性[31]。最后，对于储备池计算处理[9]，延迟动力学的非自主操作甚至更显著，因为最重要的运动是由储备池动力学（在我们的情况下是非线性延迟系统）产生的大振幅瞬态。这种瞬态是储备池对大振幅外部驱动的动态响应。驱动信号对应于要处理的编码信息，它必须被投射到形成储备池（动态网络）的各种动力学节点上，如图 6.5（b）所示。6.5 节将研讨本章的主要目标，将 Ikeda 延迟动力学用于储备池计算应用。通过将这种动力学仿真为动力学节点的虚拟网络，特别强调延迟动力学的储备池运行。尽管只是对真实动态网络的仿真，但预计它能够扮演通常的神经网络的角色，这种神经网络在脑启发的计算方法中自然而然地被考虑。

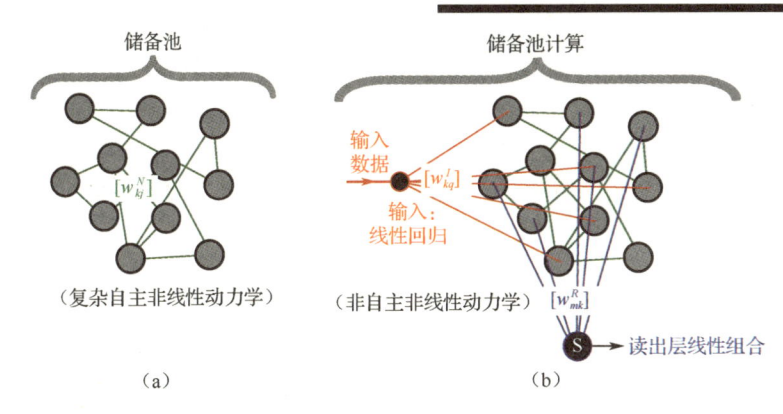

图 6.5　储备池计算应用的自主和非自主耦合非线性节点的复杂动态网络

6.5　基于 Ikeda 的光子储备池

储备池计算（最初命名为回声状态网络或 ESN[32]和液态状态机或 LSM[18]）最初被认为是一种改进的循环神经网络计算概念。因此，它显然是在动力学系统的框架中实现的，该动力学系统被构造为由多个耦合动力学节点组成的标准网络，如通常在神经网络计算社区中所考虑的那样。首先，我们简单回顾一下，储备池计算中的一个通行模型，即回声状态网络。然后，我们将在以前为延迟动力学引入的时空类比的框架内提出这个模型的变换。最后，我们将描述几个受 Ikeda 延迟动力学启发的光子储备池计算的物理实现的例子。

6.5.1　储备池计算的标准 ESN

从简化的角度来看，基于 ESN 的储备池计算机可以描述如下。要被处理的输入信息向量 $u(n) \in \mathbf{R}^Q$ 必须被分布到储备池的每个节点上。该储备池是由多个节点形成的循环神经网络，每个节点遵循感知机模型。根据所谓的输入连接矩阵 $W^I \in \mathbf{R}^K \times \mathbf{R}^Q$（有时被称为输入层或"写入"层）来执行输入信息分布。储备池本身由网络状态向量的离散时间映射动力学控制，该网络状态向量由它的 K 个节点振幅 $x(n) \in \mathbf{R}^K$ 形成。网络映射根据其内部连接矩阵 $W^N \in \mathbf{R}^K \times \mathbf{R}^K$ 来执行，该连接矩阵支配每个节点从其他节点（自主动态贡献）和注入输入（非自主贡献）接收信号的迭代法则。储备池计算机计算的输出结果 $y(n) \in \mathbf{R}^M$ 是通过读出层，由内部储备池状态的线性组合获得的。这是通过矩阵 $W^R \in \mathbf{R}^M \times \mathbf{R}^K$ 来执行的。后一个矩阵实际上是在训练阶段要学习的矩阵。在监督学习的情况下，这种训练通常采用简单快速的线性回归方法，使用已知的数据集对{输入数据(input data),网络响应(network response),目标输出(target output)}。本书的其他章节提供了更多的细节，这些章节更侧重于储备池计算的基本概念。

考虑到在 ESN 中处理的单个信号，数学运算可以写成如下形式。

- 影响储备池中节点 k 的输入振幅：

$$u_k^{\text{in}}(n) = \sum_{q=1}^{Q} w_{kq}^{\text{I}} u_q(n) \qquad (6.8)$$

因此 $\boldsymbol{u}^{\text{in}}$ 是具有 K 个坐标的向量，每个节点在网络中有一个坐标。
- ESN 的储备池更新规则：

$$x_k(n) = f_{\text{NL}}\left[\sum_{j=1}^{K} w_{kj}^{\text{N}} x_j(n-1) + \rho \cdot u_k^{\text{in}}(n)\right] \qquad (6.9)$$

其中，ρ 是对注入储备池信息的非线性贡献进行加权的比例因子。
- 学习输出（ESN 内部状态的线性组合）：

$$y_m(n) = \sum_{k=1}^{K} w_{mk}^{\text{R}} x_k(n) \qquad (6.10)$$

如前所述，该学习旨在确定读出层矩阵的系数。原则上，这些系数适用于输入数据和储备池响应。为了简单起见，并且根据成功的经验，可以将读出层的动作仅仅限制在储备池响应上。在分类问题的情况下，可以采用 L 个输入向量 $\{\boldsymbol{u}^l(n) \mid l\in[1,\cdots,L], n\in[1,\cdots,N_l]\}$ 的训练集及其对应的目标答案 $\tilde{\boldsymbol{y}}^l(n)$。每个输入导致一个储备池相空间轨迹 $\{\boldsymbol{x}^l(n) \mid n\in[1,\cdots,N_l]\}$。由 N_l 个水平堆叠向量 $\boldsymbol{x}^l(n)$ 形成的级联 $K\times N_l$ 矩阵 $\boldsymbol{A}^l$（对于所有 $n=1,\cdots,N_l$）通常是为每个输入信息序列 $\{\boldsymbol{u}^l(n)\}$ 构建的。它与从相同连续时间的目标向量序列 $\tilde{\boldsymbol{y}}^l(n)$ 的级联中获得的类似 $M\times N_l$ 目标矩阵 $\tilde{\boldsymbol{B}}^l$ 相关联。对于训练集的所有 L 个输入向量，所有这些矩阵进一步水平连接，从而产生单个 $K\times(\sum N_l)$ 储备池状态学习矩阵 $\boldsymbol{A}$ 和单个 $M\times(\sum N_l)$ 目标矩阵 $\tilde{\boldsymbol{B}}$。训练集的正确读出层矩阵预期验证 $\boldsymbol{W}^{\text{R}}\cdot\boldsymbol{A}=\tilde{\boldsymbol{B}}$。当反演这个不适定的线性问题时，可以尝试使用回归参数 λ 进行岭回归，从而产生以下计算，以获得最佳读出层矩阵：

$$\boldsymbol{W}_{\text{opt}}^{\text{R}} = \tilde{\boldsymbol{B}}\boldsymbol{A}^{\text{T}}(\boldsymbol{A}\boldsymbol{A}^{\text{T}} - \lambda \boldsymbol{I})^{-1} \qquad (6.11)$$

式中，矩阵求逆是根据标准的 Moore-Penrose 算法进行数值计算的。为了测试学习矩阵的性能，人们接着对未训练的输入数据 $\boldsymbol{u}^{\text{u}}(n)$ 进行如下处理。
- 根据与式（6.8）和式（6.9）相同的编码将这些数据注入储备池。
- 记录储备池非线性瞬态响应 $\boldsymbol{x}^{\text{u}}(n)$。
- 将响应格式化为矩阵 $\boldsymbol{A}^{\text{u}}$。
- 使用 $\boldsymbol{W}_{\text{opt}}^{\text{R}}$ 计算得到输出 $\boldsymbol{B}^{\text{u}}$。
- 对比正确答案 $\tilde{\boldsymbol{B}}^{\text{u}}$。
- 提取误差测度。

从几个未训练数据的处理和评估中获得错误率。

6.5.2 将 ESN 模型转换为延迟动力学模型

将储备池计算方法从 ESN 模型转换为延迟动力学模型，受先前引入的延迟动力学的时空类比的支持。它利用式（6.7）中的写法，并将其扩展到非自主操作的情况（外部信息注入动力学系统）。不幸的是，这种类比与 ESN 框架并不完全匹配，这是因为在延迟动力学中，时间 n 仅被离散化。很不幸，空间 σ 在延迟系统中是连续的，而在 ESN 模型中是离散的，如空间位置整数 $k=1,\cdots,K$ 所示。

一个简单的解决方案是以采样周期 μ 采样延迟动力学的连续空间。该采样周期将对应于两个相邻节点之间的间隔，并且数量 $\mu^{-1}(1+\nu)$ 将对应于在往返时间间隔内仿真神经网络中虚拟节点的实际数量（取整数部分）。在这个新的框架中，归一化的时间变量 s 被重写为依赖于两个离散的坐标、空间 k 和时间 n：

$$s(n,\sigma) = s(n,\sigma_k), \quad \sigma_k = (k-1)\cdot\mu$$
$$s(n,k) = n\cdot(1+\nu) + (k-1)\cdot\mu \qquad (6.12)$$
$$n \in \mathbf{N}, k=1,\cdots,K, \quad K\mu = 1+\nu$$

延迟动力学的先前连续空间依赖性现在可以转换成离散化版本：$x(n,\sigma)=x(n,(k-1)\mu)=x_k(n)$，从而提出与式（6.9）中的 ESN 节点振幅对应的一对一符号。

然而，应该注意的是，为了将延迟动力学连接到 ESN，延迟动力学的这种完全离散化的观点更符合符号的便利性，而不是受严格的数学方法支持。实际上，物理延迟微分动力学由于其固有的微分性质，是一个连续时间动力系统。它由任何输入产生的瞬态波形保持连续，离散化的视角主要是为了表示方便。

现在让我们重写式（6.8）至式（6.10）中的储备池计算处理模型，用于使用延迟动力学代替 ESN 的情况。

● 影响储备池中节点 k 的输入振幅：

$$u^{\text{in}}(n,\sigma) = \sum_{k=1}^{K}\left[\sum_{q=1}^{Q}W_{kq}^{1}u_q(n)\right]p_\mu(\sigma-\sigma_k) \qquad (6.13)$$

式中，$p_\mu(\cdot)$ 是宽度 μ 的时间窗口，从零开始。在传统采样理论中，该函数是众所周知的零阶采样保持过程。这种公式允许用数学方法转换实际的分段恒定输入波形，根据与式（6.8）定义的相同的输入连接矩阵 $\mathbf{W}^{I}$，在虚拟空间位置 k 的每个恒定振幅是寻址节点 k。注意，用期望的振幅来寻址时间位置是通信系统中众所周知的技术，称之为时分复用（TDM）。

● 延迟动力学的储备池更新规则：

$$x_k(n) \approx \int_{\sigma_k-1}^{\sigma_k+\nu}h(\sigma_k+\nu-\xi)\cdot f_{\text{NL}}[x(n-1,\xi)+\rho\cdot u^{\text{in}}(n,\xi)]\mathrm{d}\xi \qquad (6.14)$$

这是延迟储备池动力学的正式写法，它显然是根据储备池计算概念从非自主操作情况下的式（6.7）中推导出来的。在有效的模拟中，实际上执行的是延迟微分模型的数值积分，将注入的信息 $\rho\cdot u^{\text{in}}$ 添加到非线性延迟反馈函数 $f_{\text{NL}}[\cdot]$ 的自变量中。

● 学习输出（延迟动力学状态向量坐标的线性组合，其离散值通过采样延迟动力学的响应获得）：

$$y_m(n) = \sum_{k=1}^{K}w_{mk}^{R}x_k(n) \qquad (6.15)$$

读出的表达式与 ESN 的表达式完全相同。然而，这里必须记住，储备池响应是一个连续的波形。因此，输出端的采样确实需要与输入端使用的采样同步，以便通过 TDM 原理寻址每个虚拟节点。小规模去同步化或时移构成了可以在读出层探索的先验自由度。事实上，在一些特定的计算任务（语音识别分类）下，"写入"和"读出"之间的小规模采样频率偏差可以显著改善储备池计算性能[33]。

据报道，模拟虚拟网络的延迟动力学和 ESN 之间可能存在相似之处，这无疑是用物理实现来利用储备池计算的一种非常方便的方法。通过这一点，可以证明模拟硬件能够有效地实现储备池计算概念。然而，这种将 ESN 转换为模拟物理硬件的方法到目前为止仍有明显的局限性。一些限制与 ESN 的完全离散性质有关，而延迟动力学本质上是连续的和模拟的解决方案。因此，对更高级和更匹配的硬件配置，必然会有大量的视野和方向需要进行更深入的研究。储备池计算物理硬件的许多处理步骤（包括延迟动力学）仍在传统计算机中离线执行，或者在 FPGA 等数字板中在线执行：信息扩展到网络、训练、读出等。对于这些步骤的各种实现，数字方法显然是直接的。然而，通过对信息有限和离散化的表示，它们受到由自然神经网络（如生物大脑）开发的实际复杂性的内在简化的影响。在探索模仿大脑处理信息方式的模拟硬件时，面临的最大挑战可能是理解其基本机制的机会，并找到一种打开生物神经网络基本处理和计算机制的黑匣子的方法。

在 6.5.3 节中，我们将展示储备池计算的几个实验实现及光子 Ikeda 样式动力学，更准确地说是 FEMTO-ST 研究所执行的实现。他们与其他研究小组（他们中的许多人是本书的合著者）一起，为光子储备池计算领域做出第一批贡献。这些贡献必然对应于储备池计算硬件实现的部分成就。许多进展仍有待完成，这使得该主题在许多科学领域极具挑战性，从复杂系统的物理学、非线性动力学到大脑处理概念，再到数学[34-35]和信息理论。

6.5.3 基于 Ikeda 的光子储备池计算实现示例

光子储备池计算目前并不局限于 Ikeda 模型。如前所述，第一个延迟储备池[9]是在电子学中提出的，构建了一个复制麦克-格拉斯模型的电路，尽管如此，该模型还是非常接近 Ikeda 延迟动力学的，因为非线性仅变为单个最大值函数，而不是由正弦双波干涉函数提供的多个极值。光子储备池还提出了许多其他方案，仅举几个例子，包括外腔激光动力学[36]、集成 SOA 网络[37]、具有 SOA 的光纤环形激光器[38]、光子晶体结构网络[39]、耦合环形谐振器网络[40]、集成耦合延迟线网络[41]等。Ikeda 延迟动力学的最大优点是具有基于系统的方法，具有极好的实验控制精度和灵活性。它们通常基于商业上可获得的装置，人们需要以期望的方式排列这些装置，以便探索与简单的动力学模型紧密匹配的性质。我们将首先介绍极受欢迎和广泛使用的 Ikeda 延迟动力学，它涉及电光可调干涉仪[3-4,6,42-46]。

6.5.3.1 强度

电光强度调制是用于证明高效光子储备池计算的第一种实验设置[7-8]。这种设置易于操作和控制，主要是解释为什么采用了它，为什么它能如此迅速地导致演示成功。图 6.6 给出了该设置的原理图和实现图。4km 单模电信光纤线轴（20μs 延迟）与铌酸锂（LiNbO₃）集成光学马赫-曾德尔调制器（RF 半波电压 V_π 为 4.2V）一起使用。后者由标准 1.5μm 和 20mW 通信光电二极管激发。光纤输出只需通过光电二极管检测，然后用标准的自制电子设备处理其电信号，包括简单而灵活的低频运算放大器电路。这些电路旨在提供以下功能。

- 低通滤波器，约 1MHz。
- 提取延迟储备池响应信号 $x(t)$，用于监控并将其记录在数字示波器的大存储器中。
- 添加要处理的外部输入信息信号；该信号由任意波形发生器（Arbitrary Waveform Generator，AWG）产生，其中编码的 TDM 信号 $u^{in}(t)$ 被适当地编程，具有用于实验的正确节点间距的足够采样速率，并且具有允许最佳电压跨度的适当振幅（对于该输入信号的峰-峰振幅，略高于 V_π）。
- 放大并驱动马赫-曾德尔调制器的 50Ω 匹配输入，具有适当的电压跨度（对于沿正弦非线性变换的充分非线性操作，最高 12V）。

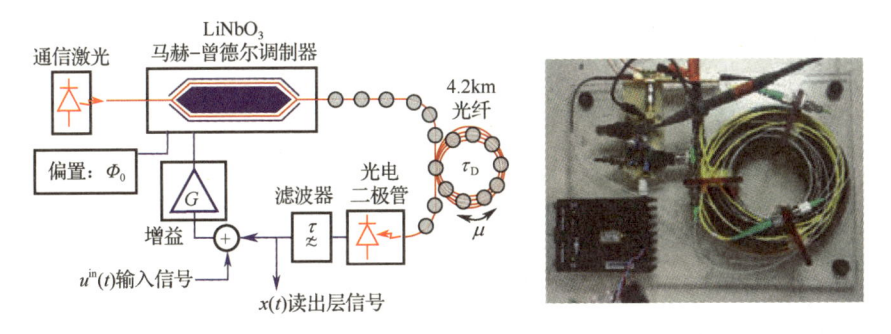

图 6.6　基于集成光学马赫-曾德尔调制器的光子储备池计算机，
以及沿其分布虚拟节点的 4km 光纤延迟线

通过控制施加到马赫-曾德尔调制器的独立偏置电极的直流电压来设定马赫-曾德尔的工作点，式（6.2）中的参数 Φ_0。这可能是需要注意的最关键的点，因为 LiNbO₃ 集成器件的偏置可能存在显著漂移，具体取决于环境条件的波动。当对要处理的长数据序列进行操作时，仔细监控"静默"（通常是序列末尾的零电平输入信息 $u^{in}(t)$），以确保在整个处理时间的这些静默相位期间光电二极管信号的静态电平保持恒定值（即与 $\cos^2\Phi_0$ 成比例）。对于导致马赫-曾德尔调制器的平均工作点（即 $\cos^2$ 函数）接近极值（但不完全在极值）的值，凭经验获得了（由数值证实）参数 Φ_0 的最佳 RC 处理。这被解释为对非线性函数的要求，以提供丰富的等效多项式行为，无论是线性的、本质上二次的，还是部分三次的，都取决于施加到马赫-曾德尔调制器的驱动振幅。

式（6.2）中的参数 β 通过光电二极管操作光功率来控制，因为归一化增益参数 β 与该光功率成正比。已知自主延迟振荡器的第一个不稳定性阈值（最常见的是 Hopf 不稳定性）发生在 $|\beta \sin(2\Phi_0)|$ 接近 1 时。根据所选择的 Φ_0 参数（定义非线性反馈变换的局部轮廓），通常从零开始增加光功率，直至产生典型的双延迟周期振荡（当沿着非线性函数的负反馈斜率工作时）。经验发现（数值和实验）最佳 β 值为 Hopf 阈值的 0.7 倍。

根据设置的时间参数，我们采用了 TDM 数据注入的缩放，使得仿真网络具有 $K=400$ 个虚拟节点，对应于根据经验发现的数据注入采样的最佳值，$\mu \approx \varepsilon/5$，见式（6.12）。

通过这里介绍的基于 Ikeda 的储备池探索的参考基准测试，是从 TI-46 数据库提取的数据集的语音识别（500 个从 0 到 9 的口语数字，由 5 个不同的女性说话者说出 10 次）。对于这个特定的测试（注意，其他基准测试已经被成功开发，如时间序列预测），马赫-曾德尔储备池能够获得非常接近于零的误字率（WER），并且对于最佳处理实验，有时达到零。我们将 500 个口语数字任意分割成 20 个子序列，每个子序列包含 25 个口语数字。实际上，475 个（19 个序列）数字用于在计算机中离线执行的式（6.11）的训练，剩余的 25 个数字用于测试（也是离线的测试，使用训练后找到的 W_{opt}^R，并将其应用于 25 个测试数字序列的记录的储备池响应中）。我们在选择用于训练的 19 个序列和用于测试的 1 个序列时使用了交叉验证，这样每个数字在测试集中使用一次。

值得一提的是，选择了实践语音识别测试是为了比较问题，而不是为了最先进的表现动机。目前，可用的商业语音识别软件要先进得多，并且在更复杂和困难的数据库上表现得更好。然而，现代软件系统正在利用相对于第一台非常简单的光子储备池计算机而言无可比拟的更强的计算能力，并且它们还受益于几十年来在语音识别软件上积累的数字处理研究经验。无论如何，令人惊讶的是，与当前的高抽象层语音识别解决方案相比，像延迟储备池这样简单的系统能够获得非常有趣的性能。

然而，与软件处理相比，我们应该公平地评估硬件资源的贡献。一个简单的方法是在我们的实验中去掉硬件，直接处理 TDM 序列 $u^{in}(t)$。该序列是根据输入连接矩阵 W^i（稀疏且随机定义的矩阵）从原始听觉语音波形获得的随机跨越的原始信息（实际上是耳蜗图或时间-频率表示）的结果。然后可以尝试将读出程序直接应用到这个时间输入波形 u^{in} 上，该波形实际上是由 AWG 在实验中产生的。如果我们应用相同的训练和测试程序，可以获得 8%～10%的 WER。因此，储备池的贡献是将无储备池的 WER 降低到零，然而，即使对一些纯软件技术来说，其结果也不一定是直接的。

6.5.3.2 波长

波长 Ikeda 延迟动力学是一个有代表性的动力学，因为它是我们小组开发的第一个动力学，从而可以首先从实验上演示一年前获得专利的光学混沌通信[47,5]。这种设置最近被重新用于光子延迟动力学中嵌合状态的发现[25]。最后值得一提的是，在一项旨在向广大受众传播的科学工作（2015 年国际光年）中，最初的波长-混沌概念最近适用于可见光范围，展示了"混沌彩虹"[48]。

这种设置的基本物理思想是以不同于通过光程差的方式调制双波干涉（在一个干涉仪臂内的电光可调谐介质的情况下）。这种双波干涉仪中的相位差为 $2\pi\Delta/\lambda$，其中 Δ 是光程差（通常通过普克尔电光效应调制的数量），λ 是干涉现象中单色相干光的波长。如果使用强不平衡静态干涉仪（大 Δ），则也可以通过小波长调制 $\lambda=\lambda_0+\delta\lambda$ 来调制干涉条件。后者很容易从可调谐半导体激光器（双截面增益和相位截面分布式布拉格反射器珀罗-法布里激光二极管）获得，甚至在 $\lambda_0\approx1.55\mu m$ 附近具有 1nm 的连续波长可调谐性（$\Delta\approx1cm$ 用于穿过方解石双折射晶体的两个偏振方向，放置在两个交叉偏振器之间用于产生干涉）。

该设置的主要优点是可实现极高的非线性，因为最多可获得 14 个极值。另一个优点是改变非线性变换形状的灵活性，因为可以使用任何具有足够大光程差的静态干涉仪。对于嵌合状态的探索，所需的不对称极值函数用珀罗-法布里干涉仪，该干涉仪用带有中等反射涂层（70%）的 5mm 玻璃板设计。其缺点是波长调谐速度慢（典型的最大带宽可达 20kHz 或 100kHz）。直接后果是，利用光纤（需要 100km）很难实现显著的延迟（与延迟反馈回路振荡的响应时间相比）。因此，需要具有毫秒级延迟的电子延迟线。然而，对这种数字控制延迟线路进行灵活和轻松的微调，是一个优点。当使用现场可编程门阵列（FPGA）时，可以相对容易地实现多个可编程延迟。文献[49]中特别使用了后一种可能性，以评估当涉及随机和稀疏关联矩阵 W^R 时可能获得的改进。事实上，第一个延迟型储备池，由于它们的单延迟结构，被非常规则的内部连接矩阵 W^R 所关注，本质上它的对角线 W^R 是非零的，并且在它的下面有几条线（这些线的数量取决于脉冲响应 $h(t)$ 的实际宽度）。

在文献[49]（多延迟光子储备池计算机的照片见图 6.7）中，通过 FPGA 实现了 15 条和 150 条并行延迟线，对于 W^R，这两种情况分别对应于 10%稀疏度和全连接性。每个延迟线的权重是随机定义的，导致在反馈路径中形成随机滤波器，而不是对应于单位权重的单个延迟的全通滤波器。对于 ESN，以前在数值上发现的全连接性配置并没有改善语音识别的性能。然而，稀疏和随机连接性允许用少于一半数量的节点获得可比较的结果，因此，这表明通过该随机加权的多重延迟架构可以优化网络规模。

图 6.7 多延迟光子储备池计算机的照片，包括 FPGA 板（由 R. Martinenghi 提供）

6.5.3.3 相位

众所周知，在通信中，光学相位变量可为传输系统提供更好的信噪比，特别是在非常高的比特率下。最初设计的一种特定的相位调制延迟动力学[50]，旨在进一步提高光混沌通信的速度[30]。光通信系统中的相位调制技术通常在接收机侧与差分相移键控（DPSK）解调器相关联，这些解调器通常包含在基于不平衡光纤的干涉仪中。当在比 DPSK 时间不平衡 $\delta\tau_D$ 短的时间尺度上执行相位调制时，可以动态、连续地扫描干涉条件。一旦相位调制跨越多个 π 相移，相应的解调传递函数就可能是强非线性的。尽管遵循 Ikeda 延迟动力学的一般方法，但电光相位延迟动力学要求模型方程中进行一些变化，这主要是由于存在 DPSK 装置，现在为非线性变换提供了时间上的非局部性。显著的时间不平衡实际上引入了额外的一种小规模但不可忽略的延迟，该延迟约为 400ps，因此与典型的光通信电子设备的响应时间（从 10ps 到几百皮秒）相当，有时甚至更长。时间非局部非线性变换现在表示为：

$$f_{NL}[\phi(t),\ \phi(t-\delta\tau_D)]=\beta\cos^2\{\Phi_0+[\phi(t)-\phi(t-\delta\tau_D)]/2\} \tag{6.16}$$

这里可以注意到，由于存在相位差，即使在非线性变换中，静态解（$\phi(t)$=常数）在振荡回路中必然受到抑制。因此，非线性函数本身是傅里叶滤波器，在低频时具有高通轮廓，在高频时具有周期性带通轮廓。

正如预期的那样，适用于储备池计算配置的设置（见图 6.8[33]）能够以前所未有的速度处理信息，在语音识别的情况下，速度高达每秒一百万字。此外，该处理速度不受设备的限制，但受超快 AWG 的最大速度限制，该 AWG 不能传递 24GS/s 以上的波形。取样间隔 $\mu\tau$ 被设置为 56ps，对应于 AWG 中的 17GS/s。反馈回路中的大延迟测量值为 63.33ns，这是连接不同装置所需的不同光纤和 RF 电缆插接线所施加的最小值，累积了几米。这组时间参数共有 1113 个节点。

其他最佳操作参数值是：峰-峰输入信息 u^{in}、$1.2V_\pi$；$\Phi_0 \approx 2\pi/5$，证实了接近干涉极值的最佳平均操作非线性变换（注意，使用了该相位干涉条件的主动控制）；反馈增益 $\beta \approx 0.7$ 已经被设置为对应于原始 Ikeda 设置中 1.4 的值，因为在相位延迟设置中，第一 Hopf 阈值出现在 $\beta \approx 0.5$ 处而不是 $\beta=1$ 处。图 6.9 是反馈中 β 效应的实验说明，相当于"反馈记忆"的设置，也称为回声，名称用 ESN 表示。储备池的这种实验表征显示，对于选取适当的 β，储备池能够产生许多回波。当 β 减小时，回波消失得较快，并且储备池没有足够的记忆。当 β 增加时，离 Hopf 不稳定性太近，回波持续，储备池显示出太长的记忆，这对有效的处理也是不可取的。在储备池相关文献中，β 的最佳调谐有时被称为"混沌边缘"（在我们的例子中实际上是第一个不稳定性的边缘）。

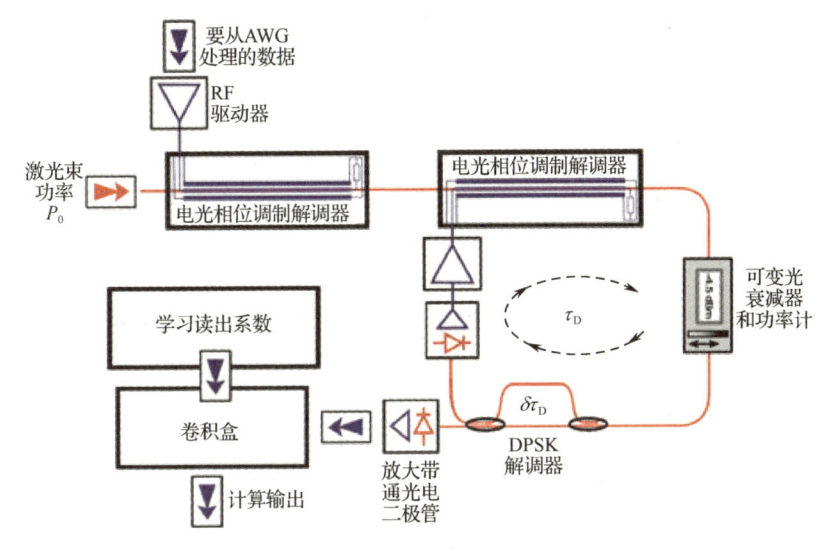

图 6.8　电光相位延迟动力学的示意图

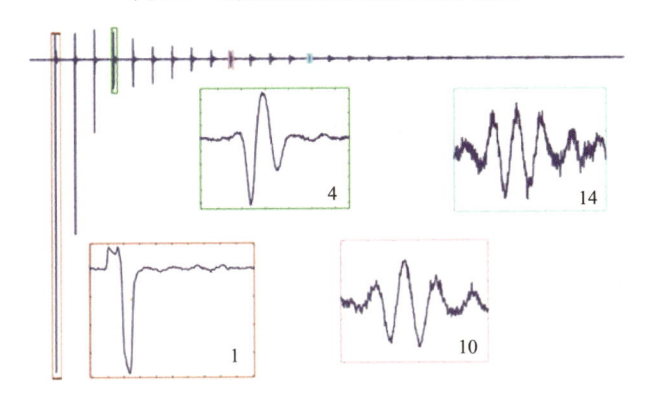

图 6.9　实验说明

相位延迟动力学的脉冲响应及其通过一组足够高的反馈增益 β 保持的许多回波。第一个大回波揭示了由 AWG 播种的原始单脉冲的强烈非线性失真。末端的小回波基本上是线性衰减的。

图 6.10 所示是整个电光相位设置的图片，该设置被安排成一个储备池，并连接到"输入层"（AWG）和"读出层"（数字示波器）所需的不同仪器上。

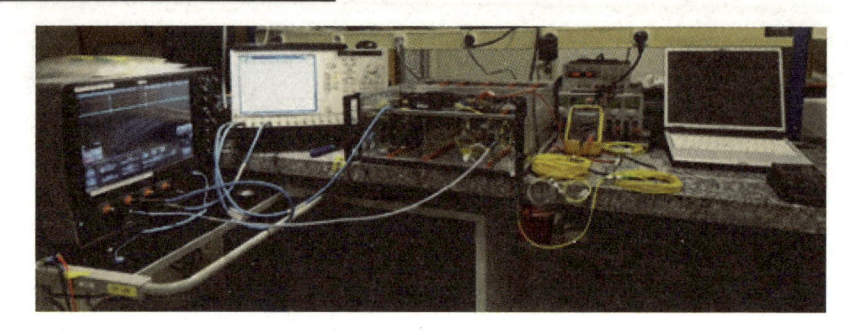

图 6.10 机架式电光宽带相位延迟储备池及其处理环境

6.6 结论

Ikeda 延迟动力学为光子储备池的物理研究提供了一个重要的简化模型，已经取得了几项关键成果，巩固和支持了光子硬件的继续研究，旨在提出下一代脑启发计算机。解释储备池计算效率的基本概念正在不断进步，同时实际应用也在不断被解决。

光子神经形态处理器的主题从根本上看是一个跨学科的研究方向，当然包括最初的机器学习和大脑认知研究社区，但现在也包括物理学、非线性动力学、数学，以及可能越来越重要的信息和通信理论。理解上的进步将继续涉及越来越多的信号处理概念，正如我们现在已经知道的，如在各种人工智能方法的不同步骤中滤波和卷积运算的重要性。模式形成也非常重要，也许是为了捕捉无监督学习如何产生意想不到的读出滤波器或矩阵，这些滤波器或矩阵可能出现在由特定初始信息播种的复杂动力学系统中，如人们发现嵌合状态的方式。

与此同时，人类的智慧仍需继续提供见解，但同时还需要一定的时间来在硬件实现方面找到最佳的物理和技术折中方案，从而保持计算效率与技术可行性的相互兼容。

原著参考文献

7. 半导体激光器作为储备池基底

Guy Van der Sande and Miguel C. Soriano

7.1 导言

半导体激光器是常见的激光器类型，具有广泛的应用领域，包括光存储系统、通信系统（从短距离数据通信系统到长距离光纤网络）、泵浦源、材料加工以及许多其他应用[1]。最近的一个应用，也是本章的主题，即使用半导体激光器作为储备池基底。在这里，我们介绍了最近的出版物，讨论了基于受光反馈影响的半导体激光器，以及基于这些激光器的光子储备池计算机的主要特性。在基于延迟的储备池计算机的环境中，光反馈是产生储备池计算所需的循环的一种方式。关于基于延迟的储备池计算机的正式定义的更多信息，请读者参阅第 5 章。

7.2 激光器基础和半导体类型

激光器包括受激辐射发生的放大介质和谐振腔，该谐振腔提供适当的反馈机制并用作频率选择元件。放大介质的一个例子是半导体 PN 结，其中通过外部施加的电流实现粒子数反转。在两能级系统的简单情况下，当较高能级的电子数比较低能级的多时，就达到了粒子数反转。

如图 7.1 所示，激光腔通过光子在离开腔体前的多次传输提供选择性反馈。这有益于相长往返干涉发生的频率保持不变，而其他频率受到抑制。两个参数定义了激光腔的时间特性：激光腔往返时间定义了工作频率，光子寿命的倒数描述了光子在激光腔内的损失率。

即使实现了粒子数反转，受激辐射的净速率也不一定足以克服激光腔中存在的损耗。这些损耗主要是激光器端面的传输损耗、光散射和光吸收。只有当注入电流超过阈值电流时，激光器才开始发射激光，在这种情况下，电流增益克服了所有不同的损耗。

在半导体材料中，电荷载流子（电子）分布在导带和价带之间，如图 7.1 所示。两个能带之间的能量差称为带隙。当入射光的能量超过半导体材料的能带带隙时，会发生受激辐射。当一个电子从价带被激发到导带时，它在价带中留下一个所谓的"空穴"（没有电荷载体）。电子和空穴的湮灭导致自发辐射，或者当额外的光子引起湮灭时导致受激辐射。通过掺杂半导体材料，可以改变电子和空穴的自然分布。掺磷半导体具有过量的空穴，氮掺杂半导体具有过量的电子，它们分别来自受体和供体。在掺磷半导体和氮掺杂半导体的结中，如果存在粒子数反转，则受激辐射将超过吸收。当受激辐射和吸收率相等时，称半导体介质是透明的。入射光子束在具有粒子数反转的 PN 结中经历增益，这意味着出射光子的数量大于入射光子的数量。因此，这个区域被称为激光器的有源层。

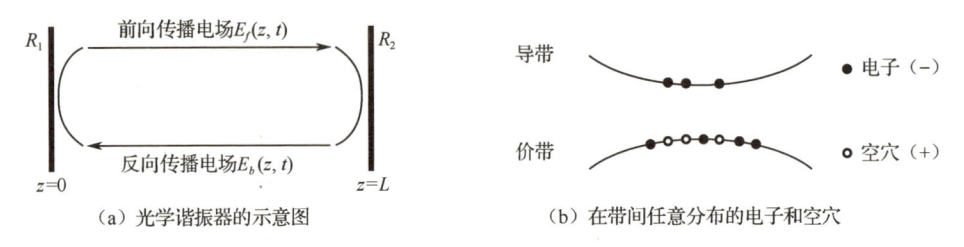

（a）光学谐振器的示意图　　　　（b）在带间任意分布的电子和空穴

图 7.1　示例

半导体材料具有复杂的能带结构。在半导体激光器和其他光电子元件的背景下，直接带隙半导体材料是优选的，因为在相同波矢量 k 上发生价带最大化和导带最小化。广泛的 III-V 材料系统用于生产半导体激光器。表 7.1 列出了这些材料系统及其波长[2]。

半导体激光器通常用标准的多层外延生长技术制造，并有几种不同的几何形状。传统的激光器被称为边缘发射半导体二极管激光器（Edge Emitting Semiconductor Diode Laser，EEL）。在各种 EEL 中，光在电子和空穴可以复合的有源层内横向传播。由于这些装置在每次往返中提供了高增益，所以在装置的端面上不需要特殊的反射涂层或结构（但实际中经常使用）。同样重要的是，由于波导和增益的组合，各种 EEL 中的光场沿着两个固定方向线性偏振，即沿着异质结平面（TE）偏振或垂直于异质结平面（TM）偏振。然而，在标准 EEL 中，TM 模式通常比 TE 模式在端面上经历更大的损耗。因此，EEL 中的光发射主要是 TE 偏振的。

表 7.1　半导体激光器的材料系统及其波长[2]

材料系统	波　长
AlGaAs/GaAs	680～890nm
InGaAs/GaAs	950～1100nm
InGaAsP/InP	1000～1700nm
AlGaInP/GaAs	600～700nm
ZnCdSSe	450～550nm
AlGaInN	200～640nm
GaInNAs/GaAs	1300～1500nm
GaN/AlGaN	400～550nm

在正常情况下，激光器以接近材料增益的最大值工作。许多模式可能经历类似

的放大，这取决于增益线形的宽度与光学谐振器模式的频率间隔的比较。当增益介质放大强激光束时，增益是饱和的，即降低到一定程度。有时，饱和可能是不均匀的，即它在激光束波长附近可能比在其他波长处更强。这说明增益饱和可以迫使激光模式改变。一般来说，激光器选择瞬时增益最高的模式。例如，单纵模操作可以通过在激光腔内创建周期性结构来增加其频率选择性。

7.3 用于储备池计算的单模半导体激光器

半导体激光器表现出激光场和半导体介质之间的非线性相互作用，当受到反馈、电调制或光注入时会产生复杂的行为[3]。在本节中，我们将展示如何利用受光反馈影响的单模半导体激光器，在光子学中实现储备池计算的计算概念。全光学实现储备池和信息注入，允许高速信息处理。这可以通过利用耦合到光纤反馈回路的半导体激光器产生的模拟瞬态动力学来实现。根据基于延迟的储备池计算概念[4]，我们使用单模半导体激光器作为非线性节点，其中非线性瞬态在先前输入响应的背景下产生。因此，该系统能够处理信息的时间序列。

7.3.1 建模和数值结果

我们首先介绍单模半导体激光二极管的速率方程[5]。这些速率方程描述了电场 $|E(t)|$ 和电荷载流子数量 $N(t)$ 的时间演化。电场被归一化，使得 $|E(t)|^2$ 对应于光子数 $P(t)$。然后速率方程表示为

$$\frac{dE(t)}{dt} = \left(\frac{1+I\alpha}{2}\right)\left\{G_N[N(t)-N_o]-\frac{1}{\tau_p}\right\}E(t)+F_E(t) \quad (7.1)$$

$$\frac{dN(t)}{dt} = \frac{I}{e} - \frac{N(t)}{\tau_c} - G_N(N(t)-N_o)|E|^2 \quad (7.2)$$

式中，α 是线宽增强因子；G_N 是微分增益；τ_p 是光子寿命；N_o 是透明时的载流子数；I 是泵浦电流；e 是基本电荷；τ_c 表示电子寿命。通过将朗之万噪声项 F_E 加入到场方程中，将自发辐射效应包括在模型中。该自发辐射噪声被实现为具有零均值的场方程 $\langle F_E(t) \rangle = 0$ 中的复高斯白噪声项 $F_E=F_1+iF_2$，其中实部和虚部是独立的随机过程，并且以下方程成立：$\langle F_j(t)F_j(t') \rangle = \beta/\tau_c N(t)\delta(t-t')$。这里，$\beta$ 是自发辐射因子，描述了自发辐射到相应激光模式的光子的比例。

对于储备池计算环境中的信息处理，可以将外部输入作为光学注入项添加，并通过光反馈包含循环。根据这些假设，式（7.1）可以重写为

$$\frac{dE(t)}{dt} = \left(\frac{1+i\alpha}{2}\right)\left[G_N(N(t)-N_o)-\frac{1}{\tau_p}\right]E(t)+\kappa E(t-\tau_{ec})+E_{inj}(t)e^{i\Delta\omega t} \quad (7.3)$$

式中，k 表示反馈强度；τ_{ec} 是延迟时间；$\Delta\omega$ 是响应半导体激光器和光注入之间的失谐。光反馈按照 Lang-Kobayashi 速率方程[6]建模，通过 $E_{inj}(t)$ 注入外部信号。出于实际原因，并且为了与实验实现进行比较，注入光的外部调制通过马赫-曾德尔调制器来执行。然后，输入信号 $S(t)$ 的添加通过注入功率 P_{inj} 建模，该注入功率用正弦平方函数围绕平均值 $\bar{P}_{inj}$ 调制，产生信号：

$$P_{inj}(t) = \bar{P}_{inj}\left[1/4 + 3/2\sin^2\left(\frac{\pi}{4}S(t) + \Phi_0\right)\right] \tag{7.4}$$

这意味着注入功率被调制在平均注入功率 $\bar{P}_{inj}$ 的±75%之间。对于光注入，我们考虑 $S(t)$ 在±1之间和 $\Phi_0 = \dfrac{\pi}{4}$ 的归一化的对称调制。数值模拟中使用的激光参数值如表 7.2[7]所示。

表 7.2 数值模拟中使用的激光参数值

参　　数	值
α	3.0
τ_p	5ps
β	10^{-6}
κ	10ns^{-1}
τ_{ec}	80ns
$\Delta\omega$	0.0
τ_c	1ns
G_N	10^{-5}ns^{-1}
N_o	1.8×10^8
I_{th}	32.0mA

出于储备池计算的目的，外部输入 $S(t)$ 按照第 5 章所述，使用随机输入连接性掩码构建，每个 τ_{ec} 重复一次。在数值分析中，储备池由 $N=400$ 个虚拟节点组成，导致虚拟节点间距 $\theta=200\text{ps}(\tau_{ec}/N)$。

以半导体激光器系统作为储备池的性能示例，我们处理一个时间序列预测任务。在这里，我们在预测混沌时间序列的相应下一点时评估该方案的性能。我们特别采用了来自圣达菲时间序列竞赛数据集 A[8]的数据。为了评估预测误差，我们从这个数据集中取 4000 个数据点，这些数据点是由在混沌状态下运行的远红外激光器产生的[9]。我们将 75%的数据点用于训练，25%的数据点用于测试。为了表征该任务的系统性能，我们计算预测任务的归一化均方误差（Normalized Mean Square Error，NMSE），即预测值与其目标值之间的归一化差值。我们研究了在固定反馈率下，NMSE 与激光偏置电流的关系。这种预测任务要求系统具有存储（记忆）能力，也就是说，光反馈对这一任务是至关重要的。

7. 半导体激光器作为储备池基底

在图 7.2 中，我们显示了对于两个不同的光注入功率值，NMSE 与激光偏置电流的函数关系。我们首先讨论与受到反馈影响的激光功率相比，对应于注入光的较大平均功率的值（$\bar{P}_{inj}=436\mu W$）的情况。在这种情况下，对于大范围电流，圣达菲时间序列预测任务的 NMSE 低于 0.2（见图 7.2 中的正方形），在 I/I_{th}=1.25 时 NMSE 最小，为 0.036。图 7.2 也给出了注入光的较小平均功率（$\bar{P}_{inj}=11\mu W$）的结果。在这种情况下，我们发现低 NMSE 仅限于接近孤立激光阈值的激光偏置电流（见图 7.2 中的菱形），在 I/I_{th}=1 时 NMSE 为 0.164。对于较大的偏置电流，在低注入功率的情况下，由于延迟反馈不稳定性的开始，NMSE 显著上升。然而，对于高注入功率的情况，NMSE 从 I/I_{th}=1 到 I/I_{th}=1.25 逐渐减小，然后缓慢上升。在这两种情况下，当注入电流低于 I/I_{th}=1 时，NMSE 会随着注入电流的减小而增加。总的来说，对于优化的参数，可以实现有竞争力的 NMSE。然而，有趣的是，更大的平均光注入功率允许更宽范围的偏置电流，从而提供良好的性能。

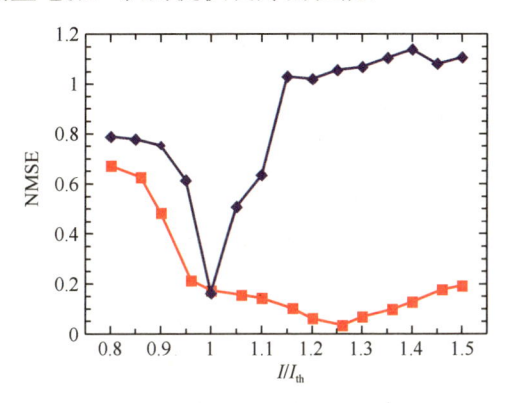

图 7.2 NMSE 与激光偏置电流的关系[7]

在 $\bar{P}_{inj}=436\mu W$（浅色方块）与 $\bar{P}_{inj}=11\mu W$（深色菱形）的情况下，圣达菲时间序列预测任务的归一化均方误差（NMSE）与偏置电流的关系。反馈速率设置为 $\kappa=10ns^{-1}$。其他参数如表 7.2 所示。请注意，这些线条仅作为眼睛的向导（便于观察）。

值得注意的是，当将节点距离减小到一个更小的值时，即使该值远低于弛豫振荡周期[10]，也会获得类似的结果。如图 7.3 所示，当系统在阈值电流以上运行时，NMSE 不会随着节点距离变化而显著变化。这种良好的性能表明，对于图 7.3 内探索的所有节点距离值，储备池处于瞬态状态。这是由数据信号的光注入引起的。光注入是该设置的一个组成部分，并且即使在半导体激光器中没有注入信息的情况下，即式（7.4）中的 $S(t)$=0，也总存在具有恒定偏置功率的光信号。事实证明，光学注入的激光能够以与激光锁定现象相关的速度反应，这比弛豫振荡快得多。这一特征与相动力学有关。因此，节点距离 θ 可以在（光注入的）最快时标和弛豫振荡周期之间自由选择，而不会显著降低系统在孤立阈值以上运行时的性能[10]。这些数值结果是针对实际自发辐射噪声水平获得的，而没有考虑检测中的有限信噪比。实际上，不同噪声源的总体贡献可能会对最小节点距离施加更严格的限制。

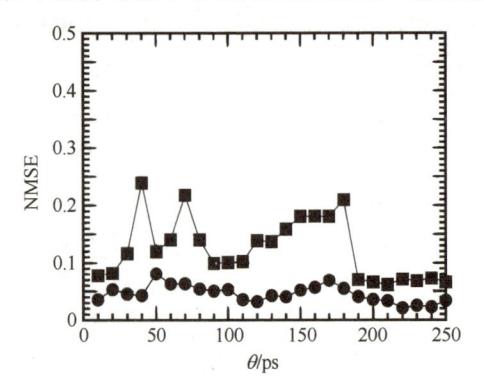

图 7.3 NMSE 与注入电流的节点距离的关系[10]

圣达菲时间序列预测任务的归一化均方误差（NMSE）与高于阈值（圆圈，$I=1.1I_{th}$）和低于阈值（方框，$I=0.9I_{th}$）的注入电流的节点距离 θ 的关系。反馈率设置为 $\kappa=10\text{ns}^{-1}$，虚拟节点数设置为 $N=200$。其他参数按表 7.2 所示内容选择。注意，这些线条仅作为眼睛的向导。

然而，在阈值以下，对于 $I<I_{th}$，储备池性能确实取决于节点距离。在图 7.3 中，只有在特定的 θ 值下，NMSE 才小于 0.1。由于相位动力学甚至在低于阈值时也存在，只要适当选择节点距离，在低于阈值时也能获得良好的性能。

假设 $N=200$，节点距离的这种宽范围导致总延迟长度在 2～50ns 之间。值得注意的是，小 θ 值和小延迟长度有利于紧凑的片内实现。此外，短延迟还允许增加处理速度，因为数据是在延迟周期馈送的。

7.3.2 单模半导体激光器的首次实验实现

基于半导体激光器的储备池计算的首次实验实现方案如图 7.4 所示[11]。发射波长 $\lambda=1542\text{nm}$ 的标准边缘发射激光二极管被用作非线性节点。独立的单纵模激光器纵模分裂为 150GHz，边模抑制超过 40dB。使用自由空间光学元件，在标准单模光纤中收集发射光。光纤环路提供延迟反馈（延迟时间 $\tau_D=77.6\text{ns}$），该环路包括环行器、衰减器、偏振控制器及用于信号检测和光注入的两个光纤分离器。衰减器和偏振控制器有助于控制光反馈条件。在该实验中，储备池由 $N=388$ 个虚拟节点组成，导致 $\theta=200\text{ps}$ 的虚拟节点间距。这种实验安排遵循文献[4]中介绍的并在第 5 章中讨论的基于延迟的储备池协议。

对于信息处理，可调谐激光器的调制光被注入到单模半导体激光器中。使用马赫-曾德尔调制器通过注入强度调制对外部输入信号进行编码。当激光二极管电流和马赫-曾德尔调制器的调制带宽达到或超过 10GHz 时，以 5GS/s 的速率注入信息。在这些实验中，用于产生输入信息的任意波形发生器是带宽限制因素[11]。

在光学数据注入的情况下，使用圣达菲时间序列预测任务评估的该实验储备池系统的性能。时间序列预测任务的特点是对噪声高度敏感。因此，在没有信息的情况下，选择 7.5μm 的注入功率作为恒定偏置光功率，可获得更好的信噪比。因此，除了用作数据注入源之外，外部激光器还用作注入锁定源，通过降低稳态动力学中的噪声来显著提高性能。圣达菲时间序列预测任务的 NMSE（取决于偏置电流）如图 7.5 所示。对于接近孤立阈值的 I_b，获得最佳性能，在每秒 $1.3×10^7$ 点的预测速率（由延迟时间的倒数决定）时，预测误差为 0.106（I_b=7.62mA，反馈衰减 10dB）。对于大偏置电流（I_b>8.9mA），其性能显著下降。

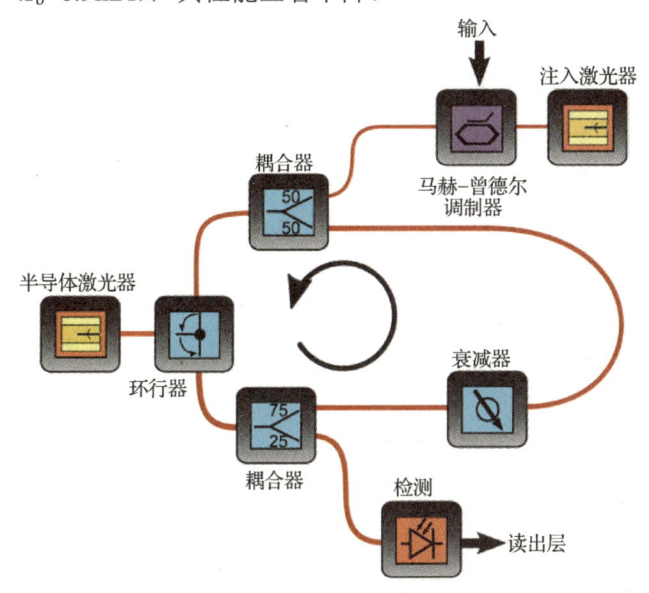

图 7.4 基于延迟光反馈半导体激光器的全光储备池计算机方案

实验装置包括激光二极管、用于光学注入信息的可调激光源、马赫-曾德尔调制器、衰减器、环行器、耦合器和用于信号检测的快速光电二极管（PD）。

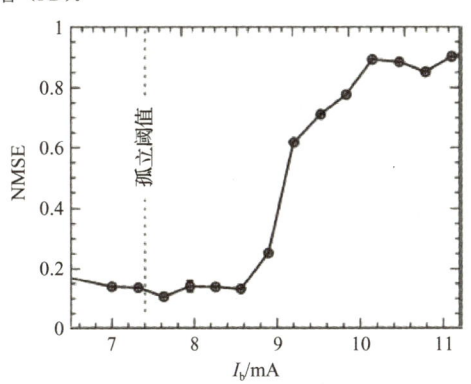

图 7.5 圣达菲时间序列预测任务的 NMSE[7]

当 I_b>8.9mA 时，NMSE 急剧增加，在这种情况下，稳态动力学变得不稳定。误差条代表数据的不同训练/测试分区的均方差。

· 141 ·

7.3.3 单模半导体激光器的进一步实验实现

在 Brunner 等人的开创性工作之后[11]，多个实验实现已经侧重于理解用于非线性预测任务的基于半导体激光器的储备池基本属性。一方面，已经表明实现良好预测性能的条件与系统的注入锁定、一致性和存储（记忆）特性相关[12]；另一方面，Kuriki 等人说明了输入掩码对系统性能的影响[13]。

受光反馈和光注入影响的半导体激光器呈现出广泛的动态特性[14]。如文献[12]所述，在没有外部输入的情况下，基于半导体激光器的储备池系统处理信息的能力与其潜在的动态特性紧密相关。特别地，非线性预测任务的最低预测误差出现在注入锁定边界。注入锁定是指响应激光器光学频率与注入激光器光学频率锁定到一起的状态，这种情况发生在激光器之间光频失谐和光注入强度的某些组合中[15]。这些结果可以解释如下：注入锁定边界提供了系统中非线性响应的多样性和类似输入信号的这些响应的再现性之间的最佳折中[12]。这种响应的再现性可以通过一致性相关测量来量化[16]。在图 7.6 中，我们展示了如何为系统参数找到预测任务的 NMSE 的最佳计算性能，从而在足够的记忆容量和较大的一致性相关性之间实现最佳折中。

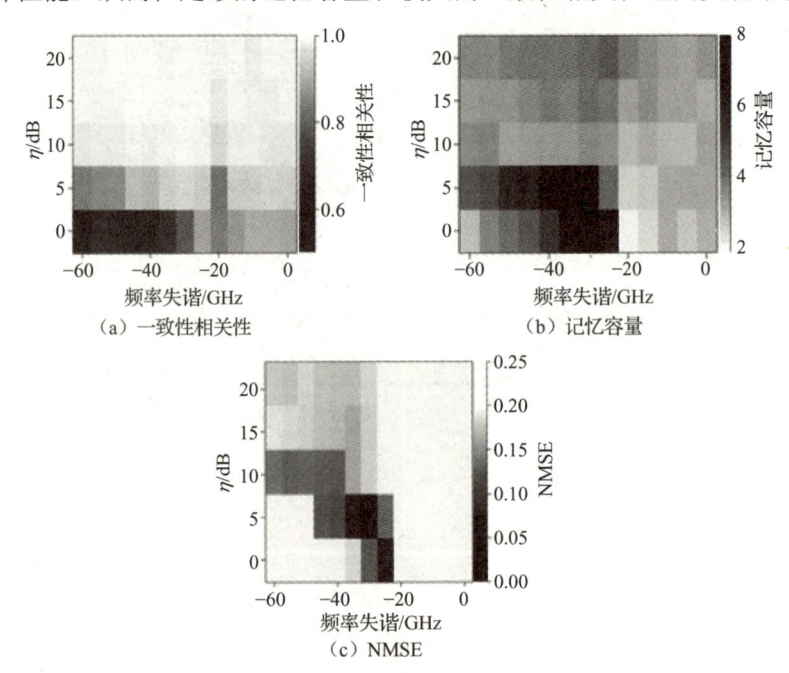

图 7.6 对固定偏置电流 $I_b=0.99I_{th}$，作为反馈衰减（η）和频率失谐的函数，预测麦克-格拉斯混沌时间序列的实验结果[12]

基于半导体激光器的储备池系统属于这种机器学习概念的最快硬件实现，以数 GHz 的速度运行。由于储备池系统固有的高带宽，用于驱动具有外部输入的系统的实验装置、储备池本身和检测需要具有至少相当的模拟带宽。在此背景下，Kuriki 等人[13]表明在带宽上与响应激光器匹配的输入掩码呈现出改进的预测性能。带宽自适应掩码优于二进制、多进制或均匀随机掩码。文献[12]和文献[13]中的结果共同强调了一致性作为非线性光子系统处理信息的关键属性之一的重要性。

7.4 作为储备池基底的其他光子系统

7.4.1 用于储备池计算的半导体环形激光器

半导体环形激光器（Semiconductor Ring Laser，SRL）由于其独特的定向双稳性特征[17]以及不需要解理面或光栅进行光反馈，目前迅速发展成为研究活动的焦点。因此，SRL 特别适合单片集成[18]。有人建议用 SRL 来满足几种实际应用[19-25]。现在已经制造出基于单个或两个耦合微环激光器的全光学触发器。通过注入与激光模式反向传播的信号，这些器件可以在反向传播模式之间切换[22,26]。此外，有人还提出了基于仅在 SRL 一侧注入的切换方案[27-28]。由于其波长稳定性[19-20,29-30,21]，显示单向操作的单片 SRL 在应用中也是非常理想的。SRL 的双稳性使得在全光开关、门控、波长转换功能和光存储器系统中使用它们成为可能[20,22,31-38]。此外，SRL 被认为是非线性 Z2 对称系统的理想光学原型[39]，在孤立情况下，表现出多稳态[40]和可激发行为[41]。当 SRL 被来自另一个激光器的光注入扰动时，它们的相空间的对称性导致了一条通向混沌的新路径[42]。在具有延迟光反馈 SRL 的情况下，已经表明它们同时以双向模式发射激光的能力有助于产生在强度和相位上都具有时间延迟隐蔽的混沌信号[43]，产生方波振荡[44]，或者使用逐位异或运算产生随机位[45]。

Sorel 等人[19]提出了一种 SRL 的通用速率方程模型。该模型由 SRL 中反向传播模式的两个平均场方程和载流子的第三速率方程组成。该模型考虑了自增益和交叉增益饱和效应，并包括源自输出波导耦合的反向散射贡献。在同一项工作中，他们通过实验观察到连续波模式操作的双向状态和单向状态。此外，他们还观察到两个反向传播模式经历谐波交替振荡的双向机制。文献[19]中 SRL 的速率方程模型充分描述了这些不同的特征。虽然这种通用的速率方程模型解释了某些实验观察到的特征，但涉及如波长变化的问题超出了这种速率方程模型的范围，而行波模型更适合处理这种问题[46-47]。

我们考虑以单纵模、单横模工作的 SRL。在来自环形腔的小耦合输出的限制下，在环形腔中振荡的总电场可以写成两个反向传播的波的和，顺时针（CW，Clockwise）和逆时针（CCW，Counter-Clockwise）：

$$E(z,t)=E_{CW}(t)\exp[i(\omega_0 t - k_0 z)] + E_{CCW}(t)\exp[i(\omega_0 t + k_0 z)] + c.c. \quad (7.5)$$

式中，k_0 是纵向波数；ω_0 是该模式的光学频率。在缓慢变化的包络近似中，顺时针 E_{CW} 和逆时针传播模式 E_{CCW} 的幅度在时标上变化，这些时标比 ω_0 慢多个数量级。

速率方程模型在数学上用两个速率方程来表示缓慢变化的振幅 E_{CW} 和 E_{CCW}，用一个速率方程来表示载波数 N。这些方程为[19]：

$$\dot{E}_{CW} = \kappa(1+i\alpha)[g_{CW}N-1]E_{CW} - (k-\Delta k/2)e^{i(\phi_k-\Delta\phi_k/2)}E_{CCW} \quad (7.6)$$

$$\dot{E}_{CCW} = \kappa(1+i\alpha)[g_{CCW}N-1]E_{CCW} - (k+\Delta k/2)e^{i(\phi_k-\Delta\phi_k/2)}E_{CW} \quad (7.7)$$

$$\dot{N} = \gamma[\mu - N - g_{CW}N|E_{CW}|^2 - g_{CCW}N|E_{CCW}|^2] \quad (7.8)$$

式中，小圆点表示相对于时间 t 的微分；$g_{CW}=1-s|E_{CW}|^2-c|E_{CCW}|^2$，$g_{CCW}=1-s|E_{CCW}|^2-c|E_{CW}|^2$；$k$ 是场衰减率；γ 是载流子衰减率；α 是线宽增强因子；μ 是重整化注入电流，在透明度处 $\mu \approx 0$，在激光阈值处 $\mu \approx 1$。由于光谱烧孔效应，两个反向传播模式被认为使它们自己的增益和彼此的增益都饱和。自饱和效应和交叉饱和效应在现象上相加，分别由 s 和 c 建模。对于实际器件，交叉饱和效应比自饱和效应更强。反向传播模式的反射发生在光从环形腔耦合进入耦合波导的点，也可能发生在耦合波导的端面。这些局部反射导致由振幅 k 和相移 ϕ_k 表征的两个场之间的线性耦合。此外，由于在制造过程中引入的 SRL 不可避免的缺陷，SRL 在两个反向传播模式之间的线性耦合中将具有一定的不对称性。这种不对称性在式（7.6）至式（7.8）中作为 Δk 和 $\Delta\phi_k$ 引入，代表反向散射强度和相位中的差异。这种不对称性对于描述 SRL 的可激发性等现象是必要的[41]。

SRL 可以用作基于延迟的储备池计算机中的非线性节点，就像标准半导体激光器一样。然而，单模 SRL 可以以几乎相同的频率在两个反向传播的方向模式中发射，这一事实使得储备池计算设置具有更大的灵活性。首先，可以选择将不同的数据信号分别发送到每个方向模式的 SRL，或者将相同的数据信号发送到两个方向模式。换句话说，人们可以选择使用 SRL 的更高模态维度并行处理两个任务。如果不是，并且 CW 和 CCW 都用于相同的数据信号，则可以预期在延迟长度上展开的虚拟节点数量现在也能够分布在两种模式上。因此，对于相同的延迟长度，可以使用更多的虚拟节点，并且储备池计算可以加速两倍。其次，光学延迟线可以通过多种方式耦合到同一个 SRL 器件（图 7.7 是一种可能的配置）。因此，可以实现双模式下的自反馈（即 CW/CCW 模式在一定延迟后耦合回到 CW/CCW 模式）或交叉反馈（即 CW/CCW 模式在一定延迟后耦合回到 CCW/CW 模式）。当然，仅在一种模式下实现延迟反馈是可能的。然而，这将破坏由双向模式提供的维度增加的目的。因此，我们不考虑这种情况。

Nguimdo 等人通过使用适当的 Lang-Kobayashi 反馈项和光注入扩展 SRL 速率方程模型，对这些情况进行了研究[48]。反向散射是左对称的。速率方程，如 CW 模式的光场可表示为：

$$\dot{E}_{CW} = \kappa(1+i\alpha)[g_{CW}N-1]E_{CW} - ke^{i\phi_k}E_{CCW} + \eta_{CW}F_{CW}(t) + k_1 E_1(t) \quad (7.9)$$

CCW 模式的光场的速率方程可以用类似的方式写出。反馈项是 $F_{CW}(t)$ 和 $F_{CCW}(t)$，可以根据反馈配置明确定义。

7. 半导体激光器作为储备池基底

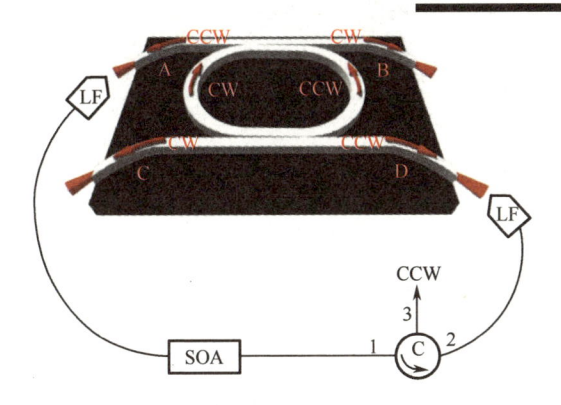

图 7.7 带有一个反馈回路的 SRL 示意图

在本例中，CW 模式受 CCW 模式的交叉反馈影响。浅色符号 A、B、C 和 D 是输出端口，LF 是透镜光纤，C 是环行器，SOA 是半导体光放大器。

对于交叉反馈配置：

$$F_{CW}(t) = E_{CCW}(t - T_{CCW})e^{-i\theta_{CCW}} \quad (7.10)$$

$$F_{CCW}(t) = E_{CW}(t - T_{CW})e^{-i\theta_{CW}} \quad (7.11)$$

式中，T_{CW} 和 T_{CCW} 是延迟时间；θ_{CW} 和 θ_{CCW} 是恒定的反馈相位。自反馈配置可以用类似的方式定义。式（7.9）中的最后一项是注入场 $E_1(t)$，包含要处理的相应任务的数据，其中 k_1 是注入强度。数值仿真总是考虑自发辐射噪声的实际水平。如之前在式（7.4）中所述，使用马赫-曾德尔调制器通过光注入来注入数据信号。数据信号的预处理根据文献[4]中描述的延迟型储备池的掩码程序进行。一个输入样本的长度与延迟长度相匹配。值得注意的是，两种模式下信号的预处理和后处理是独立的。因此，如果需要，掩码、虚拟节点数 N 和节点距离 θ 可以因模式而异。数值仿真中使用的 SRL 参数值可在表 7.3 中找到。信息处理任务可能因这两种模式（如 CW 用于任务 1，CCW 用于任务 2）而有所不同。

表 7.3 数值仿真中使用的 SRL 参数值

参　　数	值
α	3.5
s	0.005
c	0.01
κ	100ns^{-1}
γ	0.2ns^{-1}
k	0.44ns^{-1}
ϕ_k	1.5
$\theta_{CW,CCW}$	0
$\eta_{CW,CCW}$	10ns^{-1}

续表

参　　数	值
$k_{1,2}$	10ns^{-1}
N	100
θ	20ps
$t_{\text{CW,CCW}}$	2ns

图 7.8（a）显示了圣达菲时间序列从数值上获得的数值预测与自反馈和交叉反馈配置的泵浦电流 μ 的函数关系。结果指出，泵浦电流范围很宽，SRL 的储备池可以成功地预测圣达菲时间序列的下一步。对于自反馈配置，当 $\mu\approx1.5$ 时，获得了最小的 NMSE≈3%，而对于交叉反馈配置，当 $\mu\approx1.3$ 时，获得了最小的 NMSE≈4%。圣达菲时间序列预测系统的最佳性能与基于具有光反馈的半导体激光器的其他 RC 方案相似。这里可以注意到，对于自反馈和交叉反馈配置，误差随着泵浦电流非常缓慢地增加。这可以归因于所考虑的节点距离很小。在图 7.8（b）中，我们展示了不同泵浦电流下非线性信道均衡任务的性能。有关信道均衡任务的详细信息，参见文献[49]。在低于和高于泵浦电流阈值的两种反馈配置中，该任务都获得了非常好的性能。此外，产生良好性能的泵浦电流的范围与圣达菲时间序列预测中发现的范围一致。特别是，对于自反馈和交叉反馈配置，非线性信道均衡任务的最小符号错误率（Symbol Error Rate，SER）分别为 SER<0.1%和 SER≈0.1%。

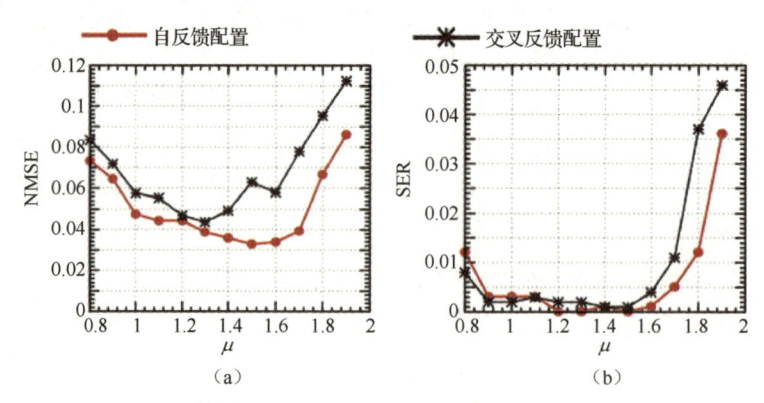

图 7.8　SRL 型储备池计算机在单一任务上的性能与泵浦电流 μ 的关系[48]

该任务是圣达菲时间序列预测和非线性信道均衡。该任务仅在 CW 模式下处理。NMSE 和 SER 值是具有随机生成的不同掩码的 10 个实现的均值。

SRL 具有两个方向模式，都可以由一个光数据信号独立寻址，因此 SRL 是有希望并行处理两个任务的候选者。为此，在圣达菲数据集中，我们考虑任务 1 的前 4000 个点以 CW 模式处理，任务 2 的后 4000 个点以 CCW 模式处理。输入数据被重新缩放，使得$-\pi\leqslant S_{1,2}(t)\leqslant\pi$。图 7.9 显示了系统的性能，对不同泵浦电流值的每个圣达菲时间序列中的未来样本同时进行预测，并考虑具有自反馈和交叉反馈配置的 SRL。

对于自反馈配置，结果是对于两个任务，存在 NMSE≤10%的宽范围泵浦电流。这意味着系统在泵浦电流的这个范围内成功地同时预测了每个圣达菲时间序列中的未来样本。特别是，两个任务的 NMSE 非常相似，对于任务 2，NMSE 最小约为 4%，对于任务 1，NMSE 最小约为 6%，$\mu \approx 1.3$，见图 7.9（a）。与图 7.8（a）所示的性能相比，很明显，两个混沌时间序列中的下一个样本的并行同时预测没有显著降低自反馈配置的性能。这表明，尽管两种模式是耦合的，但相互作用的影响并不显著。如图 7.9（b）所示，对于交叉反馈配置，在两个混沌时间序列中同时进行一步预测的 NMSE 更大。此外，对于这两个任务，只有很窄范围的泵浦电流值可以同时获得 10%的 NMSE。在本例中，任务 2 的 NMSE 最小约为 8%，任务 1 的 NMSE 最小约为 10%。这是考虑在相同的配置下，当只处理一个任务时所发现的最小 NMSE 的两倍，见图 7.8（a）。我们发现，因为交叉反馈配置在两个反向传播模式之间引入了附加耦合，所以 NMSE 增加。因此，与自反馈配置相比，从 CW 模式转换到 CCW 模式的信息量更大，反之亦然，从而妨碍了计算性能。

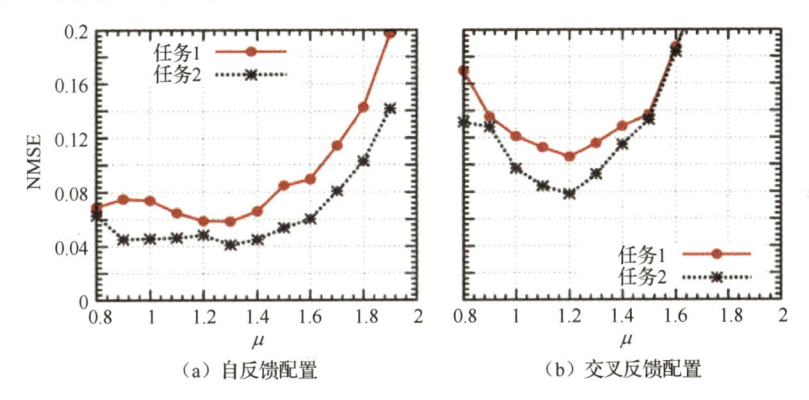

（a）自反馈配置　　　　　　　　（b）交叉反馈配置

图 7.9　SRL 型储备池计算机在两个并行任务上的性能与泵浦电流 μ 的关系[48]

任务是将圣达菲时间序列的预测性能表示为 NMSE。在双重自反馈和双重交叉反馈的情况下，任务 1 和任务 2 的 NMSE。

7.4.2　掺铒微芯片激光器

在文献[50]中，实验和数值分析表明，几种受光反馈影响的二极管泵浦掺铒微芯片激光器也可用于实现预测任务的储备池系统。使用圣达菲时间序列作为基准，该文献作者发现了与半导体激光器相似的性能。除了研究不同材料类型激光器中的储备池（需要光泵浦而不是电泵浦）外，该文献作者还考虑了接近或对应于时间延迟的输入数据的注入样本分离（即处理速度的倒数）。此外，在文献[50]中，作者探索了是否可以将数据直接耦合到反馈光束（即调制反馈路径），而不是使用额外的激光器将电数据光学注入到储备池。

7.4.3 半导体光学放大器

全光储备池的首次实验实现是基于放置在环形光腔中的半导体光放大器（SOA）的非线性响应[51]。在这种情况下，外部输入作为调制光场注入，读出层在检测后离线实现。储备池速度当时受到输入信号发生器速率的限制，低于 7.8μs/符号的输入处理速率。通过对数值结果和实验结果的全面比较，该文献作者强调了其模拟系统中存在的噪声会降低记忆容量、非线性信道均衡和孤立语音数字识别等任务的性能[51]。这一观察适用于迄今为止储备池的大多数光子实现。

7.5 结论

光子储备池计算机的高速实现是一个仍在进行研究并不断发展的活跃领域。如本章所述，受光反馈影响的半导体激光器满足了储备池高速实现的要求。光子储备池计算机发展的当前趋势包括将大部分光子元件集成到一起和开发整个系统全光学实现的可能性。光子集成旨在实现储备池的稳健运行，而完整的系统运行也必须包括输入层和读出层。除了实现基于半导体激光器的全光子系统的技术挑战外，我们还不清楚激光器非线性对计算性能的精确影响。在这种情况下，半导体激光器的振幅和相位响应的精确实验表征可以揭示光驱动半导体激光器的非线性作用。

最近的工作建议对原始方案进行某些修改，原始方案仍然可以提高激光储备池的性能。这些修改包括使用两个延迟环路[52]以扩展系统的衰退记忆，或者组合不同激光参数的响应以增强系统的计算能力。从应用的角度来看，设计能够与现有技术兼容的光子储备池计算机是至关重要的。总之，为了建立光子储备池计算机，使其成为现实世界应用技术中的有力竞争者，在基础和技术层面上仍然存在一些挑战。在这种情况下，激光储备池在功率效率和处理速度方面具有优势，消除了光子应用中的电子瓶颈。在光子学中，可以从这些特性中受益的潜在应用是使用驱动半导体激光器和储备池范式恢复光通信信号[53]。

原著参考文献

8. 先进的储备池计算机：模拟自主系统和实时控制

Piotr Antonik, Serge Massar, and François Duport

8.1 导言

在理想情况下，脑启发的信息处理系统应该是自主设备，自主设备接收模拟输入，生成模拟（或者数字）输出，此外还应该能够自我学习以产生所需的输出。这样的设备可以被用作黑匣子，可以连接到其他设备，或者连接到它们自己。因此，它们将成为用以建造越来越复杂的模拟信息处理系统的基础材料。

然而，实现这样的自主黑匣子设备是非常复杂的。由于这个原因，在最初的实验中，只有小部分设备是实验实现的，其余则是数字实现的。建造完全自主系统的复杂工程任务留待以后完成。这种循序渐进的方法在科学上是非常自然的。实验性储备池计算的发展很好地说明了这种分段实现。这种方法的一个很好的例子是一篇开创性的论文[1]，该论文使用了实验性的光电非线性，但以数字方式实现了系统的所有其余部分。

在储备池计算的情况下，另一个重要的简化在文献[2]中介绍，即基于本书第5章中描述的单个非线性节点和延迟线的架构。除了概念上的意义之外，这种架构还大大简化了实验实现，因为它用更容易构建和调试的串行（顺序）系统代替了并行系统。因此，这种架构已经成为使用新型基底研究储备池计算的理想选择，如果有必要，还可以使用数字延迟线。使用这种方法的实验包括电子系统[2]、第一台光子储备池计算机[3-4]、第一台全光储备池计算机[5]、基于具有延迟反馈激光器的第一台储备池计算机[6]、使用纳米级自旋电子振荡器的第一台储备池计算机[7]以及使用非线性机械振荡器的第一台储备池计算机[8]。

一些实验没有采用基于延迟动态系统的架构，但是它们也需要极大地简化系统。例如，文献[1]提到的方法和第一个片上储备池计算机[9]（见第3章），它不得不求助于对神经元的串行测量。

所有这些实验都是实验储备池计算发展的重要里程碑。但是如上所述，它们只实现了储备池计算机的一部分，还远远不是一个自主系统。为实现全模拟储备池计算机的理念，已经有几个关键的步骤被实施。我们在8.3节中描述了如何实现接近于一个完全自主系统的更完整的系统，其中输入层、基于延迟动态系统的光子储备池计算机以及读出层都是通过实验实现的。但是，请注意，严格地说，我们描述的实验中的读出层并不是完全自主的，因为它产生一个连续信号，需要在特定时间进行采样才能产生所需的输出。这些结果基于文献[10]。

系统[10]中最困难的部分似乎是读出层。实际上，模拟输出是一个线性组合，具有储备池状态的正负权重。这种线性组合易于数字实现。但是模拟实现是困难的，因为读出权重上的微小误差或者读出层中出现的任何附加噪声都会对输出信号产生很大的影响。因此，我们认为模拟读出层将是实验储备池计算机开发中需要克服的一个关键问题。

在 8.4 节中，我们考虑了一个可以实时交互的光子储备池计算机。事实上，在任何真实世界的应用中，储备池计算机将不得不与它们的环境实时相互作用。例如，这可能是由于储备池计算机必须完成的任务发生了变化，或者是因为储备池动态变化缓慢。我们将储备池计算机耦合到配有模数转换器（ADC）和数模转换器（DAC）的现场可编程门阵列（FPGA）中来探索这些可能性。然而，必须承认，在这些实验中，我们通过在 FPGA 上以数字方式实现读出层（如上所述，这在实验上很难实现）来简化储备池计算机。下一步自然是使用具有模拟读出层的储备池重复这些实验。

作为上述概念的应用，我们考虑在线训练，实时更新储备池计算机的读出权重。这使得储备池计算机能够处理随时间变化的任务。本实验基于文献[11]。这种方法还可以训练模拟读出层，而不必对读出层进行详细建模，如文献[12]中的数值所示。将我们在这里给出的结果与文献[13]的最近工作进行比较是很有趣的，其中在线训练用于模拟读出层，但储备池的更新速率（即处理连续输入的速率）约为 5Hz，而文献[11]的更新速率超过 130kHz。

最后，我们在 8.5 节展示了储备池计算机的实时控制如何实现输出反馈，其中过去的输出用于驱动系统。这允许使用新的功能，如模式生成和混沌系统的仿真，使用简单的储备池结构是不可能执行这些操作的。文献[14]中介绍了用于混沌系统仿真的输出反馈。人们对这个问题的兴趣最近又有所增长，出现了一些理论贡献[15-18]。我们在这里描述的实验基于文献[19]。

本章的主要结论（见 8.6 节）是，开发具有实时控制的自主储备池计算机对于应用和启用新功能是必不可少的。因此，这是该领域的一个关键挑战。

8.2 简单的光子储备池计算机

本章介绍的几个实验基于首次在文献[3]、[4]中介绍的储备池计算的光电实现，如图 8.1 所示，内容参见第 6 章。为了完整起见，我们在这里回忆一下它的工作原理。我们首先回忆一下描述储备池计算机的基本方程[14,20]。系统由外部信号 $u(n)$ 驱动，包含 N 个内部变量 $x_i(n)(i=0,\cdots,N-1)$，并产生输出 $y(n)$，式中 n 是离散时间。它由以下方程描述：

$$s_i(n)=M_i u(n)+b_i, \quad 输入层 \qquad (8.1)$$

$$x_i(n) = f\left(\sum_j W_{ij}^{res} x_j(n-1) + s_i(n)\right), \quad 储备池 \qquad (8.2)$$

$$y(n) = \sum_i W_i x_i(n), \quad 读出层 \tag{8.3}$$

式中，$f(\cdot)$ 是非线性函数；M_i 是输入掩模（也记为 W_i^{in}）；b_i 是输入偏差；W_{ij}^{res} 是储备池互连模型；W_i 是读出系数（也记为 W_i^{out}）。在大多数实现中，除了为获得最佳性能而调整的全局缩放之外，M_i、b_i、W_{ij}^{res} 可以从一些分布中随机选择。选择读出系数 W_i 以优化性能。

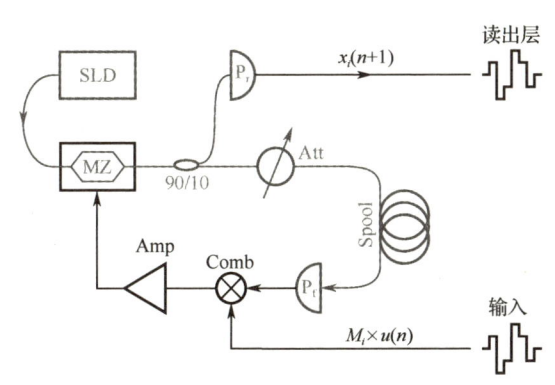

图 8.1 光子储备池的示意图[21]

它包含一个光源（SLD 或 DFB 激光器）、一个马赫-曾德尔调制器（MZ）、一个 90/10 分束器、一个衰减器（Att, attenuator）、一个光纤线轴（Spool）、两个光电二极管（P_r 和 P_f）、一个电阻组合器（Comb）和一个放大器（Amp）。光学和电子元件分别以灰色和黑色显示。

对于文献[22]和第 5 章中描述的基于延迟的储备池计算机，式（8.2）替换为：

$$\begin{aligned} x_i(n) &= f(\alpha x_{i-k}(n-1) + \beta s_i(n)), & i = k, \cdots, N \\ x_i(n) &= f(\alpha x_{N+i-k}(n-2) + \beta s_i(n)), & i = 0, \cdots, k-1 \end{aligned} \tag{8.4}$$

式中，α 和 β 分别是 W_{ij}^{res} 和 M_i 的全局比例参数，称为反馈增益和输入增益；$k=0$（同步模式，这种情况下 f 必须包含一个低通滤波器，参见文献[2]、[3]），或者 $k>0$（非同步模式）。

图 8.1 描述了实现式（8.4）的光电设置。光子储备池层由一条延迟线和单个非线性节点组成。以前在非线性动力学的一般背景下研究过类似的系统，参见文献[23]~[25]。该储备池层基本上与文献[3]、[4]、[26]~[30]中使用的光子储备池层相同。

延迟线由一卷光纤组成（约 1.7km 长的 SMF28e）。内部变量 x_i 沿着延迟线被时分复用。它们由在固定时间窗口内沿延迟线传播的光强度表示。在光纤末端，反馈光电二极管 P_f 将光反馈信号转换成电压。产生的信号随后被放大以驱动马赫-曾德尔调制器。不同实验之间的光源可以不同。我们通常使用 DFB 激光器（Covega-SFL-1550p-NI，波长约为 1550nm）或超辐射发光二极管（SLD：Super-luminescent Diode, Thorlabs SLD1550P-A40），也以 1550nm 的标准通信波长发射。

该马赫-曾德尔调制器的正弦响应被用作储备池的非线性，即式（8.2）和式（8.4）中的非线性函数 f。在实验期间，马赫-曾德尔调制器的偏置点被有规律地调谐，以确保适当的正弦响应。换句话说，如果没有信号施加于马赫-曾德尔调制器的 RF 端口，则其透明度为50%。在一些工作[3]中，马赫-曾德尔调制器的偏置点被认为是一个可调参数，允许修改非线性函数 f。这里的偏置点不变，因此 f 保持固定。在马赫-曾德尔调制器的输出端，10%的光强度被读出光电二极管 P_f 拾取，剩余的90%在进入光延迟线之前被可调光衰减器衰减。这种衰减器允许调节光腔的反馈增益，即式（8.4）中的系数。光腔往返时间的典型值是 $T \approx 8.4 \mu s$。如果我们忽略信号的恒定部分（在任何情况下都被放大器滤除），没有输入的系统的动力学可以近似为：

$$x(t) = \sin(\alpha x(t-T)) \tag{8.5}$$

为了进行计算，我们用去同步信号驱动谐振腔，参见文献[4]。为此，我们通过下列关系定义每个内部变量的连续时间 θ：

$$T = (N+k)\theta \tag{8.6}$$

式中，T 是往返时间；k 表示去同步化的程度。我们通过连续时间 $T' = N\theta$ 的采样保持程序将离散时间输入 $u(n)$ 转换为连续信号 $u(t)$。因此，在连续时间内，储备池计算机的输入由下式给出的阶跃信号表示：

$$u(t) = u(n), \ t \in [(n-1)T', nT'] \tag{8.7}$$

内部变量 $x_i(n)$ 的值由 $t \in [(i-1)\theta+(n-1)T', i\theta+(n-1)T']$ 时间间隔内的平均值 $x(t)$ 给出。输入信号 $s_i(n)$ 设置为输入信号 $u(n)$ 乘以输入掩模（掩码）M_i，见式（8.1），偏置 b_i 设置为0。在连续时间中，输入掩模由周期为 T' 的周期函数 $m(t)$ 表示。

因此，被驱动系统的连续时间动力学可以描述为：

$$x(t) = \sin(\alpha x(t-T) + \beta m(t) u(t)) \tag{8.8}$$

在离散时间中，如果 $i>k$，则变量 $x_i(n)$ 连接到 $x_{i-k}(n-1)$；如果 $i \leq k$，则变量 $x_i(n)$ 连接到 $x_{N+i-k}(n-2)$。因此，式（8.4）给出了离散时间中的相应动态。

8.3 模拟输入层和读出层的实验实现

尽管人们对储备池计算范式的兴趣越来越大，但其在处理容易性和速度方面的潜力尚未得到充分开发。特别是，贯穿本书的所有先前的实验，要么需要对输入进行数字预处理，要么需要对输出进行数字后处理，或者两者都需要（即至少数字实现输入层或读出层）。如果打算使用物理储备池计算机作为通用和有效的独立解决方案，那么这确实是一个主要的限制。此外，除了速度和多功能性的优势外，全模拟装置还可以将储备池的输出反馈到储备池本身，从而实现新的训练技术[31]以及利用储备池计算机完成新型任务，如模式生成[14,32]（见 8.5 节）。

在这里，我们讲述文献[10]的工作。请注意，已经采取了一些措施来实现完全模拟储备池。文献[26]中报道了第一个模拟读出层,但性能不太好。在一份未发表的手稿[30]中,展示了如何实现模拟输入层。事实上,模拟输入层实现起来相对简单,因为它包括将输入信号乘以随机权重。这些权重的精确值并不十分重要,因为它们可以在一定的全局范围内随机选择。文献[27]、[29]、[33]、[34]中考虑了输入权重的优化。

在文献[26]内给出了第一份带有模拟读出层的储备池计算机报告。这个解决方案在单个任务上进行测试,其获得的结果并不像使用数字输出获得的结果一样好。构建模拟读出层的困难源于需要执行的计算的本质。实际上,储备池计算机的输出是许多内部状态具有正负权重的线性组合,这需要非常高的计算精度。虽然这种精度是用数字计算机自然获得的,但用模拟积分装置达到这一精度具有相当大的挑战性。

在本节,我们介绍最初在文献[10]中报道的第一台全模拟储备池计算机。这种实现方案将模拟光信号作为输入,并以产生的与任务请求的输出成比例的模拟电信号作为输出。由此证明了储备池计算的概念可以完全通过由模拟部件处理的模拟信号来实现。这为新的多个基于高带宽独立储备池和反馈回路储备池的开发开辟了道路。

8.3.1 实验设置

实验设置如图 8.2 所示。它由输入层、储备池和读出层组成。8.2 节介绍了光子储备池的工作原理。下面将专门讨论输入层和读出层。

8.3.1.1 输入层

在基于具有单个非线性节点的延迟动态系统的储备池计算机中,输入掩模 M_i 起着至关重要的作用,因为它破坏了系统的对称性,使得每个内部变量 $x_i(n)$ 对输入 $u(n)$ 具有不同的依赖性。由于这个原因,输入掩模的优化已经成为多项研究的主题[27,29,33-34]。在本实现中,输入掩模 $m(t)$ 独立于输入引入,并且本质上是连续的,这极大地简化了其硬件实现。

按如下方式生成光输入信号。使用马赫-曾德尔调制器(Photline MXAN-LN-10)对超辐射发光二极管(SLED Denselight DL-CS5254A)进行调制,以生成与储备池计算机的输入 $u(t)$ 成比例的光信号。然而,马赫-曾德尔调制器对施加的电压表现出正弦响应。以下内容解释了为获得线性响应我们如何预补偿驱动输入层和读出层内部马赫-曾德尔调制器的信号(见图 8.2)。

我们考虑马赫-曾德尔调制器输入端的光强 I_{in}、插入损耗 ρ、半波电压 V_π。通过下列方程给出调制器输出端的光强度 I_{out} 与驱动电压 $v(t)$ 的函数关系:

$$I_{out}(t) = \rho I_{in} \frac{1}{2}\left(1 + \sin\left(\frac{\pi}{V_\pi}v(t)\right)\right) \tag{8.9}$$

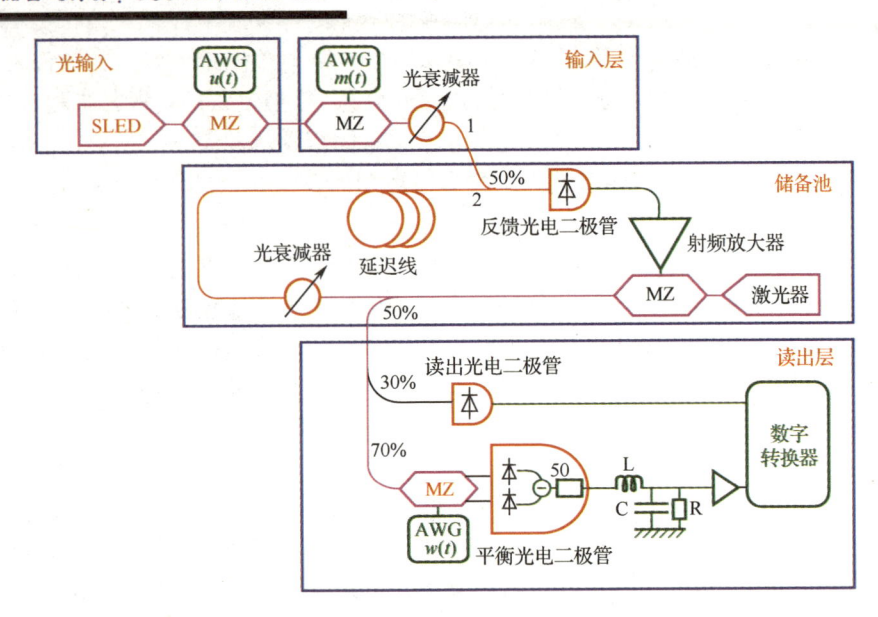

图 8.2　实验设置[10]

光输入产生必须处理的信号。输入层将输入信号乘以输入掩模。储备池是一个延迟动态系统，其中马赫-曾德尔调制器充当非线性。读出层产生与所需输出成比例的模拟电信号。电气元件为绿色，光学元件为红色和紫色，紫色用于偏振保持光纤元件（用于避免使用偏振控制器），红色表示非偏振保持光纤组件。AWG 表示任意波形发生器（Arbitrary Waveform Generator）；RF amplifier 表示射频放大器；R、L、C 分别表示电阻器、电感器和电容器。

预补偿的目的是在马赫-曾德尔调制器的输出端获得与输入光强和信号 f(t) 乘积成比例的光强。通过取值 v(t)，可以达到这个目的。

$$v(t) = \frac{V_\pi}{2}\frac{2}{\pi}\arcsin(f(t)) \tag{8.10}$$

式中，我们假设信号 f(t) 属于区间[-1,1]。因此，信号应载入任意波形发生器（AWG），并以 $V_\pi/2$ 的振幅生成。

$$g(t) = \frac{2}{\pi}\arcsin(f(t)) \tag{8.11}$$

该预补偿输入信号的采样速率接近 200MS/s，分辨率为 16 位（NI PXI-5422）。因此，发送到储备池计算机的光信号强度分布由下式给出。

$$I_{in}(t) = I_0(t) \tag{8.12}$$

式中，输入被缩放，以便 u(t)∈[0,1]。

与输入掩模相乘是通过另一个 AWG（Tabor WW2074）以相同的采样速率和分辨率（200MS/s 和 16 位）实现的，该 AWG 驱动一个额外的马赫-曾德尔调制器（Photline MXAN-LN-10）。与输入掩模相乘后的光信号具有强度：

$$\begin{aligned}I(t) &= m(t)I_{in}(t)\\ &= m(t)u(t)I_0\end{aligned} \tag{8.13}$$

式中，掩模被缩放，以便 m(t)∈[0,1]，并且为了简单起见，我们没有写出马赫-曾德尔调制器的插入损耗。

可调光衰减器（Agilent 81571A）用于调节输入信号的强度，即式（8.4）中的 β 系数。非相干光源（SLED）的使用避免了注入谐振腔中的信号和谐振腔中已存在信号之间的干涉（由于该信号来自激光器，所以是相干的）。因此，在 50%光纤耦合器的输出端，反馈光电二极管生成与 $\alpha x(t-T)+\beta(t)u(t)$ 成比例的电信号［与式（8.8）相比］。

关于输入掩模 $m(t)$ 的选择，我们使用正弦信号，如文献[30]所述。这种类型的最简单掩模信号是频率为 p/T' 的单个正弦信号，其中 p 为整数：

$$m_p(t) = \frac{1}{2}\left(1+\sin\left(-\frac{\pi}{2}\cos\left(2\pi\frac{p}{T'}t\right)\right)\right) \quad (8.14)$$

然而，其性能在很大程度上取决于 p 的值，如果 p 选择得好，则结果接近于我们使用随机输入掩模所能获得的结果。但是，这只有在输出经过数字后处理时才成立。当用实验模拟读出层获得结果时，它们明显不如从随机掩模获得的结果好。

我们发现，当使用包含两个频率 p/T' 和 q/T' 的输入掩模 m_{pq} 时，性能显著提高：

$$m_{pq}(t) = \frac{1}{2}\left(1+\sin\left(-\frac{\pi}{4}\cos\left(2\pi\frac{p}{T'}t\right)-\frac{\pi}{4}\cos\left(2\pi\frac{q}{T'}t\right)\right)\right) \quad (8.15)$$

选择式（8.15）中余弦的相位，以确保当输入 $u(t)$ 存在不连续性时，掩模在 $t=nT'$ 时消失。因此，发送到谐振腔中的信号是没有任何不连续性的平滑函数，并且输入信号和掩模之间的同步被大大简化。

图 8.3 给出了掩模输入信号的轨迹。注意，有必要扫描 p 和 q 的值以获得良好的结果。

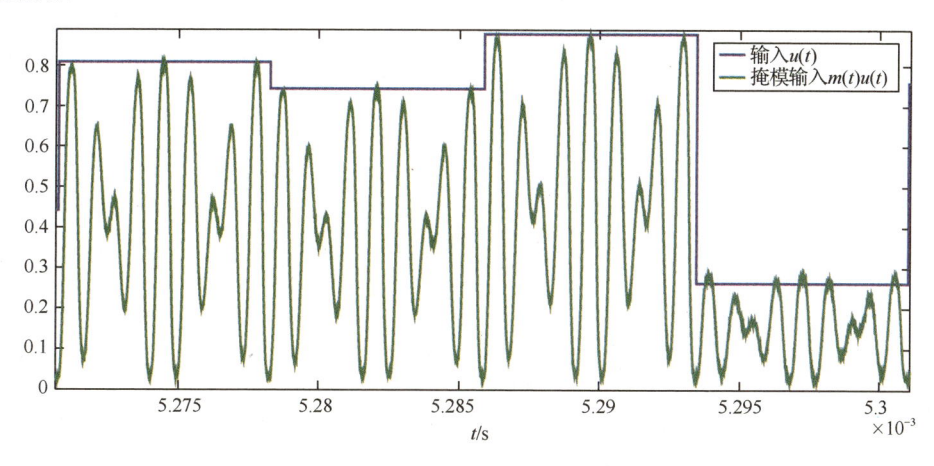

图 8.3 掩模输入信号的轨迹[10]

深色曲线是光输入 $I_{in}(t)=I_0u(t)$。浅色曲线记录了 $p=7$ 和 $q=9$ 时的掩模输入信号 $m_{pq}(t)I_{in}(t)$，它由光电二极管和数字转换器测得。缩放垂直轴，使其最大范围为[0,1]，即 $I_0=1$。

8.3.1.2 读出层的一般原则

读出层负责生成储备池的输出 $y(n)$。它由两部分组成：第一部分测量储备池的内部状态 $x(t)$；第二部分产生输出本身。

如图 8.2 所示，发送到储备池的光强度的 30%被读出光电二极管（TTI TIA525）检测到。所得信号由数字转换器（NI PXI-5124）以 200MS/s 的速度记录，分辨率为 12 位，带宽为 150MHz。该信号在训练阶段用于计算内部变量 $x_i(n)$ 和读出系数 W_i 的值（按照下面描述的方法）。剩余 70%的光强由双输出马赫-曾德尔调制器（带宽为 10 GHz 的 Photline MXD0-LN-10）使用 AWG（Tabor WW2074）产生的信号进行调制。该调制器的两路输出是互补的，由平衡光电二极管（TTI TIA527，截止频率为 125MHz，输出阻抗为 50Ω）检测。该调制器的偏置点经过定期调整，以获得正弦响应。换句话说，如果没有信号施加在马赫-曾德尔调制器的 RF 端口上，则两个输出都具有 50%的透明度，并且平衡光电二极管输出端的信号为零。如果正（负）电压驱动马赫-曾德尔调制器，则平衡光电二极管输出端的信号为正（负）。以这种方式构造读出层的原因是，内部变量由储备池内部的光强给出，因此它们的值是正的。但是为了用储备池计算机处理信息，需要正负读出系数 W_i。使用与平衡光电二极管耦合的双输出马赫-曾德尔调制器，我们可以通过正的或负的系数来调制内部变量。来自平衡光电二极管的信号由低通 RLC 滤波器滤波，其作用是对加权内部变量进行模拟求和。然后，低通 RLC 滤波器的输出在由数字转换器（NI PXI-5124）的第二信道记录之前被放大。在每个时刻 $t=nT'$，所得信号的值是储备池 $y(n)$ 的输出。

8.3.1.3 读出层的读出系数的计算

读出层中的平衡马赫-曾德尔调制器由 AWG 产生的信号驱动。使用下面描述的方法，计算连续时间权重函数 $w(t)$。由于 AWG 产生的信号经过预补偿，因此平衡光电二极管输出端的信号与 $w(t)x(t)$ 成比例。

在双输出马赫-曾德尔调制器的情况下，该调制器的两个输出端的光强度 I_{out1} 和 I_{out2} 由下式给出：

$$I_{out1}(t) = \rho I_{in} \frac{1}{2}\left(1 + \sin\left(\frac{\pi}{V_\pi}\frac{V_\pi}{2}g(t)\right)\right) = \rho I_{in} \frac{1}{2}(1+f(t)) \tag{8.16a}$$

$$I_{out2}(t) = \rho I_{in} \frac{1}{2}\left(1 - \sin\left(\frac{\pi}{V_\pi}\frac{V_\pi}{2}g(t)\right)\right) = \rho I_{in} \frac{1}{2}(1-f(t)) \tag{8.16b}$$

因此，当用平衡光电二极管检测这两个输出时，生成的信号应与调制器输入端的光强乘以信号 $f(t)$ 的结果成比例。

图 8.4 给出了当范围为-1～1 的 47 个（以斜坡形式展示的）读出系数 W_i 用于模拟读出掩模时，平衡光电二极管（有和没有预补偿）后的响应。

用 $h(t)$ 表示放大器后面的低通 RLC 滤波器的脉冲响应，由数字转换器的第二信道检测的信号 $y_c(t)$ 可以表示为：

$$y_c(t) = (w(t)x(t)) * h(t)$$
$$= \int w(\tau)x(\tau)h(t-\tau)\mathrm{d}\tau \tag{8.17}$$

由于我们使用实（因果）滤波器，式（8.17）中的积分是在 $\tau \in [-\infty, t]$ 区间上完成的。连续时间权重函数 $w(t)$ 是周期 T' 的阶梯函数，定义如下：

$$w(t) = W_i, \quad nT' + (i-1)\theta \leq t \leq nT' + i\theta \tag{8.18}$$

式中，$1 \leq i \leq N$；$n \in \mathbf{Z}$；θ 是每个内部变量的连续时间。储备池计算机的输出 $y(n)$ 是离散时间的函数。它等于时间 nT' 时的连续输出 $y_c(t)$，可以表达为：

$$y(n) = y_c(nT')$$
$$= \sum_{r=0}^{n-1} \sum_{i=0}^{N} W_i \int_{rT'+(i-1)\theta}^{rT'+i\theta} x(\tau)h(nT'-\tau)\mathrm{d}\tau \tag{8.19}$$

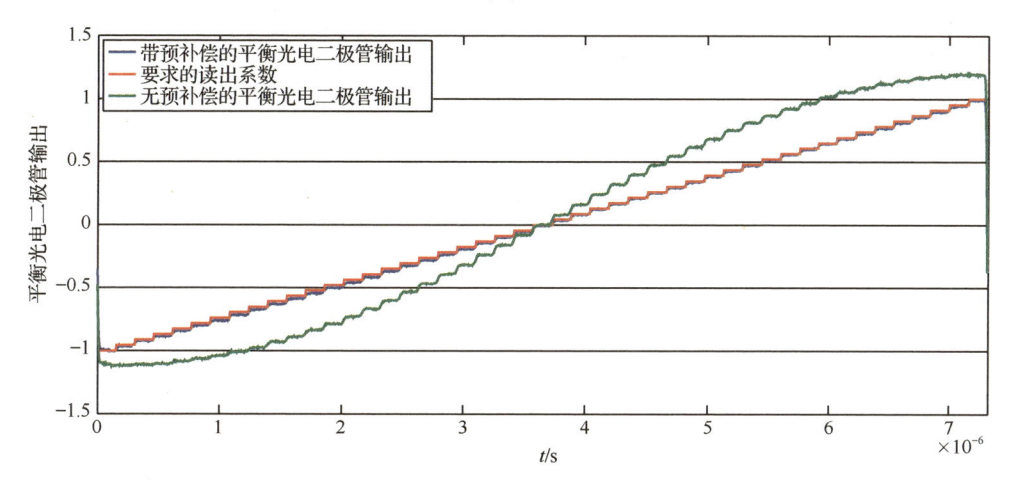

图 8.4 双输出马赫-曾德尔调制器的预补偿[10]

该图用于测试的信号 $f(t)$ 是在周期 T'（红色曲线）$-1 \sim 1$ 的 47 个值的阶梯函数。绿色曲线是 $f(t)$ 上未施加预补偿的平衡光电二极管的输出。使用预补偿时，蓝色曲线是平衡光电二极管的归一化输出。

为了计算读出层的读出系数，新的内部变量 $x_i(n)$ 定义为：

$$x_i(n) = \sum_{r=0}^{n-1} \int_{rT'+(i-1)\theta}^{rT'+i\theta} x(\tau) h(nT'-\tau) \mathrm{d}\tau \tag{8.20}$$

实际上，读出层的脉冲响应具有有限的长度。设 l 是一个整数，使得脉冲响应比 lT' 短（即对于 $t > lT'$，$h(t) \approx 0$），式（8.19）和式（8.20）中 r 的和可以限制为从 $n-1-l$ 到 $n-1$ 的值。注意，由于脉冲响应连续时间比 T' 长，所以当前输出 $y(n)$ 包含从光强度 $x(t)$ 到过去 l 输入周期的贡献，这相对于传统的储备池计算机而言差异不大，参见式（8.3）。在我们的实验中，对于信道均衡任务，我们使用 $l=10$，对于 NARMA10 和雷达信号预测，使用 $l=15$。

在实验开始时，我们通过在双输出马赫-曾德尔调制器上施加电压阶跃来记录读出层的阶跃响应（对阶梯函数的响应）。所记录信号的导数是读出层的脉冲响应 $h(t)$。

注意，获得良好结果的关键点是当施加等于零的读出系数时，优化信号的消光。事实上，平衡马赫-曾德尔调制器和平衡光电二极管具有一些缺陷，即调制器的两个输出的插入损耗和开/关比不同，以及每个光电二极管的响应度不同。由于这些原因，马赫-曾德尔调制器的 RF 端口上的零电压不会在读出层的输出端对光输入完全消光。如果不考虑这种影响，则会降低读出层的性能。为了对其进行补偿，我们测量了使得储备池输出端获得信号完全消光所需的小偏移量。当我们预补偿读出掩模时，会考虑这个偏移量。

在训练阶段期间，我们使用读出光电二极管（数字转换器的第一个信道）记录储备池的输出 $x(t)$。然后将该记录与读出层的脉冲响应 $h(t)$ 相结合，以计算新的内部变量 $x_i(n)$，见式（8.20）。通过这些内部变量，我们使用吉洪诺夫（岭）正则化[35]计算 W_i。对应的逐步周期信号 $w(t)$ 用 W_i 的最高绝对值归一化，以便适合读出层的最大调制能力。在获得 $y_c(t)$ 之后，将相应的增益（W_i 的最高绝对值）应用于记录的信号，最后应用偏移量校正。

注意，产生输出信号 $w(t)$ 的 AWG 具有有限的分辨率，因此表现出降低输出 $y_c(t)$ 质量的量化噪声。如果 W_i 的振幅都是可比较的，则这种影响被最小化。这可以通过增加岭正则化参数来加强。在本实验中，我们发现采用比使用数字读出层时大 10 倍的岭正则化参数是有用的。

读出层的性能明显取决于脉冲响应 $h(t)$，不同的任务在不同的脉冲响应下工作得更好。在实践中，我们首先在数值上测试 R、L 和 C 的不同值，然后通过实验实现那些提供良好结果的值。使用的典型值为 1.6～10kΩ 范围内的 R，760pF～1.2nF 范围内的 C，L=1.8mH。

8.3.2 结果

全模拟储备池计算机在储备池计算界通常考虑的三个任务上进行了测试，即非线性通信信道的均衡、NARMA10 和雷达信号的预测。将结果与文献[4]进行比较，使用了实际上相同的光子储备池计算机，在雷达任务中使用了全光储备池[5]。文献[4]、[5]都使用了相似数量的内部变量，但没有模拟输入层和读出层。

在所有情况下，我们使用 N=47 个内部变量，k=5。输入掩模 p/T' 和 q/T' 的两个频率是 $7/T'$ 和 $9/T'$。在实验之前或在实验期间，对反馈增益式（8.4）中的 α 和输入增益式（8.4）中的 β 进行扫描，以找到其最佳值。对于每组参数，在实验中使用几个数据集，以便有足够的统计数据。在我们的实验中，当回路内的衰减器设置为 9.5dB 时，反馈增益 α=1。在这种衰减下，当没有施加输入信号时，谐振腔中出现微小的振荡。这对应于 264.4μW 的反馈光电二极管所接收的最大光功率（在回路内马赫-曾德尔调制器的最大透明度下）。为进行比较，当输入接通并且输入层中的衰减器设置为 0dB 时，反馈光电二极管所接收的光信号为 1.46mW。当储备池的输入属于区间[0,1]时，获得 β 系数为 1 的输入光学衰减约为 7.4dB。

重要的是，我们不对获取的信号 $y_c(t)$ 进行任何时间平均。由于这个原因，输出受到量化噪声的影响（见下面的讨论）。此外，请注意，因为每个数据集被发送到实验两次（一次用于测量 $x(t)$ 和计算 $w(t)$，一次用于测量 $y_c(t)$），所以实验的稳定性比使用数字后处理的实验更重要。为了确保稳定性，我们定期调整所有马赫-曾德尔调制器的工作点。

8.3.2.1 非线性信道均衡

该任务的目的是补偿受微小非线性和记忆效应影响的无线通信链路的失真。以前在储备池计算文献中使用过。例如，文献[14]、[36]。从数值集 {-3,-1,1,3} 中随机抽取的符号序列 $d(n)$ 通过具有符号间干扰（由于多径传播和/或信道末端的带通滤波器）的信道模型：

$$\begin{aligned} q(n) = & 0.08d(n+2) - 0.12d(n+1) + d(n) + \\ & 0.18d(n-1) - 0.1d(n-2) + 0.091d(n-3) - \\ & 0.05d(n-4) + 0.04d(n-5) + 0.03d(n-6) + \\ & 0.01d(n-7) \end{aligned} \quad (8.21)$$

随后是非线性变换：

$$u(n) = q(n) + 0.036q^2(n) - 0.011q^3(n) + \text{noise} \quad (8.22)$$

使用 4dB 的步长，从 12～32dB 扫描信噪比（SNR）。储备池计算机的输入是有噪声和失真的序列 $u(n)$，而目标输出是符号 $d(n)$ 的原始序列。对于每个 SNR，均衡的质量由符号错误率（SER）给出。我们使用 5 个不同的数据集。对于每个数据集，储备池被训练超过 3000 个时间步，然后用第二个 6000 个时间步的序列测试其性能（评估 SER）。图 8.5 给出了实验结果及其相应的标准偏差。与文献[4]中获得的结果相比，我们观察到了轻微的退化。呈现的结果明显优于文献[26]中给出的结果（如在 SNR 为 32dB 时，与 10^{-2} 相比，SER 为 10^{-4}）。部分原因是所用内部变量的数量较大（47 个而不是 28 个）、读出层的表征更好，以及输出滤波器脉冲响应的选择更好。

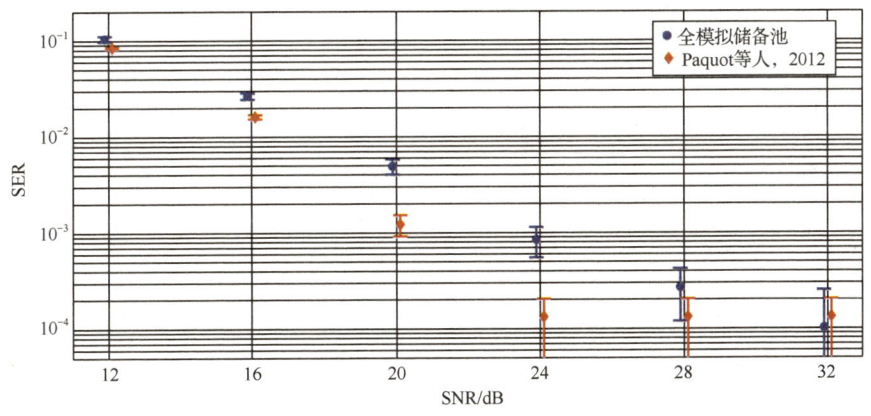

图 8.5 对于 SNR 从 12～32dB 的非线性信道进行均衡所获得的结果[10]

对于每个 SNR，SER 与 5 个数据集上的相应误差条一起给出。深色圆圈是用全模拟储备池获得的结果，浅色菱形是文献[4]中给出的结果（类似光子储备池计算机，但没有模拟输入层和读出层）。

对于这个任务，反馈光衰减器设置为 11.25dB，输入光衰减器设置为 5dB，读出层具有参数 R=1.6kΩ，C=1.2nF，L=1.8mH。图 8.6、图 8.7 和图 8.8 示出了读出层的测量脉冲和阶跃响应、输出信号 $y(t)$ 的样本以及读出系数 W_i 的曲线图。

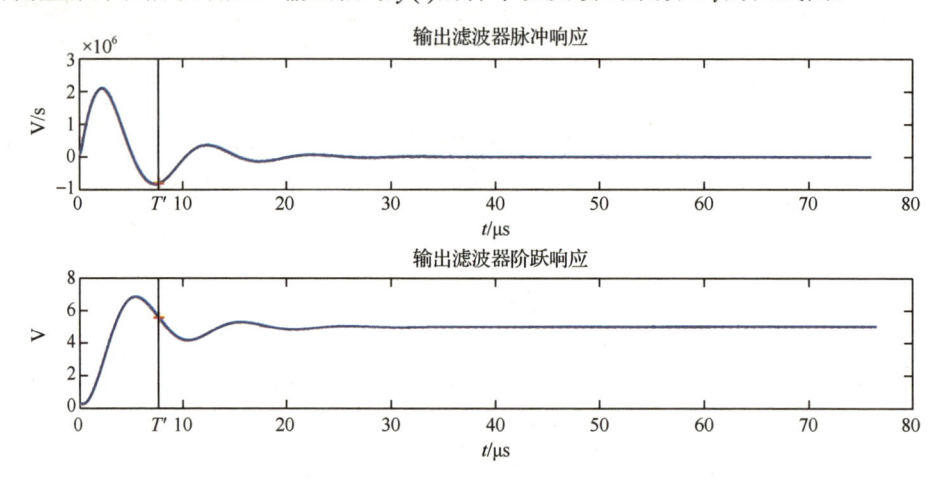

图 8.6　用于非线性信道均衡的读出层的脉冲和阶跃响应[10]

在实验开始时记录阶跃响应。其导数给出读出层的脉冲响应。标红的地方给出 T'=7.598μs 时的信号值。

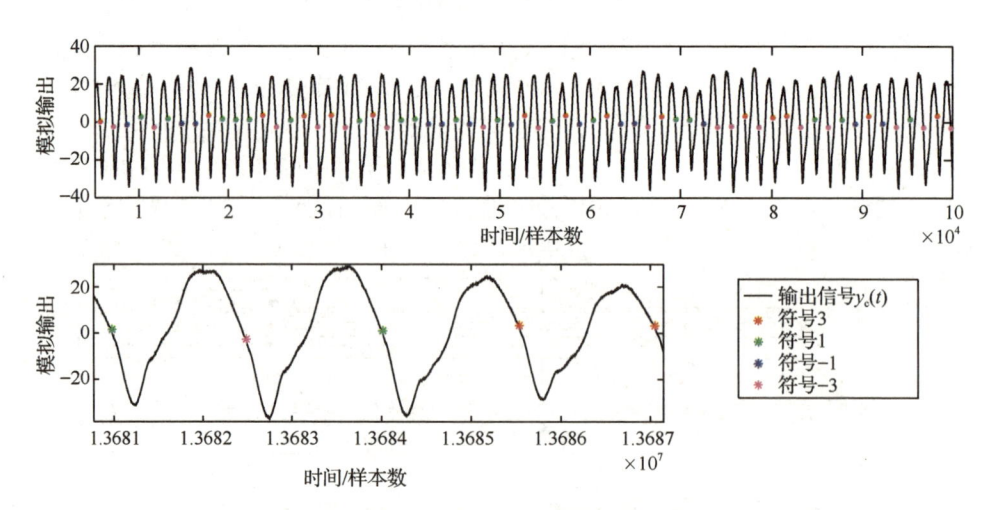

图 8.7　用于非线性信道均衡任务的读出层输出端的信号[10]

时间以样本数为单位（200MS/s）。黑色曲线是具有最终增益校正（乘以 W_i 的最大绝对值）的已获得信号 $y_c(t)$。星号表示输出值 $y_c(nT')=y(n)$。不同的颜色对应不同的符号值。

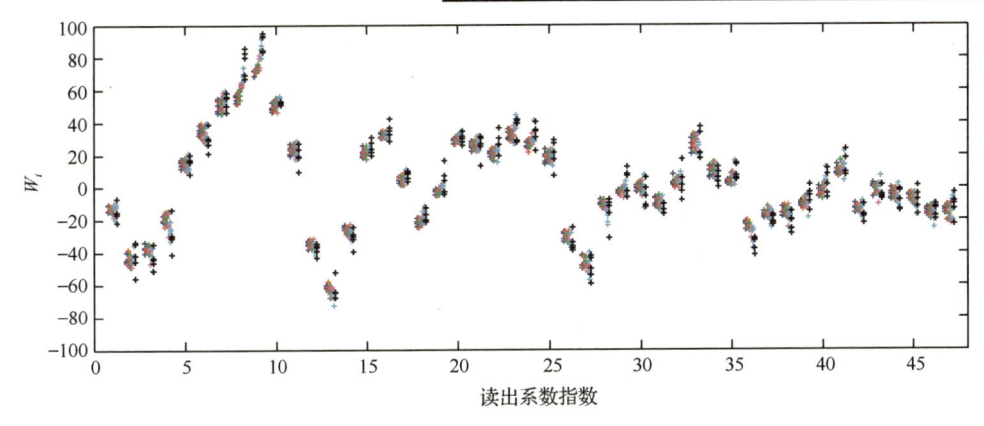

图 8.8 非线性信道均衡的读出系数[10]

给出了 6 个被研究的信噪比的读出系数 W_i：蓝色为 32dB，红色为 28dB，绿色为 24dB，洋红色为 20dB，青色为 16dB，黑色为 12dB。在第 47 个内部变量的末尾取输出信号。垂直比例是任意的。对于研究的每个信噪比，使用 5 个独立的数据集。为每个数据集独立计算 W_i 值。对于每个信噪比，我们绘制了 5 组 W_i 值。因此，对于每个指数 i，我们绘制了 30 个 W_i 值（每个信噪比 5 个数据集，6 个信噪比）。从图 8.8 中可以看出，对于给定的指数 i，W_i 值都非常相似。这并不意外，因为对应于不同信噪比的任务非常相似。

8.3.2.2　NARMA10

该任务的目的是训练储备池计算机，使其表现得像 10 阶非线性自回归滑动平均系统（NARMA10），在该系统中，注入从区间[0,0.5]的均匀分布中随机抽取的输入 $u(n)$。以下方程定义了目标输出：

$$\hat{y}(n+1) = 0.3\hat{y}(n) + 0.5\hat{y}(n)\left(\sum_{i=0}^{9}\hat{y}(n-i)\right) + 1.5u(n-9)u(n) + 0.1 \quad (8.23)$$

对于这个任务，储备池在 1000 个时间步的序列上进行训练，并在另一个 1000 个时间步的序列上进行测试；该过程重复 10 次以获得统计数据。使用 NMSE 测量在此任务的性能。这个任务通常在储备池计算社区中进行研究，参见文献[36]、[37]。

对于这个任务，反馈光衰减器设置为 9.2dB（略高于振荡的阈值），输入光衰减器设置为 9.5dB，读出层具有参数 $R=10k\Omega$，$C=760pF$，$L=1.8mH$。NARMA10 的读出层的脉冲响应如图 8.9 所示。

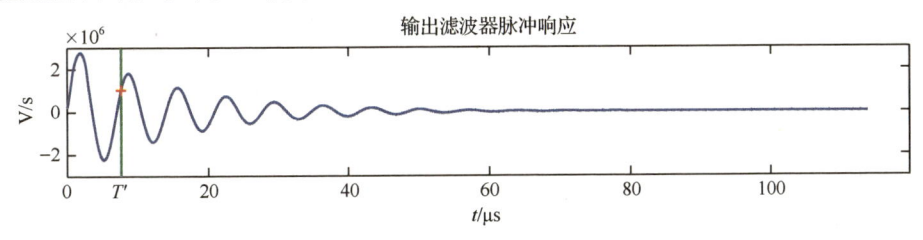

图 8.9　NARMA10 的读出层的脉冲响应[10]，十字给出 $T'=7.598\mu s$ 时的信号值

全模拟系统的测试 NMSE 为 0.230 ± 0.023。为了便于比较，请注意，不进行任何计算（即产生与时间无关的输出 $y(n)=$const）的储备池的 NMSE=1，而文献[4]中

报告的系统提供的 NMSE 为 0.168±0.015，理想的线性移位寄存器（储备池中没有非线性）的 NMSE 可以达到 0.16，并且使用基于相干驱动无源腔的不同实验架构，在文献[38]中报告了 NMSE 低至 0.107±0.012。注意，全模拟性能略差于线性移位寄存器，但明显优于不执行任何计算的系统。

8.3.2.3 雷达信号预报

这个任务包括根据从海洋表面反向散射的雷达信号（由麦克马斯特大学 IPIX 雷达收集的数据）预测未来 1～10 个时间步的雷达信号。通过计算未来 1～10 个时间步的预测信号和实际数据之间的 NMSE 来评估预测的质量。实验使用低海况条件下记录的单一雷达信号，对应于 0.8m（最大 1.3m）的平均波高。记录的信号有两个维度，分别对应同相输出和正交输出（分别为 I 和 Q）。因此，对于每个数据集，同相信号和正交信号由实验连续处理（预测）。训练序列和测试序列各包含 1000 个输入。这个任务以前曾用于评估储备池计算机的性能，参见文献[36]、[39]。结果如图 8.10 所示。

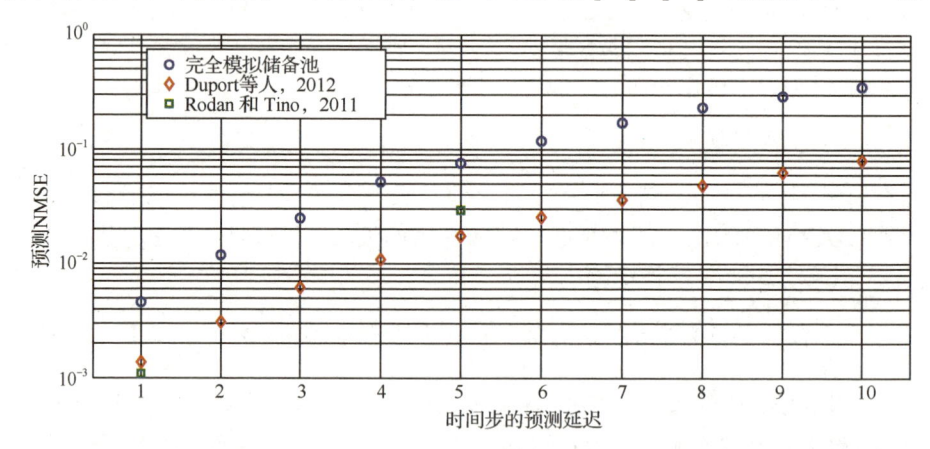

图 8.10 相对于预测的时间步（未来 1～10 个时间步）的雷达信号预测 NMSE[10]

圆圈是用完全模拟储备池获得的结果，菱形是用全光学储备池计算机获得的结果，该计算机具有相似数量的内部变量，但没有输入层和读出层，方块是文献[36]的数值结果。

对于这个任务，反馈光衰减器设置为 9.9dB，输入光衰减器在 7～10dB 之间变化，读出层具有参数 R=10kΩ，C=810pF，L=1.8mH。读出层的脉冲响应如图 8.11 所示。

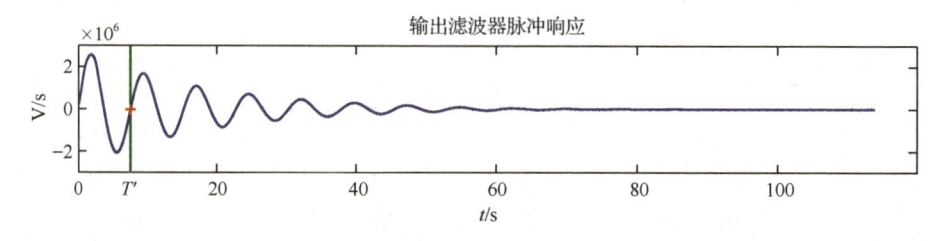

图 8.11 读出层的脉冲响应[10]，十字以 T'=7.598μs 给出信号值

8.3.3 讨论

这里介绍的实验储备池计算机的新特点是同时包括输入层和读出层。这种配置的好处在于，它代表了为未来复杂和高带宽应用开发独立储备池计算机的必要步骤。在我们的实验中，外部计算机的唯一作用是计算函数 $w(t)$。

对于输入层，我们建议使用正弦函数作为输入掩模，因为这些函数在未来的硬件实现中很容易生成。使用两个正弦之和作为输入掩模，与使用标准随机阶跃函数相比，我们没有观察到明显的性能下降。

对于读出层，其目的是产生内部状态的线性组合，从而生成期望的输出，主要的问题是涉及大量可调因子（读出系数）的求和所需的精度。

这里呈现的结果是在没有对记录信号进行任何时间平均的情况下获得的，这使得它们对量化噪声敏感。这在我们的实验中很重要，因为输出信号 $y_c(t)$ 的总范围远大于输出 $y_c(nT')=y(n)$ 的范围，参见图 8.7。在本质上构成分类任务的信道均衡任务的情况下，量化噪声不是很大的问题，因为如果添加少量噪声，被正确分类的信号通常会继续存在。但是在 NARMA10 和雷达任务的情况下，我们使用 NMSE 通过输出与期望输出的接近程度来测量性能。量化噪声会直接影响性能。注意，量化噪声的影响和抵消噪声的方法已在文献[27]、[28]的储备池计算中研究过。

量化噪声也会影响 $w(t)$。由于这个原因，正如在 8.3.1.3 节中所讨论的，为了使 $w(t)$ 的范围最小，对岭正则化参数进行了优化。

我们注意到，对于不同的任务，使用了不同的输出滤波器（R、L 和 C 的值）。对于为什么每个任务的最佳滤波器是不同的，我们没有一个完整的解释。在之前的工作[26]中，我们使用了一个更简单的 RC 滤波器。这种滤波器通常具有长脉冲响应，但另一方面，生成的信号小得多，这导致输出量化噪声增加。在目前的工作中，我们使用了二阶 RLC 滤波器，它也表现出长脉冲响应，但保持较大的信号范围。

总之，我们在这里介绍了完全模拟储备池计算机的第一个研究，最初在文献[10]中报道过。未来专用于复杂和高带宽信号处理任务的模拟计算机的发展岌岌可危。由于本实验的复杂性增加，与之前通过数字预处理和后处理以数字方式实现输入层和读出层的实验相比，性能自然会有所下降。然而，本实验可以被认为是表明完全独立储备池计算机可行性的原理证明。从这个意义上说，我们的工作也可以被看作是新应用开发的重要一步，在这种新应用中，储备池计算机是级联的或自循环的。正如在上面的讨论中所强调的，许多技术问题仍有待解决。例如，与使用快速电子元件相关的一些困难可以通过全光读出层来避免。

8.4 在线训练

硬件储备池计算机的性能取决于用于计算读出权重的训练算法。迄今为止，在实验实现[1-6,9,40-41]中使用的离线学习方法取得了良好的结果，但这在实时应用中还是不利的，因为它们需要将大量数据从实验传输到后处理计算机中。该操作可能比存储器处理输入序列的时间更长[4-5,41]。此外，离线训练只适用于与时间无关的任务，而现实生活中的应用并不总是如此。另一种方法（也是生物学上更合理的方法）是使用各种递归学习算法，如简单梯度下降、递归最小二乘法和奖励调节的赫布型学习，逐步调整读出权重[42]。可以实现这样的程序，以便需要最少的数据存储，其优点是能够处理变量任务：如果在训练阶段任务的任何参数被改变，则通过适当地调整读出层的权重，储备池计算机仍然能够产生良好的结果。

在在线学习的情况下，不可避免地要使用快速计算单元（如 FPGA 板），因为系统需要实时训练，即与光电实验并行进行。原则上，这种系统可以应用于任何种类的信号处理任务，特别是那些与时间无关的任务。这种任务的一个很好的例子是无线信道均衡。

事实上，无线通信是通信行业发展最快的部分。对更高带宽的需求日益增长，要求将信号放大器推到接近饱和点，这给信道增加了显著的非线性失真。这些必须由接收器侧的均衡器来补偿[43]。其主要瓶颈在于模数转换器（ADC），它必须以足够的分辨率遵循信道的高带宽，以正确采样失真信号[44]。目前的制造技术允许生产低分辨率的快速 ADC 或高分辨率的慢速 ADC，两者结合起来成本非常高。这正是模拟均衡器引人关注的地方，因为它可以在 ADC 之前均衡信号，并显著降低转换器所需的分辨率，从而有可能降低成本和功耗。

本节给出的结果基于文献[11]中公布的实验，其中在线方法应用于 8.2 节描述的光子储备池计算机，以证明这种实现非常适合实时数据处理，特别是时变通信信道的均衡。8.4.1 节介绍了在线学习算法，8.4.2 节概述了实验设置的具体特征，8.4.3 节总结了本次研究的结果。

8.4.1 随机梯度下降算法

梯度下降是一种简单而流行的递归优化算法。这是迄今为止最常用的优化神经网络的方法之一。其理念是计算成本函数 $E(w_i, x_i)$ 的梯度，以便沿着斜率向下，直到最小值。

梯度下降算法有三种变体，取决于每次迭代中计算成本函数梯度所用的数据量：随机、批量和小批量[45]。随机或在线梯度下降算法更新训练集的每个实例的权重。它的计算速度很快，因此可以在线使用。然而，应用具有高方差的多个更新会导致成本函数的剧烈波动。批量或离线梯度下降算法计算整个可用训练集的平均梯度。这种方法执行冗余计算，但避免了随机版本的波动。小批量梯度下降算法试图结合随机和批量方法的优点。顾名思义，训练是在较小的训练实例集上执行的，以便降低计算复杂度，同时保持梯度的精确值。

硬件储备池计算机的在线训练需要使用随机梯度下降算法。根据定义，在这种情况下，用于优化参数的更新（在此上下文中，即读出权重 w_i）由以下公式给出：

$$w_i(n+1) = w_i(n) - \lambda \nabla_{w_i} E(n, w_i, x_i) \tag{8.24}$$

式中，$n \in \mathbf{Z}$ 是离散时间；λ 是用户定义的系数，称为学习率。它控制参数的收敛速度，并允许在训练过程的早期阶段防止发散。信道均衡任务上实验储备池计算机的成本函数 $E(n, w_i, x_i)$ 由下式给出：

$$E(n, w_i, x_i) = \left(d(n) - \sum_{i=1}^{N} w_i(n) x_i(n) \right)^2 \tag{8.25}$$

式中，$d(n)$ 是在时间步 n 的目标输出，因此，可以如下获得相对于读出权重的梯度：

$$\begin{aligned}\nabla_{w_i} E(n, w_i x_i) &= \frac{\partial}{\partial w_i} \left(d(n) - \sum_{i=1}^{N} w_i(n) x_i(n) \right)^2 \\ &= \frac{\partial}{\partial w_i} \left(d(n)^2 - 2d(n) \sum_{i=1}^{N} w_i(n) x_i(n) + \left(\sum_{i=1}^{N} w_i(n) x_i(n) \right)^2 \right) \\ &= 2 x_i(n) \left(\sum_{i=1}^{N} w_i(n) x_i(n) - d(n) \right) \\ &= 2 x_i(n) (y(n) - d(n)) \end{aligned}$$

式中，$y(n)$ 是储备池计算机在时间步 n 的输出。因此，读出权重的更新规则式（8.24）变为：

$$w_i(n+1) = w_i(n) - \lambda x_i(n)(y(n) - d(n)) \tag{8.26}$$

为了简单起见，因子 2 已经被学习率 λ 吸收。

学习率参数在训练算法的性能中起着很大的作用，影响最优解的准确性和达到最优解所需的时间。在最简单的情况下，学习率被设置为恒定值。然而，选择正确的值已经是一种挑战。学习率太小会导致收敛缓慢。如果设置过高，可能会阻碍收敛。此外，对于更复杂的成本函数，这种方法在收敛时间方面产生次优结果。事实上，普通的梯度下降在通过沟谷时会遇到困难，也就是说，梯度在一个或几个方向上比其他方向陡峭得多[45]。这种情况在局部最优值附近是常见的，导致算法在具有较高梯度的斜率上振荡，并且仅向最优值缓慢前进。为应对这一挑战，已经开发了几种梯度加速技术，如 Nesterov 动量法、Adadelta 法、RMSprop 法和 Nadam 法。由于对它们的讨论超出了本章的范围，我们建议读者参阅全面的叙述[45]。

为了简化在 FPGA 芯片上的实现，在当前的工作中使用了学习率表。这种学习率表按照一定的固定规律调整训练时的学习率。学习率表的一个流行且相当有效的例子是退火，其中速率根据预定义的函数而降低。学习率 λ 的演变由下式给出：

$$\lambda(n+1) = \lambda_{\min} + \gamma(\lambda(n) - \lambda_{\min}) \tag{8.27}$$

式中，γ 是退火速率；$\lambda_{\min}$ 是最小学习率。退火从 $\lambda(0) = \lambda_0$ 开始，并且每经过 k 个时间步，学习率开始降低。

实际上，对于静态信道均衡，其参数见表 8.1。将 $\lambda_{\min}$ 设置为零意味着训练过程在一定次数的迭代后停止，更准确地说，它是在 $\lambda(n)$ 达到 FPGA 的数值精度时停止。对于与时间无关的任务，如漂移和切换信道（将在 8.4.3.2 节和 8.4.3.3 节中讨论），需要继续进行训练，以针对变化的任务优化储备池。然后将 λ_{min} 设置为大于 0，以便可以根据需要调整读出权重。

表 8.1 梯度下降算法参数

λ_0	λ_{min}	γ	k
0.4	0	0.999	10~50

8.4.2 实验设置

图 8.12 所示的实验装置包含三个不同的组件：光子储备池、FPGA 板和计算机（未标出）。

8.2 节已经讨论了光子储备池。输入层和读出层由 FPGA 板执行。后者与光子储备池延迟回路的同步对于实验的性能至关重要。为了正确采集光子储备池状态，ADC 必须在每个往返时间输出整数个样本。子卡包含一个灵活的时钟树，可以从内部时钟源或外部时钟信号驱动转换器。前者限于板载振荡器的固定频率，这里采用后者。时钟信号由惠普 8648A 信号发生器生成。对于 $N=51$ 个神经元的储备池（添加一个神经元以使来自光子储备池的输入去同步，参见 8.2 节）和 7.94μs 的往返时间，采样频率被设置为 128.4635MHz，因此每个光子储备池状态产生 20 个样本。为了消除主要由 ADC 和 DAC 的有限带宽引起的瞬变，丢弃前 6 个和后 6 个样本，并对剩余的 8 个样本求神经元值的平均值。

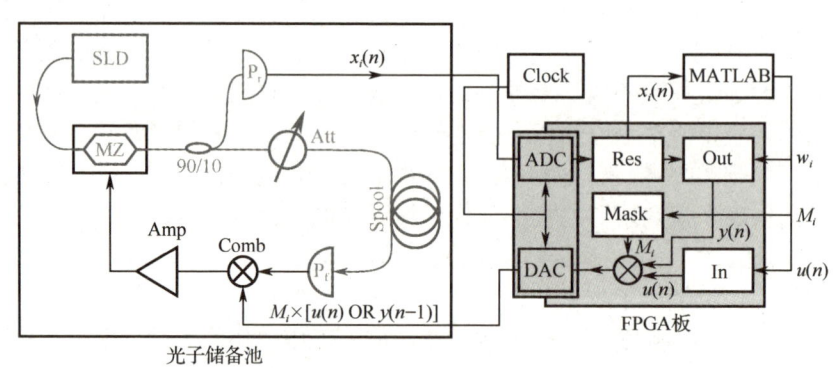

图 8.12 用于在线训练的实验装置示意图[11]

光子储备池用浅色线界定，已在 8.2 节中介绍。FPGA 板实现输入层和读出层，生成输入符号并训练读出权值。计算机控制设备并记录结果。

为了在不损坏硬件的情况下实现最有效的接口，需要调整进出子卡的电信号的电位。$2V_{p-p}$ 的 DAC 输出电压足以满足本实验的要求，因为输入信号的典型电压范围为100~200mV。ADC的输入电压也仅限于$2V_{p\text{-}p}$。根据前面所述的设置，读出光电二极管的输出电压不超过$1V_{p\text{-}p}$。

从实验设置中获得最佳性能需要优化其参数，这些参数是：输入增益β、衰减率k、信道信噪比和反馈衰减，反馈衰减对应式（8.4）中的反馈增益参数α。前三个参数在FPGA板上设置，而最后一个参数在衰减器上调谐。输入增益β以18位精度实数形式存储在[0,1]中，并在[0.1,0.3]区间内扫描。衰减率k是一个整数，通常以几个宽步长从10扫描到50。为了将我们的结果与以前的报告进行比较，噪声比被设置为几个预定义的值。在4.5~6dB之间精细地扫描反馈衰减，较低的值将允许谐振腔振荡来扰乱储备池状态，而较高的值不会向储备池提供足够的反馈。

该实验是完全自主化的，由运行在计算机上的 MATLAB 脚本控制。经过设计后，它可在一组感兴趣的预定义参数值上多次运行实验，并选择产生最佳结果的组合。出于统计目的，每组参数都用不同的随机输入掩模（掩码）测试几次。

启动时，会建立与衰减器和FPGA板的连接，并且元件上的参数会设置为默认值。在生成一组随机输入掩模后，实验运行一次，并测量经过的时间。一次运行的连续时间取决于训练和测试序列的长度，为6~12s不等。脚本在扫描参数的所有组合中运行。对于每种组合，参数值被发送到元件中，使用不同的输入掩模进行多次实验，结果差错率存储在 MATLAB 工作空间中。测试完所有组合后，关闭与设备的连接，并将所有收集的数据保存到文件中。

8.4.3 结果

这项研究考虑了三个不同的问题。8.4.3.1节提出使用非常相似的实验设置在相同的固定信道均衡任务上比较在线和离线训练方法。8.4.3.2节和8.4.3.3节引入了时间变量来证明在线训练的好处。8.4.3.2节考虑了缓慢漂移信道，8.4.3.3节讨论了切换信道。

8.4.3.1 平稳信道的均衡

8.3.2.1节中的式（8.21）和式（8.22）描述了信道均衡任务。式（8.22）中的噪声项在这里由 $v(n)=A \cdot r(n)$ 给出，其中 A 是振幅，$r(n)$是以区间[-1,+1]上的均匀分布中提取的（为了便于在 FPGA 板上实现）。选择噪声振幅值 A 以产生与[4,5]中相同的信噪比，其中使用了高斯噪声。

图 8.13 显示了在线训练的储备池在无线信道不同信噪比（SNR）下的性能（黑色曲线）。对于每个SNR，使用不同的随机输入掩模重复实验20次。在图形上绘制平均 SER，误差条对应于用特定掩模获得的最大值和最小值。我们在一百万个符号上测试了储备池性能，并且在无噪声信道的情况下，均衡器在具有大多数输入掩模的整个测试序列上实现零误差。

对于每个输入掩模，独立优化了实验参数，如输入增益β和反馈衰减α。均衡器显示出对两个参数的适度依赖，最佳输入增益为 0.225±0.025，最佳反馈衰减为 5.1±0.3dB。

为了进行比较，在图 8.13 中用灰点绘制了文献[4]中报告的结果，这些结果是用相同的光子储备池离线训练得到的。对于高噪声级（SNR≤20dB），结果类似。对于低噪声级（SNR≥24dB），在线训练实现的性能明显更好。请注意，之前报告的结果只是对均衡器性能的粗略估计，因为硬件将输入序列限制为 6000 个符号[4]。在本实验中，在一百万个输入符号上更精确地估计 SER。

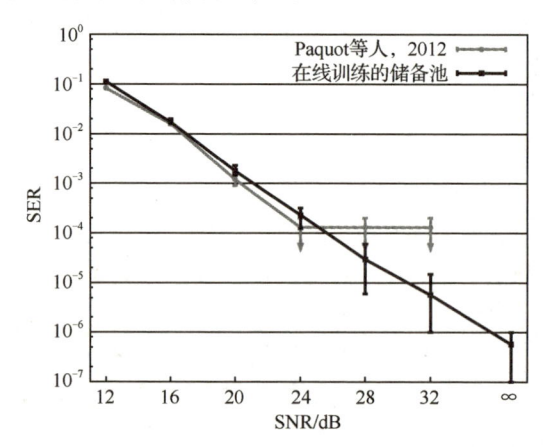

图 8.13 静态信道均衡任务的实验结果（黑色曲线）[11]

符号错误率（SER）是相对于符号信噪比（SNR）绘制的。均衡器用 20 个不同的随机输入掩模对超过一百万个输入符号进行了测试，平均值绘制在图形上。对于无噪声信道（SNR=∞），关于输入掩模的大多数选择，储备池在测试序列上没有产生错误。灰点显示了离线训练的光电设置结果[4]。对于低噪声级，在线训练系统产生的差错率明显降低[4]，对于噪声信道，结果相似。

对于最低噪声级（SNR=32dB），SER 为 $1.3×10^{-4}$，在文献[4]中有报道，而在线训练的储备池产生的 SER 为 $5.71×10^{-6}$。应该记住，现实应用中常用的检错方案要求 SER<10^{-3} 才能有效。在文献[4]、[5]、[41]中已经报道了大约 10^{-4} 的 SER，并且基于无源腔的设置[38]实现了 $1.66×10^{-5}$ 的 SER（该值受到 60000 符号测试序列的使用的限制）。然而，如果有可能在更长的序列上测试[4]，就有可能获得可比较的 SER。也就是说，在线学习并没有在很大程度上提高储备池计算机在静态任务上的性能，但是允许在更长的测试序列上对其进行测试，从而准确地评估 SER。在线学习的真正优势在于对不断变化环境的适应性，这将在后面的内容中讲述。

8.4.3.2 漂移信道的均衡

式（8.21）和式（8.22）给出的模型描述了静态通信方案，即信道在传输期间保持不变。然而在无线通信中，环境对接收信号有很大的影响。鉴于其高度可变的性质，信道的属性可能会实时发生重大变化。为了研究这种情况，考虑更一般的信道模型，由下式给出：

$$q(n) = (0.08+m)d(n+2) - (0.12+m)d(n+1) +$$
$$d(n) + (0.18+m)d(n-1) -$$
$$(0.1+m)d(n-2) + (0.091+m)d(n-3) - \quad (8.28)$$
$$(0.05+m)d(n-4) + (0.04+m)d(n-5) +$$
$$(0.03+m)d(n-6) + (0.01+m)d(n-7)$$

$$u(n) = p_1 q(n) + p_2 q^2(n) + p_3 q^3(n) \quad (8.29)$$

式中，参数 p_i 和 m 可以是静态的或依赖于时间的。它们的默认值由 $m=0$、$p_1=1$、$p_2=0.036$ 和 $p_3=-0.011$ 给出，见式（8.21）和式（8.22）。

为了使在线训练的储备池计算机面对非平稳任务，我们用"漂移"信道模型进行了一系列实验，其中参数 p_i 或 m_i 在信号传输期间实时变化。这些变化发生的速度很慢，比训练储备池计算机所需的时间要慢得多。这种情况的一个简单的现实例子是，接收机远离发射机，导致信道或多或少地缓慢漂移，这取决于接收机的相对速度。我们研究了两种变化模式：单调增加（或减少）和两个固定值之间的缓慢振荡。

漂移信道就是一个很好的例子，说明在线训练的储备池比离线训练的效果更好。数值模拟报告称，在非稳定信道上离线训练储备池导致的 SER 是在线训练的 10 倍[46]。目前的工作表明，如果 λ_{min} 设置为一个很小的非零值（见 8.4.1 节），则在线训练的储备池即使在漂移信道上也表现良好。

图 8.14（a）显示了 p_1 从 1 到 0.652 单调递减情况下的实验结果。灰色曲线表示 $\lambda_{min}=0$ 时得到的 SER，也就是说，在 45000 个输入符号后训练过程停止。黑色曲线表示 $\lambda_{min}=0.01$ 时获得的错误率，因此读出权重可以随着信道漂移而逐渐调整。请注意，虽然在第一个实验中 SER 增长到 0.329，但在第二个实验中它仍然低得多。在后一种情况下增加的 SER 是由于 p_1 的减小导致信道更复杂。这表明训练算法的非平稳版本允许以明显更低的差错率均衡漂移信道。

图 8.14（b）描绘了 p_1 在 1 到 0.688 之间线性振荡时获得的 SER。在 $\lambda_{min}=0$（灰色曲线）的情况下，当 p_1 大约为 1 时，SER 低至 1×10^{-4}，并且在其他地方变得非常高。当 $\lambda_{min}=0.01$（黑色曲线）时，获得的 SER 总是低得多，即使在 $p_1=0.688$ 时，也保持 SER=5.0×10^{-3}。

我们用参数 p_2 见图 8.14（c）、（d），以及 p_3 和 m（见文献[11]）得到了类似的结果。假设储备池计算机通过设置 $\lambda_{min}>0$ 来调整读出权重，对于给定的信道，则产生明显更低的 SER，而设置 $\lambda_{min}=0$ 时，停止训练导致 SER 快速增长。

8.4.3.3 切换信道的均衡

除了缓慢漂移的参数，由于环境的突然变化，信道特性可能会经历突然的变化。为了获得更好的实际均衡性能，能够检测显著的信道变化并实时调整储备池计算机读出权重至关重要。我们在这里考虑"切换"信道的情况，其中信道模型瞬间切换。储备池计算机必须检测这种变化，并自动触发新的训练阶段，以便读出权重适应新信道的均衡。具体地说，我们引入三个非线性度不同的信道（对应于 p_1 的 3 个值）：

$$u_1(n) = 1.00q(n) + 0.036q^2(n) - 0.011q^3(n) \quad (8.30a)$$

$$u_2(n) = 0.80q(n) + 0.036q^2(n) - 0.011q^3(n) \quad (8.30b)$$

$$u_3(n) = 0.60q(n) + 0.036q^2(n) - 0.011q^3(n) \quad (8.30c)$$

并且有规律地从一个信道切换到另一个信道，保持式（8.21）不变。

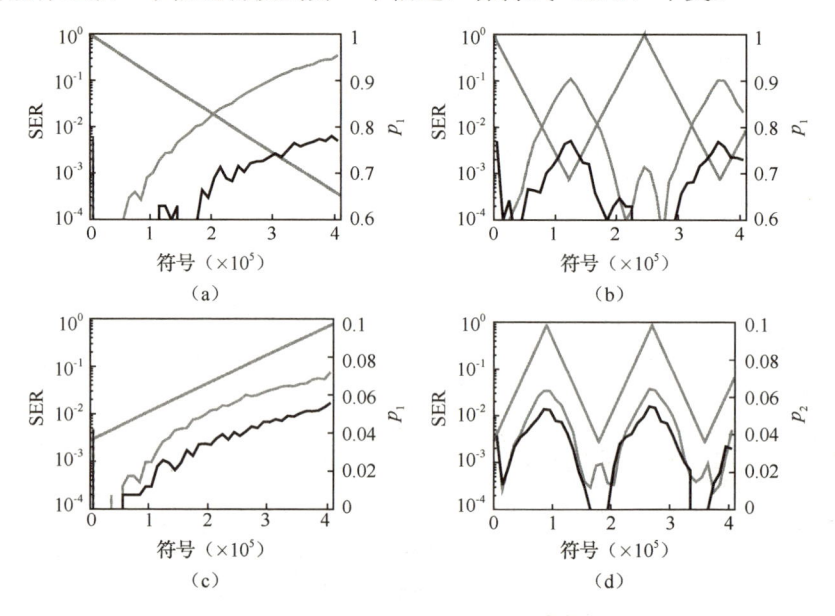

图 8.14　漂移信道实验结果[11]

SER（左轴，对数标度），平均超过 10000 个符号，由具有漂移信道的实验设置产生。每个面板显示了在固定输入掩模和最佳参数 α、β 和 k 的情况下从一次实验运行中获得的数据。灰色曲线显示 $\lambda_{min}=0$ 时产生的结果，而黑色曲线描述的是 $\lambda_{min}>0$ 时非平稳版本获得的结果（见 8.4.1 节）。浅色曲线显示了参数 p_i 和 m 的演变（右轴，线性标度）。图 8.14（a）、（b）单调递减和振荡 p_1。图 8.14（c）、（d）单调递增和振荡 p_2。

图 8.15 显示了在切换无噪声通信信道的情况下实验产生的 SER。信道的参数在编程后，每 266000 个符号在式（8.30）之间循环切换。每次切换后 SER 都会急剧增加，这是因为储备池计算机不再针对其正在均衡的信道进行优化。该算法检测到性能下降，使得学习率 λ 被重置为初始值 λ_0，并且读出权重被重新训练为新的最优值。

对于 p_1 的每个值，在 45000 个符号上训练储备池计算机，然后在剩余的 221000 个符号上评估其性能。在 $p_1=1$ 的情况下，平均 SER 是 1×10^{-5}，这是预期的结果。对于 $p_1=0.8$ 和 $p_1=0.6$，我们计算的平均 SER 分别为 7.1×10^{-4} 和 1.3×10^{-2}，这是根据之前的实验使用 p_1 值可获得的最佳结果（见 8.4.3.2 节中的图 8.14）。这表明在每次切换之后，读出权重被更新为新的最佳值，从而产生给定信道的最佳 SER。

请注意，当前设置对实际应用来说相当慢。在往返时间 $T=7.94\mu s$ 的情况下，其带宽被限制在 126kHz，并且需要 0.36s 才能完成储备池在 45000 个样本上的训练。

然而，它展示了这种系统在非平稳信道均衡方面的潜力。对于现实生活中的应用，如 Wi-Fi 802.11g，需要 20MHz 的带宽。这可以用一个 15m 的光纤回路来实现，从而导致 T=50ns 的延迟。这也将训练时间减少到 2.2ms，并使均衡器更适用于实际的信道漂移。我们设置的速度限制取决于不同元件的带宽，尤其是 ADC 和 DAC 的带宽。例如，当 T=50ns 且 N=50 时，储备池状态的连续时间应为 1ns，因此 ADC 和 DAC 的带宽应远高于 1GHz（这种性能在市场上很容易得到）。为了说明快速系统如何工作，我们参考了光学实验[6]，在该实验中，信息以超过 1GHz 的速率注入到储备池中。

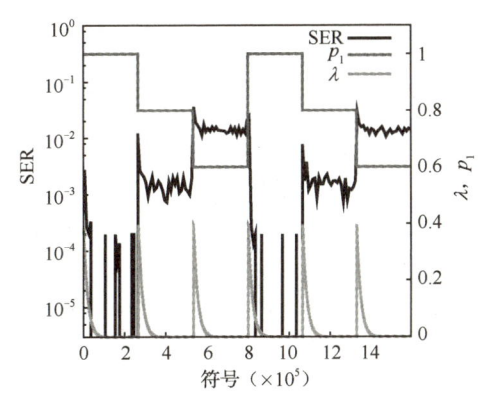

图 8.15 切换信道实验结果

SER（左轴，黑色曲线），平均超过 10000 个符号，由 FPGA 在切换信道时产生。p_1 的值（右轴，方波形状），每 266000 个符号修改一次。信道改变后，SER 会立即急剧增加。每次检测到性能下降时，λ 参数（右轴，尖峰形状）自动重置为 λ_0=0.4，然后返回到其最小值，因为均衡器调整到新的信道，所以使 SER 下降到其渐近值。

8.5 输出反馈

预测是科学中的主要问题之一：如何根据过去预测未来？在过去的几十年里，人工神经网络在时间序列预测领域获得了广泛的认可。类似于以前采用的基于统计的技术，它们都是数据驱动的和非线性的。不同的是，它们更加灵活，不需要底层过程的显式模型。关于人工神经网络模型用于时间序列预测的综述，参见文献[47]。储备池计算可以很容易地应用于短期预测任务，其重点是生成几个未来时间步。至于长期预测，包括尽可能长时间地预测时间序列，需要对架构进行小修改，即通过将储备池计算机输出信号反馈到储备池中。这种额外的反馈极大地丰富了储备池的内部动态，使其能够自主生成时间序列，即不接收任何输入信号。通过这种修改，储备池计算可用于混沌序列的长期预测[14, 48-51]。事实上，就我们所知，这种方法保持着混沌时间序列预测的记录[14, 51]。带有输出反馈的储备池计算机也可以完成生成周期信号[52-54]和频率可调的正弦波[55-57]的简单任务。

本节所述项目的目的是通过实验探索这些新型应用。一般来说，这需要足够快的读出层来实时生成和反馈输出信号。我们已经研究了几种模拟解决方案（见 8.3 节），但没有一种能够在这种应用中充分发挥作用。事实上，迄今为止，在大多数实验储备池计算机设置中使用的利用离线学习方法模拟读出层的成功训练，需要设置非常精确的读出层模型，这在实验上是很难实现的。如文献[10]所述，几乎不可能以足够的精度来表征设置的每个硬件组件。这种困难的原因在于，输出是具有储备池内部状态的正负系数的加权和。因此，系数中的误差会逐渐增大，变得与所需输出的值相当。为此，我们选择了在 FPGA 芯片上实现实时数字读出层的方法。如 8.4 节所述，高速专用电子设备的使用使得实时计算输出信号成为可能，并将其反馈到储备池中。为了使实验简单，我们使用 8.2 节中介绍的光电延迟系统作为储备池。

我们表明，一台实验性储备池计算机可以成功解决两个周期时间序列生成任务：频率和随机模式生成，之前已经对其进行了数值研究[53,55-56]。第一个任务允许揭示神经网络内不同的时标，第二个任务可用于量化储备池的存储。光子计算机能够生成具有高稳定性的正弦波和随机模式（在几天的时间尺度上得到验证）。此外，我们应用储备池计算机来模拟两个混沌吸引子：麦克-格拉斯[58]和洛伦兹[59]系统。在有的文献中，这些任务的仿真性能是根据预测范围来量化的，即储备池计算机可以准确遵循混沌吸引子上的给定轨迹的连续时间[14]。然而，这种方法不适用于实验噪声级相对较高（信噪比约为 40dB）的情况，这将在 8.5.2.1 节中讨论。这种噪声在之前使用相同光子储备池的实验中并不存在问题[4,11]，但对于具有输出反馈的系统来说是不可容忍的。这就提出了一个问题，即如何评估一个在有噪声的情况下模拟已知混沌时间序列的系统。基于众所周知的信号分析技术，我们介绍了几种新的方法，如频谱比较和几种随机性测试。我们的研究结果表明，虽然储备池计算机在混沌吸引子上努力遵循目标轨迹，但它的输出准确地再现了目标时间序列的核心特征。

本节的结构如下：8.5.1 节概述了实验设置，8.5.2 节讲述了本次研究的结果。

8.5.1 实验设置

输出反馈的引入需要对 8.2 节中使用的符号稍作修改。由于储备池计算机现在可以接收两个不同的信号作为输入，我们将 $I(n)$ 表示为输入信号，它可以是外部输入信号 $I(n)=u(n)$，也可以是延迟一个时间步的自身输出，即 $I(n)=y(n-1)$。

储备池计算机分两个阶段运行：训练阶段和自主运行阶段，如图 8.16 所示。在训练阶段，储备池计算机由时分复用教师输入信号 $I(n) = u(n)$ 驱动，并记录内部变量 $x_i(n)$ 的结果状态。教师输入信号取决于所研究的任务。系统经过训练后，可从当前值预测教师时间序列的下一个值，即读出权重 w_i 被优化以尽可能接近 $y(n)=u(n+1)$。误差以均方误差（MSE）衡量，定义为：

$$\text{MSE} = \langle (y(n) - d(n))^2 \rangle \tag{8.31}$$

然后，储备池输入从教师序列切换到储备池输出信号 $I(n)=y(n-1)$，系统自主运行。

储备池输出信号 $y(n)$ 用于评估实验的性能。

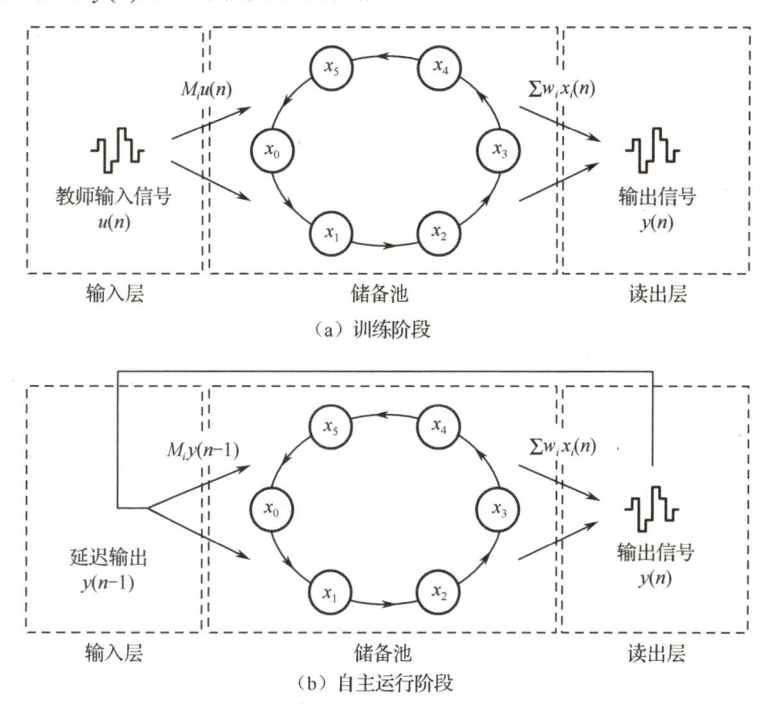

(a) 训练阶段

(b) 自主运行阶段

图 8.16 储备池计算机的两个运行阶段[19]

为了简单起见，该图描绘了具有 $N=6$ 个节点的小型网络。在训练阶段，储备池由教师输入信号 $u(n)$ 驱动，读出权重 w_i 针对输出 $y(n)$ 进行优化，以尽可能精确地匹配 $u(n+1)$。在自主运行期间，教师输入信号 $u(n)$ 被关闭，并且储备池由其自己的输出信号 $y(n)$ 驱动。w_i 是固定的，系统的性能是根据它能生成的期望输出结果有多长或有多好来衡量的。

图 8.17 所示的实验装置由两个主要部分组成：光子储备池和 FPGA 板。8.2 节讨论了光子储备池的结构和操作。在这里，我们将集中讨论这个实验的几个特殊方面。

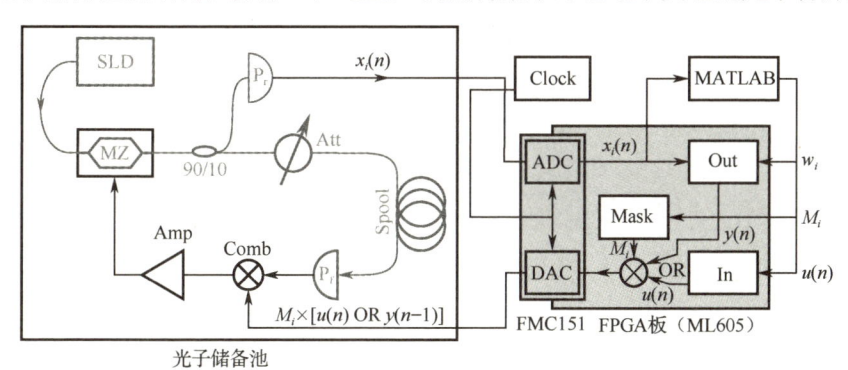

图 8.17 用于输出反馈的实验装置示意图[19]

8.2 节已经介绍了光子储备池。FPGA 板实现读出层，并实时计算输出信号 $y(n)$。它还生成模拟输入信号 $I(n)$ 并获取储备池状态 $x_i(n)$。计算机运行 MATLAB 来控制元件，执行离线训练，并将所有数据 $u(n)$、w_i 和 M_i 上传到 FPGA 板上。

· 173 ·

对于时分复用神经元，最大储备池大小取决于光纤线轴（Spool）的延迟与ADC的采样频率之比。虽然增加后者涉及相对高的成本，但是可以相当容易地延长延迟线。在这项工作中，我们使用了两卷单模光纤，长度分别约为1.6km和10km。第一个线轴产生7.93μs的延迟，当以203.7831MHz采样时，可以接收N=100个神经元。第二个线轴用于将延迟增加到49.2μs，将储备池大小增加到N=600，采样频率为195.4472MHz。在这两种情况下，为了降低噪声并消除由DAC的有限带宽引起的瞬变，每个状态在16个样本上求平均值。

实验操作如下。首先，在MATLAB中生成输入掩模（掩码）M_i和教师输入信号$u(n)$，并上传到FPGA板上。后者生成掩模输入信号$M_i \times u(n)$，并通过DAC将其发送到储备池。由此生成的储备池状态$x_i(n)$由FPGA板实时采样、平均并传输至计算机。也就是说，FPGA板设计使用最小的存储器（用于以太网帧的小缓冲器），因此允许获取储备池状态而不受时间间隔的限制。在MATLAB中获得所需数量的数据（储备池状态）后，计算最佳M_i并上传到FPGA板上。因为离线训练需要相对长的延迟（与实验的微秒时标相比），所以需要重新初始化储备池，以便在自主运行储备池之前恢复内部状态的期望动态。为此，我们用128个时间步的初始化序列驱动系统（参见图8.23），然后将输出信号与输入信号耦合，让储备池计算机自主运行。在这个阶段，FPGA板实时计算输出信号$y(n)$，然后创建掩模后的版本$M_i \times y(n)$，并通过DAC将其发送到储备池。

由于神经元被顺序处理，输出信号$y(n)$只能被及时计算以更新第24个神经元$x_{23}(n+1)$。换句话说，前23个神经元没有"看到"输入信号$I(n)$，因为它不能被及时计算和传递。因此，我们将M_i的前23个元素设置为零。这样，尽管前23个神经元缺乏输入信息，但所有神经元都可以为解决任务做出贡献。注意，这反映了任何具有输出反馈的实验性时分复用储备池计算机所固有的一个方面。实际上，必须在时间步n采集最后一个神经元$x_{N-1}(n)$之后且在下一个时间步的第一个神经元$x_0(n+1)$之前计算输出信号$y(n)$。然而，在储备池计算机的时分复用实现中，这些状态是连续的，并且不能暂停实验来计算$y(n)$。因此，在$y(n)$被计算并被反馈到储备池之前，可能存在延迟，其连续时间取决于所使用的硬件。在本实验中，该延迟大约为115ns，对应23个神经元连续时间。该延迟产生的主要原因一方面是MZ和ADC之间的传播时间，另一方面是DAC和电阻组合器之间的传播时间。FPGA板计算时间在这里也起作用，但在我们的设计中不超过20ns。这种延迟会对系统性能产生影响[19]。

8.5.2 结果

输出反馈允许计算机自主生成时间序列，即无须任何外部输入。我们测试了实验产生周期信号和混沌信号的能力，每类两个任务，将在8.5.2.2节至8.5.2.5节中介绍。使用N=100的小储备池和大约1.6km的光纤线轴解决了两个周期性信号生成任务。更为复杂的混沌信号生成任务需要N=600的大型储备池才能获得足够好的结果，我们将它放在大约10km的延迟线中。但是首先，我们要关注实验噪声的问题。

8.5.2.1 实验噪声

对于本文研究的大多数任务，我们发现，与之前报告的数值研究相比，实验噪声是性能下降的主要来源[49]。这种明显差异源于文献[49]中考虑的理想无噪声储备池，而我们的实验是有噪声的。这种噪声可能来自系统的有源甚至无源器件：放大器（它具有相对较高的增益，因此对小寄生信号，如来自电源的信号非常敏感）、DAC、光电二极管及光学衰减器（散粒噪声）。深入的实验研究表明，事实上，每个分量对总噪声级的贡献或多或少是相等的。因此，不能通过更换单个部件来降低噪声，也不能求噪声的平均值，这是因为输出值必须在每个时间步计算。我们发现这种噪声对结果有显著影响，这将在下面的内容中讲述。为了进一步研究这个问题，我们估计了实验系统中存在的噪声级，并将其并入数值模型中。特别是，我们开发了三个模型，以不同的精确度模拟实验。

理想化模型。它结合了我们的储备池计算机的核心理论特征：环状结构、正弦非线性和线性读出层，如式（8.1）、式（8.3）和式（8.4）所示。所有的实验考虑都被忽略了。我们使用该模型来定义每种配置中可实现的最大性能。

无噪声实验模型。该模型仿真实验设置中最具影响力的特性：放大器的高通滤波器、ADC 和 DAC 的有限分辨率以及精确的输入和反馈增益。该模型允许交叉检查实验结果并识别有问题的点。也就是说，如果实验的表现比模型差得多，那么最有可能的情况是，某些东西不能正常工作。

噪声实验模型。为了将我们的实验结果与更真实的模型进行比较，我们估计了实验系统中存在的噪声级（见下文），并将该噪声并入实验模型的噪声版本中。

我们定制的 MATLAB 脚本基于文献[4]、[49]。这个模型允许我们检查不同程度的噪声，甚至将其完全"关闭"，这在实验上是不可能的。

图 8.18 显示了具有 $N=100$ 个神经元的储备池的数值和实验状态，由读出光电二极管接收。也就是说，曲线描述了时分复用的神经元：每个点代表一个在时间 $n=1$ 和 $n=2$ 的储备池状态 $x_{0,\cdots,99}(n)$。系统不接收任何输入信号 $I(n)=0$。实验信号用灰色线绘制。我们用它来计算实验噪声级，取信号的标准偏差，得出 2.0×10^{-3}。然后，我们在噪声实验模型中复制该噪声级，以将实验结果与数值模拟进行比较。图 8.18 中的黑色线显示了噪声实验模型的响应，高斯噪声量（标准偏差为 2.0×10^{-3}）与实验相同。选择高斯噪声分布经实验测量得到了验证。

实验噪声级也可以用信噪比（SNR）来表征，定义为[60]：

$$\mathrm{SNR} = 10\lg\left(\frac{\mathrm{RMS}_{\mathrm{signal}}^2}{\mathrm{RMS}_{\mathrm{noise}}^2}\right)$$

式中，RMS 是均方根值，由下式给出：

$$\mathrm{RMS}(x_i) = \sqrt{\frac{1}{N}\sum_{i=1}^{N}x_i^2}$$

我们测得 $\mathrm{RMS}_{\mathrm{signal}}=0.2468$，$\mathrm{RMS}_{\mathrm{noise}}=0.0023$，因此本例中 SNR 约为 40dB。注意，图 8.18 仅作为数量级指标给出，因为储备池状态的 RMS 取决于增益参数，来自式（8.4）

中的 α 和 β，并且随着实验的不同而变化。

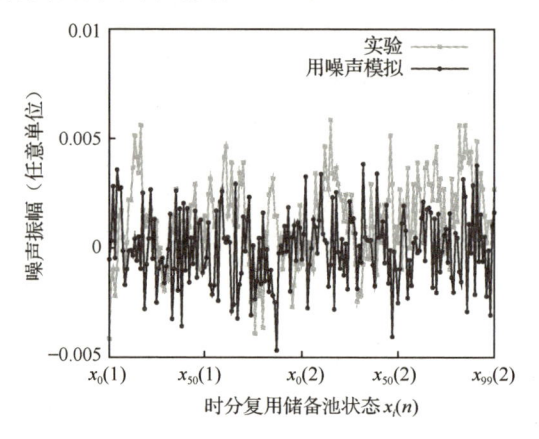

图 8.18 实验储备池噪声的图示[19]

按比例缩放实验（灰色线）和数值（黑色线）储备池状态 $x_i(n)$，以便在正常实验条件下（非零输入）它们将位于[-1,1]区间。尽管零输入信号 $I(n)=0$，但由于存在噪声，实际神经元是非零的。数值噪声以标准偏差为 1.0×10^{-3} 的高斯随机分布产生，以便重现实验的噪声水平。

8.5.2.2 频率生成

频率生成是这里考虑的最简单的时间序列生成任务。系统经过训练后生成正弦波，由下式给出：

$$u(n) = \sin(vn) \tag{8.32}$$

式中，v 是实值的相对频率。正弦波的物理频率 f 取决于实验往返时间 T（见 8.5.1 节），如下所示：

$$f = \frac{v}{2\pi T} \tag{8.33}$$

该任务允许测量系统的带宽，并研究神经网络中不同的时标。

我们发现频率生成是唯一不受噪声影响的任务：我们的实验结果与文献[56]中报道的数值预测精确匹配。从这项研究中，我们期望一个带有 100 个神经元储备池的带宽 $v\in[0.06,\pi]$，上限是在-1 和 1 之间振荡的信号，由系统采样速率的一半（奈奎斯特频率[61]）给出，下限由储备池存储（记忆）决定。事实上，低频振荡对应的周期更长，神经网络不再能够"记住"足够长的正弦波段，以保持生成正弦输出。这些数值结果得到了实验的证实。

我们在 $v\in[0.01,\pi]$ 的范围内进行了测试。我们发现用任何随机输入掩模可精确生成[0.1,π]范围内的相对频率。另一方面，在[0.01,0.1]范围内的较低相对频率可以用一些随机掩模产生，但不是全部。由于这是带宽的下限所在的位置，我们更精确地研究了[0.01,0.1]范围。对于每个相对频率，我们使用不同的随机输入掩模进行了 10 次 10^4 个时间步的实验，并计算了储备池产生具有所需相对频率（MSE<10^{-3}）和振幅为 1 的正弦波的次数。实验结果如图 8.19 所示。大多数输入掩模无法正确生成

低于 0.05 的相对频率。当 v=0.07 时，输出在大多数情况下是正确的，当 v=0.08 及以上时，输出正弦波在任何输入掩模下都是正确的。因此，我们可以得出结论，这个实验储备池的带宽是 $v\in[0.08,\pi]$。考虑到往返时间 T=7.93μs，这导致 1.5~63kHz 的物理带宽。注意，这个区间内的相对频率可以用任何随机输入掩模生成。在选择合适的掩模后，也可以生成低至 0.02 的较低相对频率。

图 8.20 显示了自主运行期间的输出信号示例。该系统被训练 1000 个时间步以生成 v=0.1 的相对频率，并且成功地完成了这个任务，MSE 为 5.6×10^{-9}。

通过扫描输入增益 β 和反馈增益 α 取得了这些结果，从而获得了最佳结果。已经发现，只要在区间 $\beta\in[0.02,0.5]$ 中选择，β 对系统性能几乎没有影响，相反，反馈增益 α 必须位于 $\alpha\in[4.25,5.25]$ 的窄区间内（这大约对应于 $a\in[0.85,0.95]$），否则储备池产生的结果非常差。马赫-曾德尔调制器的 DC 偏置 V_ϕ 被设置为 0.9V 以确保对称传递函数（ϕ=0）。表 8.2 总结了这些实验参数。

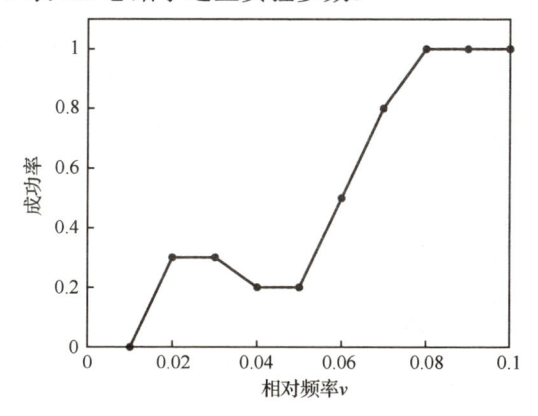

图 8.19 频率生成任务中储备池计算机带宽下限的验证[19]

使用 10 个随机输入掩模中的任何一个，都可以很好地生成高于 0.1 的相对频率（图中未显示）。低于 0.05 的相对频率无法通过大多数输入掩模来生成。因此，我们认为 0.08 是带宽的下限，请注意，也可以生成低至 0.02 的相对频率，但只能使用精心挑选的输入掩模。

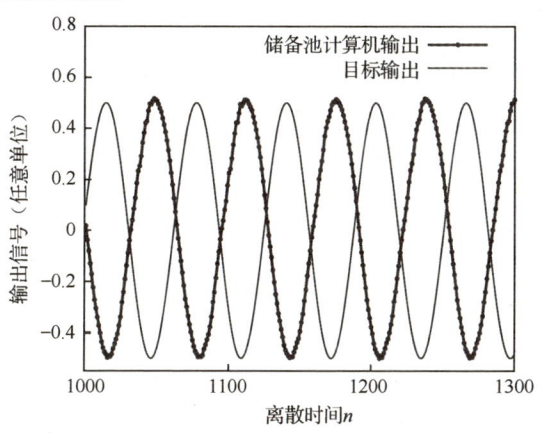

图 8.20 自主运行期间的输出信号示例，v=0.1[19]（实验在超出图的范围外继续进行）

表 8.2 基准任务的最佳实验参数

	α/dB	β	V_ϕ/V
频率生成	4.25～5.25	0.02～0.5	0.9
模式生成	4.25～5.25	0.1～1	0.9
麦克-格拉斯序列预测	4.25～5.25	0.1～0.3	0.9
洛伦兹序列预测	5.1	0.5	0.9

8.5.2.3 随机模式生成

频率生成任务自然向前推进的一步是随机模式生成。系统被训练生成任意形状的不连续周期函数，代替规则形状的连续函数。在这种情况下，模式是 L 个随机选择的实数序列（在区间[-0.5,0.5]内），该序列周期性重复以形成无限的周期性时间序列[49]。与 8.5.2.2 节中的物理频率类似，模式的物理周期由 $\tau_{pattern}=L \cdot T$ 给出。目的是获得稳定的模式发生器，这种发生器精确地再现模式，并且不会偏离到另一个周期行为中。为了评估储备池计算机的性能，我们在训练阶段和自主运行阶段计算储备池输出信号和目标模式信号之间的 MSE，参见式（8.31），并且任意地将最大阈值设置为 10^{-3}。10^{-3} 电平对应于储备池计算机严重偏离目标信号的点。为了保持一致性，对于所有任务，我们在所有实验中都使用了这个阈值。如果在自主运行期间误差没有增长到阈值以上，则认为系统准确地生成了目标模式。我们还通过运行系统几个小时来测试几种模式的长期稳定性。

随机模式生成任务比频率生成任务更复杂，受实验噪声的影响较小。这个任务的目标是双重的："记住"一个给定长度 L 的模式，并无限期地再现它。我们已经用数字证明了一个具有 $N=51$ 个神经元的无噪声储备池能够生成长达 51 个元素的模式[49]。这是一个合乎逻辑的结果，因为直觉上，系统的每个神经元都应该"记住"模式的一个值。与实验设置类似，对具有 $N=100$ 个神经元的噪声储备池的模拟显示，最大模式长度减少到 $L=13$。也就是说，噪声显著降低了系统的有效存储。事实上，有噪声的神经网络必须考虑输出与目标模式的微小偏差，以便能够无视这些缺陷而跟随该模式。图 8.21 说明了噪声的表现形式。展示了储备池的一个神经元的周期性振荡，意图聚焦于上限值和足够的放大倍数，以便看到微小的变化。该图显示神经元在相似但不相同的值之间振荡。这使得生成任务更加复杂，需要更多的内存，从而缩短了最大模式长度。

我们在实验中获得了类似的结果。图 8.22 显示了在不同模式长度下 10^4 个时间步自主运行的前 1000 个时间步期间测量的 MSE 演变。绘制的曲线是 100 次实验的平均值，每个长度有 5 个随机输入掩模和 20 个随机模式。初始最小值（$n=128$）对应于储备池的初始化（见 8.5.1 节），然后输出被反馈，系统自主运行。$L=12$ 或更小的模式生成得非常好，并且误差保持很低的水平。$L=13$ 的模式显示出 MSE 的增加，但是它们仍然生成得相当好。对于更长的模式，系统偏离到不同的周期行为，并且误差增长到 10^{-3} 以上。

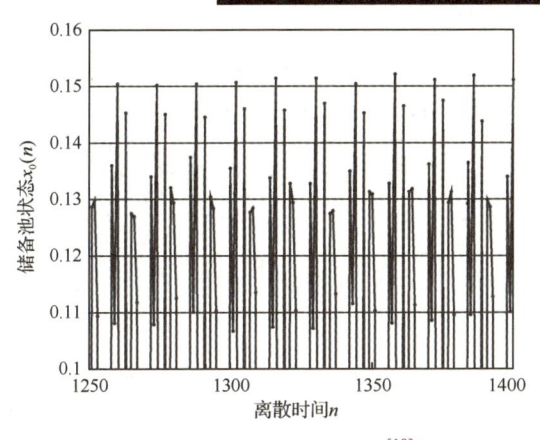

8. 先进的储备池计算机：模拟自主系统和实时控制

图 8.21 噪声的表现形式[19]

为了清楚起见，Y 轴的范围仅限于感兴趣的区域。由于噪声，尽管存在周期性输入信号 $u(n)$，储备池状态取相似但不相同的值。

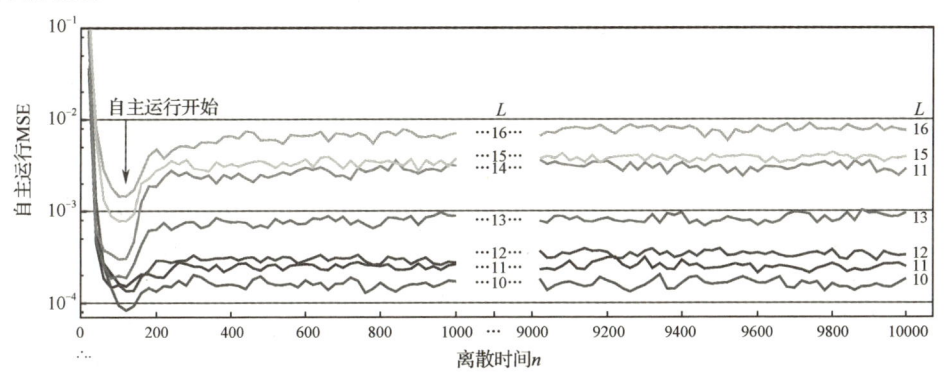

图 8.22 在 $L=10,\cdots,16$ 的周期随机模式的实验性自主生成期间 MSE(n) 的演变[19]

自主运行从 $n=128$ 开始，如箭头所示。MSE<10^{-3} 时，再现短于 13 的模式。MSE>10^{-3} 时，无法正确生成长度超过 14 的模式。在后一种情况下，储备池动态保持稳定和周期性，但输出仅与目标模式略有相似（见图 8.23 和图 8.24）。

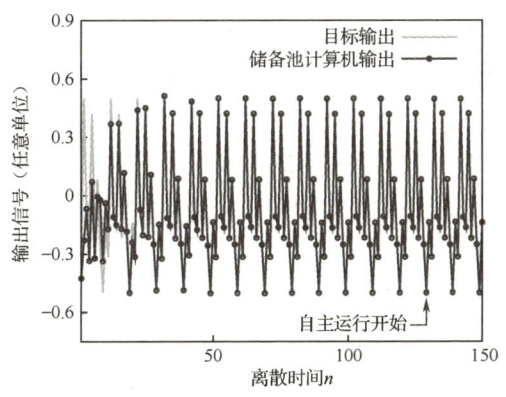

图 8.23 随机模式生成任务的输出信号示例，模式长度为 10[19]

储备池首先由所需信号驱动 128 个时间步（参见 8.5.1 节），然后将输入连接到输出。注意，在本例中，储备池输出需要大约 50 个时间步来匹配驱动信号。自主运行在超出图示的范围继续进行。

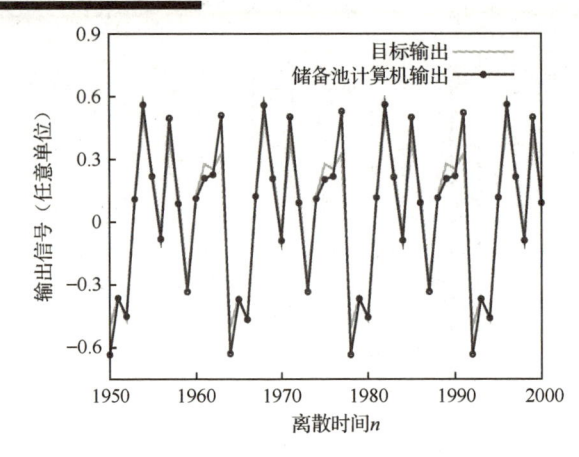

图 8.24 1950 个时间步后的自主运行输出示例，模式长度为 14[19]

储备池计算机输出一个明显与目标模式（MSE=5.2×10^{-3}）不匹配的周期信号。

我们还测试了生成器的稳定性，用长度为 10、11 和 12 的随机模式运行了几个小时（大约 10^9 个时间步）。在示波器上观察到的输出信号在整个测试过程中保持稳定和准确。

通过扫描输入增益 β 和反馈增益 α 取得了上述结果，从而获得了最佳结果。已经发现，对于频率生成，只要在区间 $\beta \in [0.1, 1]$ 中选择，β 对系统性能几乎没有影响，相反，反馈增益 α 必须位于 $\alpha \in [4.25, 5.25]$ 的窄区间内（大约对应 $a \in [0.85, 0.95]$）。马赫-曾德尔调制器的 DC 偏置被设置为 V_ϕ=0.98V 以确保对称传递函数（ϕ=0）。表 8.2 总结了这些实验参数。

由于噪声起着如此重要的作用，我们用不同的噪声级进行了一系列的数值实验，以找出它在多大程度上影响计算机的性能（这些结果已在文献[62]中发表）。我们使用了带有高斯白噪声的噪声实验模型，均值为零，标准偏差范围从 10^{-2} 到 10^{-8}。这些模拟允许估计不同噪声级实验的预期性能。

图 8.25 显示了储备池计算机在不同噪声级下能够生成的最大模式长度 L。使用 10^{-3} 自主误差阈值来确定 L。也就是说，如果 NMSE 在自主运行期间没有增长到 10^{-3} 以上，则认为储备池计算机已经成功地生成了给定的模式。出于统计目的，我们对每个长度 L 使用了 10 种不同的随机模式，并且只统计了系统在所有 10 次实验中成功的情况。结果表明，10^{-8} 的噪声级相当于一个理想的无噪声储备池。随着噪声级的增加，储备池的存储容量会下降。在 10^{-3} 的噪声级，L 下降到 10，这与此处给出的实验结果相匹配。对于更高的噪声级，结果显然更糟。

总的来说，这些结果表明，为了从带有输出反馈的实验性储备池计算机获得某种性能，应该以什么样的噪声级为目标。我们的实验证实了噪声级为 10^{-3} 的数值结果。原则上，通过用低噪声元件，即较弱的放大器和低 V_π 强度调制器，仔细重建相同的实验，可以使 L 加倍，这将把噪声降低到 10^{-4}。切换到被动设置，如文献[38]中报道的相干驱动腔，可能会将噪声降至 10^{-5} 甚至 10^{-6}，性能接近最大存储容量。

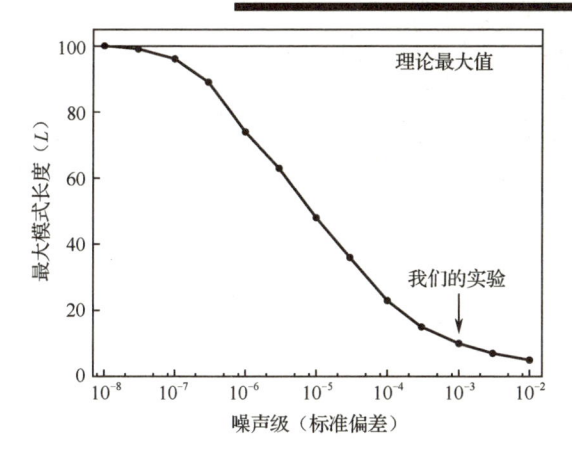

图 8.25　实验噪声对具有输出反馈的储备池计算机性能的影响[19]

该图显示了通过实验设置的精确模型获得的数值结果。噪声级显示为模拟中使用的高斯噪声的标准差。该系统在随机模式生成任务上进行了测试，性能指标是储备池可以生成的最大模式长度 L。理论上 L=100，这是因为我们使用了 N=100 个神经元的储备池。10^{-8} 及以下的噪声级相当于理想的无噪声系统。箭头表示此处我们讨论的实验结果。

8.5.2.4　麦克-格拉斯系列预测

麦克-格拉斯（MG）延迟微分方程为：

$$\frac{dx}{dt} = \beta \frac{x(t-\tau)}{1+x^n(t-\tau)} - \gamma x \quad (8.34)$$

式中，$\tau, \gamma, \beta, n>0$ 被引入以说明生理控制系统中复杂动力学的出现[58]。为了获得混沌动力学，文献[14]中将参数设置为：β=0.2、γ=0.1、τ=17、n=10。使用步长为 1.0 的 Runge-Kutta 4 方法[63]求解该方程。为了避免重复计算，我们预先生成了 10^6 个样本的序列，用于所有的数值和实验研究。MSE 用于评估训练阶段和自主运行阶段。在自主运行阶段，系统不再接收正确的教师输入信号，所以慢慢偏离期望的轨迹。因此，我们计算正确预测步数，即 MSE 低于 10^{-3} 阈值的步数（见 8.5.2.3 节），并使用该数字评估系统性能。

混沌时间序列生成任务受实验噪声的影响最大。这并不奇怪，因为根据定义，混沌系统对受噪声影响的初始条件非常敏感。储备池计算首次应用于文献[14]中的这类任务。该文献作者对计算机在混沌吸引子的相空间中遵循给定轨迹的能力进行了数值研究。我们起初也采用了这种方法，但由于我们的实验系统表现为混沌吸引子的"噪声"仿真器，其轨迹很快偏离目标轨迹，特别是信噪比低至 40dB 时（见 8.5.2.1 节）。为此，我们考虑了评估系统性能的替代方法，如下所述。

该系统在超过 1500 个输入样本上训练，并且自主运行 600 个时间步。特别是，我们为每次实验准备了麦克-格拉斯序列的 2100 步，并使用前 1500 步作为教师输入信号 $u(n)$ 来训练系统，使用最后 600 步作为初始化序列（见 8.5.1 节）和使用目标信号 $d(n)$ 来计算输出信号 $y(n)$ 的 MSE。这 2100 个样本取自几个起始点 t，见式（8.34），以便在麦克-格拉斯序列的不同实例上测试储备池计算机。我们扫描了输入增益和反馈衰减,即式(8.4)中的β和α,以找到该任务的光子储备池的最佳动态特性。我们使用$\beta \in [0.1,0.3]$并且在[4.25,5.25]的范围内调谐衰减器,这大致对应于$\alpha \in [0.85,0.95]$,对于麦克-格拉斯序列的不同实例具有略微不同的值。马赫-曾德尔调制器的DC偏置被设置为V_ϕ=0.9V以确保对称传递函数(ϕ=0)。表8.2总结了这些实验参数。

图8.26显示了麦克-格拉斯序列自主运行阶段的储备池计算机输出信号$y(n)$(黑色线)示例,目标麦克-格拉斯序列显示为灰色。在这个例子中,MSE阈值被设置为10^{-3},并且储备池计算机预测了435个正确值。图8.27显示了相同自主运行阶段MSE的演变。所绘制的误差曲线是在200个时间步间隔内的平均值。它超过了$n \in [500,600]$内的10^{-3}阈值,并在2500个时间步后达到大约1.1×10^{-1}的恒定值。此时,生成的时间序列完全偏离了目标(详细说明见图8.28)。

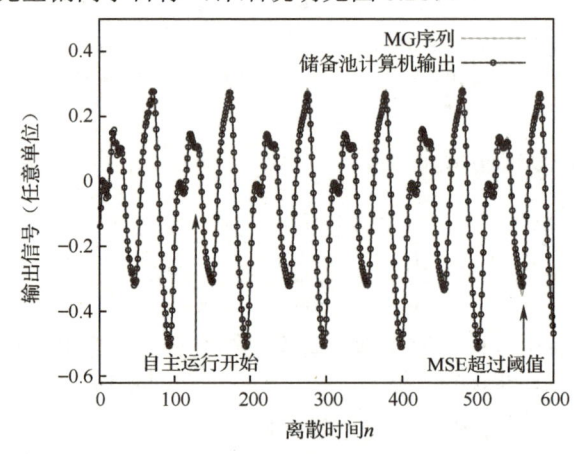

图8.26 麦克-格拉斯序列自主运行阶段的储备池计算机输出信号$y(n)$(黑色线)示例[19]

系统由128个时间步的目标信号(灰色线)驱动,然后自主运行,$y(n)$耦合到输入$I(n)$(见8.5.1节)。MSE阈值被设置为10^{-3}。N=600的光子储备池计算机能够生成多达435个正确值。

在8.5.2.1节中讨论过的光子储备池内部的噪声使实验结果不一致。也就是说,用相同的参数重复实验可能导致显著不同的预测长度。事实上,噪声的影响因实验而异。在某些情况下,它不会对系统造成太大的干扰。但是在大多数情况下,它会在输出信号$y(n)$上引入显著的误差,使得神经网络偏离目标轨迹。为了估计结果的可变性,我们用相同的读出权重和相同的最佳实验参数进行了50次连续自主运行。该系统生成了若干个非常好的预测(大约400个),但大多数结果相当差,平均预测长度为63.7,标准偏差为65.2。我们获得了与噪声实验模型相似的行为,使用与实验中相同的噪声级。这表明储备池计算机模拟了一个"嘈杂的"麦克-格拉斯系统,因此,在如此高的噪声级下,使用它来遵循给定的轨迹没有多大意义。然而,噪声并不妨碍系统模仿麦克-格拉斯系统——即使输出很快偏离目标,它仍然类似于原始时间序列。因此,我们尝试了几种不同的方法来比较系统的输出和目标时间序列。

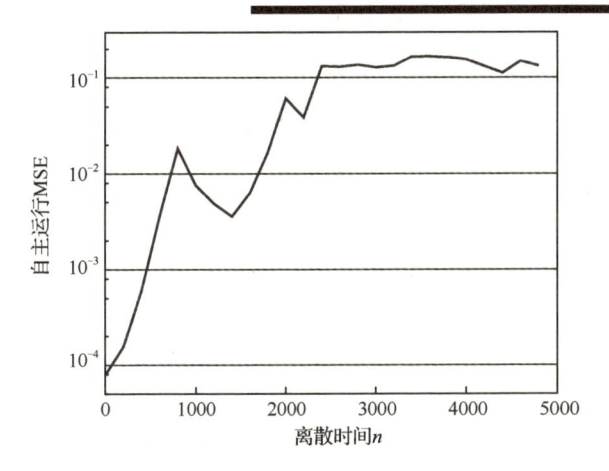

图 8.27 相同自主运行阶段 MSE 的演变（与图 8.26 中的运行相同）

误差曲线是在 200 个时间步长内平均的，并且大约在 $n=500$ 和 $n=600$ 之间超过 10^{-3} 的阈值，经许可转载自文献[19]。

我们进行了一组新的实验，在 1500 个时间步的训练阶段之后，系统自主运行了 10^4 个时间步，以便收集足够的数据分析点。然后，我们继续对生成的时间序列进行简单的视觉检查，以检查它是否看起来仍然类似于麦克-格拉斯序列，而不是简单的周期性振荡。图 8.28 显示了实验储备池计算机在 10^4 个时间步自主运行结束时的输出。它显示储备池输出仍然类似于目标时间序列，即不规则并且由相同种类的不均匀振荡组成。

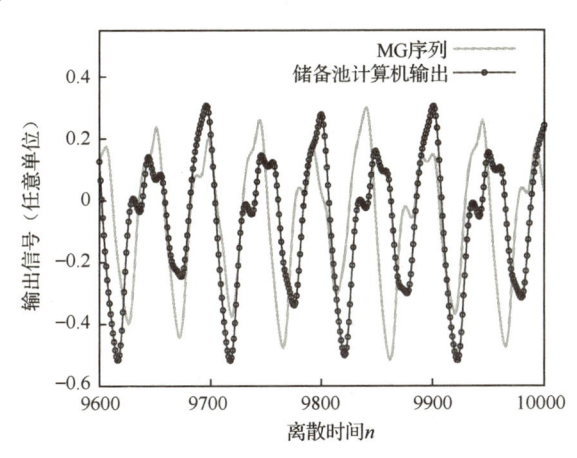

图 8.28 实验储备池计算机在 10^4 个时间步自主运行结束时的输出[19]

在 10^4 个时间步的长期运行结束时，实验储备池计算机的输出（黑色线）。尽管系统不遵循起始轨迹（灰色线），但其输出在视觉上仍类似于目标时间序列。

比较"看起来相似"的两个时间序列，一个更彻底的方法是比较它们的频谱。图 8.29 显示了原始麦克-格拉斯序列（灰色线）的快速傅里叶变换和长时间运行后的实验输出（黑色线）。值得注意的是，储备池计算机非常精确地再现了混沌时间序列的频谱，包括其主要频率和几个次要频率。

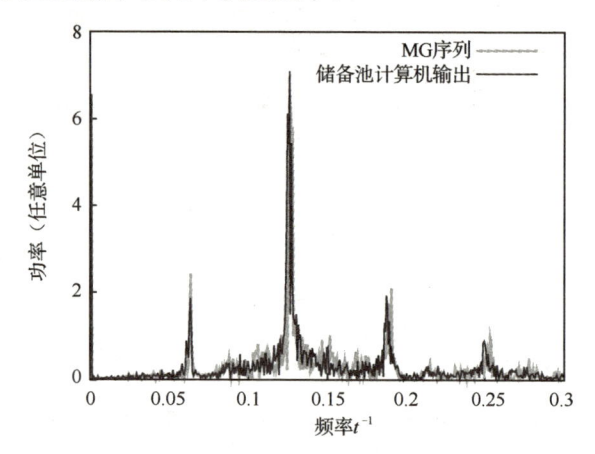

图 8.29 原始麦克-格拉斯序列（灰色线）的快速傅里叶变换和
长时间运行后的实验输出（黑色线）[19]

该图仅限于低频，因为较高频率下的功率几乎为零。主频对应于 $1/\tau \approx 0.06$ 的倍数。实验非常好地再现了目标频谱。

最后，我们使用文献[14]中描述的方法，估计生成的时间序列的李雅普诺夫指数。对于我们的实验实现，我们获得了 0.01 的李雅普诺夫指数。对于这里考虑的麦克-格拉斯系统，文献中通常找到的值是 0.006。李雅普诺夫指数稍高的值可能只是反映了仿真器中噪声的存在。

8.5.2.5 洛伦兹系列预测

洛伦兹方程是一个由三个常微分方程组成的系统：

$$\frac{dx}{dt} = \sigma(y-x) \tag{8.35a}$$

$$\frac{dy}{dt} = -xz + rx - y \tag{8.35b}$$

$$\frac{dz}{dt} = xy - bz \tag{8.35c}$$

式中，$\sigma, r, b > 0$ 被用来描述大气对流的简单模型[59]。对于我们在本研究中使用的 $\sigma=10$、$b=8/3$ 且 $r=28$[64]，系统表现出混沌行为。这些参数生成了具有最高李雅普诺夫指数 $\lambda=0.906$[14]的混沌吸引子。使用 MATLAB 的 ode45 求解器和 0.02 的步长求解该系统，如文献[14]所述。我们使用了所有计算出的点，这意味着储备池计算机的一个时间步对应于洛伦兹时标中的 0.02 步。为了避免不必要的计算以节省时间，我们预先生成了 10^5 个样本的序列，用于所有的数值和实验研究。在文献[14]之后，我们们使用按 0.01 的系数缩放的 x 坐标轨迹进行训练和测试。

这个任务的研究方法与麦克-格拉斯相似。储备池计算机经过 3000 多个输入样本的训练，自主运行 1000 个时间步。这 4000 个样本是在丢弃 1000 个时间步的初始瞬变后采集的，如文献[14]所述。为了实现储备池计算机的最佳性能，我们将输入增益设置为 $\beta=0.5$，反馈衰减设置为 $\alpha=5.1dB$。马赫-曾德尔调制器的 DC 偏置设置为 $V_\phi=0.9V$ 以确保对称传递函数（$\phi=0$）。表 8.2 总结了这些实验参数。

图 8.30 显示了自主运行阶段储备池计算机输出信号 $y(n)$（黑色线）的示例。目标洛伦兹（LZ）序列以灰色线显示。将 MSE 阈值设置为 10^{-3}，系统预测了 122 个正确步，包括吸引子两翼之间的两个转变。与麦克-格拉斯研究一样，我们使用相同的参数和读出权重进行了 50 次自主运行，获得了 46.0 个时间步的平均预测范围，标准偏差为 19.5。考虑到洛伦兹吸引子的更高程度的混沌，并且考虑到与噪声相关的相同问题，很难期望储备池计算机在遵循目标轨迹时有更好的性能。图 8.31 描述了自主运行阶段 MSE 的演变。误差曲线是在 100 个时间步间隔内的平均值。如 8.5.1 节所述，初始倾角对应于储备池的教师强制，目标信号为 128 个时间步。大约在 $n=250$ 标记处误差超过 10^{-3} 阈值，在不到 1000 个时间步后达到大约 1.5×10^{-2} 的恒定值。此时，储备池计算机已经丢失了目标轨迹，但继续生成一个具有类似洛伦兹系列性质的时间序列（见图 8.32）。

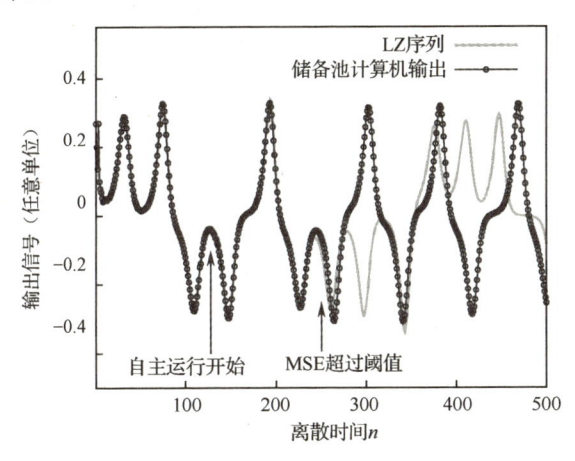

图 8.30 自主运行阶段储备池计算机输出信号 $y(n)$（黑色线）的示例[19]

在自主运行之前，系统由目标信号（灰色线）驱动 128 个时间步（见 8.5.1 节）。MSE 阈值被设置为 10^{-3}。在这个例子中，$N=600$ 的光子系统生成了 122 个正确值，并且预测了从吸引子一个波瓣到另一个波瓣轨迹的两次转换。

与麦克-格拉斯任务类似，我们在长时间运行后对生成的洛伦兹序列进行了视觉检查，并比较了频谱。图 8.32 显示了在洛伦兹任务上运行 95000 个时间步结束时的实验输出。尽管该系统在这一点离目标轨迹（以灰色线绘制）相当远，但很明显它已经很好地捕捉了洛伦兹系统的动态。图 8.33 显示了洛伦兹序列（灰色线）和储备池计算机生成的时间序列（黑色线）在 95000 个时间步期间的快速傅里叶变换比较。与麦基-格拉斯系统不同，这些频谱没有任何主频率。也就是说，功率分布不包含任何强烈的峰值，可用作比较的参考点。因此，在这种情况下，比较两个频谱更加主观。尽管曲线不匹配，人们仍然可以看出它们之间的某种相似性。

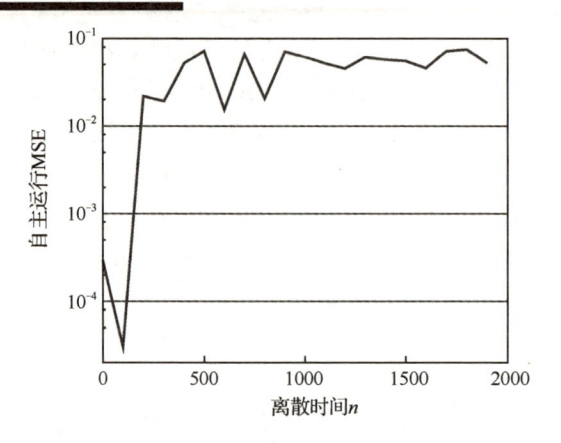

图 8.31 自主运行阶段 MSE 的演变

洛伦兹序列（与图 8.30 中的运行相同）的实验自主生成阶段 MSE 的演化。误差曲线在 100 个时间步内取平均值，在 $n=250$ 附近越过 10^{-3} 阈值。初始倾角对应储备池的预热（见 8.5.1 节）。

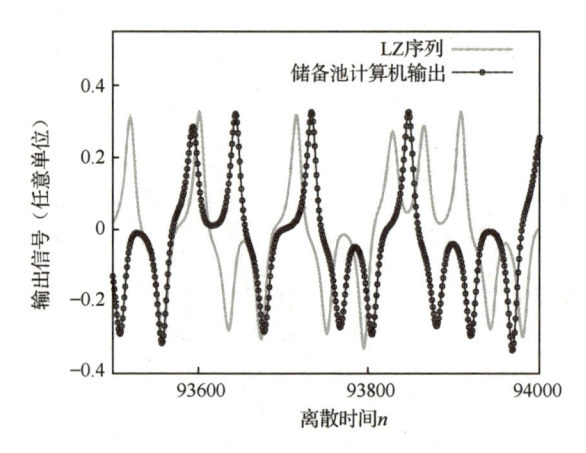

图 8.32 在洛伦兹任务上运行 95000 个时间步结束时的实验输出（黑色线）[19]

尽管该系统没有遵循起始轨迹（灰色线），但它在模拟洛伦兹系统的动力学方面做得相当好。

除了这些视觉比较，我们还对生成的序列进行了特定的随机性测试。我们利用了洛伦兹动力学的一个有趣特性。由于它基本上在两个区域（蝴蝶状洛伦兹吸引子的两翼）之间切换，从一个区域到另一个区域随机转换，因此可以将二进制"0"和"1"分配给这些区域，从而将洛伦兹序列转换为随机比特序列。我们使用这种技术来检查生成序列的随机性。为此，我们求解了洛伦兹方程，并运行了 95000 个时间步的实验，将结果时间序列转换为两个大约 2400 位的序列。然后用 ENT 程序[65]对两者进行分析，ENT 程序是一个众所周知的测试随机数序列的软件，结果如表 8.3 所示。下面需要对它们进行一些解释。

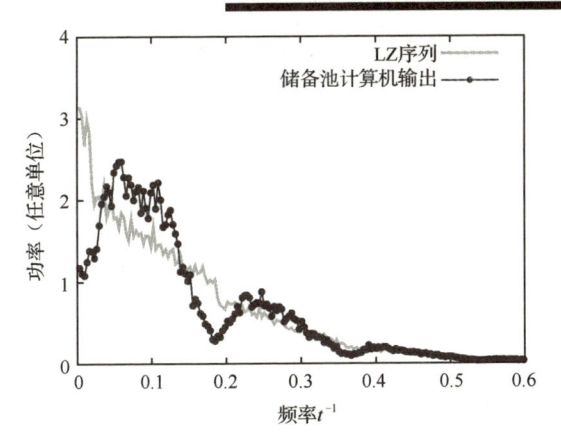

图 8.33 洛伦兹序列（灰色线）和储备池计算机生成的时间序列（黑色线）在 95000 个时间步期间的快速傅里叶变换比较[19]

两个频谱都被归一化，以便具有相等的总功率。曲线通过平均超过 50 个样本进行平滑，绘图仅限于较低的频率（较高的频率接近零）。尽管有些失配，黑色线与灰色线大致相似。

表 8.3 测试结果

	储备池计算机输出	洛伦兹序列
熵/B	6.6	7.1
压缩率/%	17	10
平均值/B	134.3	125.8
π	2.88	3.00
相关性	−0.08	−0.02

ENT 程序为实验储备池计算机和集成洛伦兹系统生成的比特序列返回的结果。洛伦兹序列显示了更好的数值，但是储备池计算机输出也相差不大。与常见的随机系列相比，所有这些数值都很差，但这是因为此处使用了非常短的序列（约 300B）。

- 第一个测试计算每个字节（8 位）的熵。因为熵可以被视为无序或随机的度量，所以一个完全随机的序列每个字节应该有 8 位熵。两个序列都接近最大值，洛伦兹序列随机。
- 压缩率，即通过压缩算法（如 Zip 程序使用的 Lempel-Ziv-Renau 算法）可以有效地减小字节序列大小的效率，是一种常用的估计文件中字节随机性的间接方法。这些算法主要寻找大的重复块，它们不应该出现在完全随机的序列中。同样，两个序列只能被轻微压缩。
- 平均值是数据字节的算术平均值。随机序列应均匀分布在平均值 127.5 周围。洛伦兹序列非常接近这个值，储备池计算机输出也相当接近该值。
- 计算 π 值的蒙特卡罗方法将点随机放置在一个正方形内，并计算位于内切圆内的点的比率，该比率与 π 成比例。这种复杂的测试需要很长的字节序列才能生成准确的结果。我们注意到，尽管如此，两个序列都生成了 π 的似真估计。
- 最后，在完全随机的序列中，序列的相关性，即序列与其自身的延迟复制之间的相似度为零。两个系列均表现出非常低的相关性，洛伦兹序列再次证明了更好的分数。

这些结果并没有严格证明生成的序列是随机的。显然，我们必须使用更长的比特序列来完成这个任务，还应该考虑更复杂和完整的测试，如 Diehard[66]或 NIST 统计测试套件[67]。这些测试的目的是表明储备池计算机输出不是由微不足道的振荡组成的，它只是与洛伦兹系统有一点相似。表 8.3 中的数字表明储备池计算机输出的随机性类似于洛伦兹系统，这使得我们有理由相信两个时间序列的属性之间存在相似性。这反过来表明，我们的储备池计算机能够有效地学习模拟洛伦兹系统的动力学。

8.6 结论

到目前为止，大多数关于储备池计算的实验工作都特别注重演示基本概念。然而，正如我们在本章中所讨论的，有可能超越这一点并开始制造一个完整的信息处理系统。我们已经讨论了三个这样的进展：第一，我们证明了建立输入层和读出层是可能的，目的是使储备池计算机成为一个自主系统；第二，我们讨论了实时修改读出层的可能性，从而使储备池计算机能够处理实验参数的漂移和随时间变化的任务；第三，我们提出了一个带有输出反馈的储备池计算机，使其能够完成新的任务，如周期模式的生成和混沌系统的仿真。

我们没有时间在这里讨论的一个重要方向是储备池内部参数的优化。事实上，在传统的储备池计算体系结构中，内部参数是不被修改的：除了一些可能的元参数外，它们通常可以简单地随机选择。但是众所周知，如果优化更多的参数，则可以显著提高储备池性能。这已在文献[29]、[68]中得到证明。值得注意的是，在某些情况下，可以在被优化的储备池上物理实现用于训练内部参数的算法。这一点在文献[69]中的一个简单案例中得到了证明，然后在文献[34]中一个更复杂的光电系统中得到了证明，其改进水平与文献[29]、[68]中的相同。

未来一个激动人心的挑战是将本章讨论的不同内容结合起来。例如，能否建立一个具有输入层和读出层的储备池计算机，该计算机还允许实时优化读出层和/或输出反馈。为此，开发稳健且易于实现的输入层和读出层是有用的，然后它们可以在这些复杂系统中用作即插即用的构建块。另一个令人兴奋的挑战是演示一台储备池计算机，它能实时处理真实世界的模拟数据，如通信线路的输出信号，并生成高质量的输出供进一步使用。希望在这样的演示中，与解决相同任务的传统数字系统相比，还能在能耗和/或尺寸方面有所提高。这样的演示将为储备池计算机的具体应用铺平道路。

从系统角度思考储备池计算机，人们提出了许多新的问题和挑战。这一方向能否取得重大进展将决定储备池计算机是停留在实验室的探索阶段，还是能够进入现实世界。本章阐述了一些在这方面迈出的第一步。

原著参考文献

展　　望

在非线性物理基底中首次展示储备池计算（RC）之后，该领域正以惊人的速度发展。从长远看，人们可以认为用高性能光子元件证明神经网络计算的可行性是光子 RC 的最大成就。近来研究表明，利用大多数现成的设备作为非线性神经元，体现出下一代神经网络处理器在光通信和集成技术的潜力。这种发展推动了此前无法实现的处理速度提升，同时，该领域正在以越来越快的速度拓展出独特的应用。尤其是，前面几章讨论的工作更重新激发了人们对光计算和光子神经网络的兴趣。

光子 RC 目前的成功，以及能够获得普遍的关注，无疑受益于神经网络计算取得的突破。这产生了一种极好的情况，在光计算的历史上几乎是独一无二的。几乎在所有相关方面都实现了并行突破，包括计算概念、硬件基础和商业应用。于是，跨越不同学科的新奇想法大量涌现。近年来，业界对光计算从怀疑转变为对未来计算基底乐观的探索。正如本书前几章所讨论的，持续考虑能效、实用性和可扩展性等标准仍然具有重要价值。否则，这一充满前景的领域的发展可能会遭到短视策略的干扰而中断。然而，近期取得的进展使未来的前景更加被看好，印证了过去突破所遇到的瓶颈的战略是有效的。

利用光子学技术，理论上可以在极高带宽条件下实现远超电子基底的功率效率。鉴于构造光子和其他类型物理储备池的多种技术逐步成熟，那么下一步是研究如何利用其潜力进行适当的工业应用。然而，显可易见的是，仅基于单个储备池进行的计算是有限的。此外，大多数储备池计算工作都是基于单一输入信号来完成任务的。这其实是受限于总计算能力上限：如果需要从多个输入信道提取信息，则系统对过往输入信号的存储能力就会降低。突破这些限制至少需要更大的系统，其中应包括多个储备池。尽管已经迈出了第一步，但是仍然缺乏有效实施和训练这种级联储备池的策略，尤其是当其与多个输入信道相结合时。突破这个架构瓶颈，将成为未来科研攻关的重点方向之一。

对于集成光子存储芯片，下一个挑战是如何从基于实验室的原型和简单基准近向可以部署用于工业相关应用的完全集成系统。在这种情况下，需要在速度、功耗、延迟和尺寸方面进行全面基准测试，并与传统的方法进行比较。我们看到光子储备池计算在光域中编码的输入信息方面具有广阔的应用前景。但是，极高的信息吞吐量要求，超出了当前基于电子的基础设施所能轻易实现的范围。

正如在开发新技术平台时经常出现的情况，需要对所有相关流程进行详细分析。对于复杂神经网络的实现来说，可以认为这是设计模糊的架构。理解硬件神经网络中噪声的传播和缩放将是未来的关键方向之一。为此，基于衍射耦合的大规模时空神经网络是特别适合的，凭借其网络规模，可以轻松实现标准神经网络应用所需的尺寸，并且其模块化架构还能够详细表征所有涉及的组件。未来，该平台的关键是展示基于全光学非线性衬底的衍射网络。小型半导体激光器网络虽然已经初步尝试，但是在大型系统落地之前，还需要大幅提高现有激光器阵列的光学质量。一旦实现了这一点，将迅速开启以 GHz 速率运行的大规模光子神经网络。结合全光学非线性衬底和衍射耦合概念的优异可扩展性，人们可以开始构想多层光子神经网络。

反过来，对基于延迟的 RC 方法，体现了对光子 RC 硬件复杂性的进一步简化。按照这种方法，只需要单个非线性物理节点和延迟反馈线路即可实现硬件构建。第一批的光子 RC 演示采用基于延迟的方法。此外，延迟 RC 可以利用延迟系统的一般特性：除非故意破坏，否则所实现的网络具有完美的对称性。这为研究非线性动态系统及其对计算性能的影响创造了独特条件。随着该领域的发展，融合时间、频率和空间复用的混合方法可能会变得普遍。明显不存在一种适合所有的光子 RC 系统的尺寸，前面章节中介绍的不同方法可以很好地相互补充，令人备受鼓舞。

光子延迟动力学已经证明了其根据 RC 概念处理信息的能力，且在计算能力、速度和能效方面具有吸引力的性能。在各种研究方向中，可以从基础到实用的角度提出以下问题：为了更好地理解非线性延迟反馈系统所蕴含的计算机制，还有许多工作要做；关于学习和读出层方面，重要的突破可能来自于将其恰当地转换成时间信号处理方案，并解决稳定延迟反馈模式的问题；仍然需要在线学习机制来替代使用数字计算机辅助的输出技术，在这一领域，嵌合状态或许会发挥作用。动态迭代的信号处理方法可以推导出与通过算法结果相同的输出模式。

迄今为止，大多数为研究基于延迟的 RC 而开发的实验系统，基本上都假设了一种延迟反馈架构，该架构包括具有单个延迟反馈回路的单个非线性节点。稍微复杂一些的延迟架构，如基于级联和并行延迟的 RC 架构，提供了组合多种不同滤波功能的可能性，因此可以期待更强大的 RC 架构。由于延迟型储备池是时域处理器，很明显并且已经通过实验揭示的事实是，定时问题是关键的技术挑战。当优化基于延迟的 RC 的性能时，正确的定时和同步信号是非常重要的问题。虽然潜在的原因尚未完全了解，但是如果信号同步能够更清楚地与基本储备池概念联系起来，那么基于延迟的 RC 可能会取得重大进展。

受光学反馈影响的半导体激光器凭借其特性满足了储备池高速实现的要求。这个单一组件创建了一个单一的且快速、高能效的全光学非线性设备。目前，尚不清楚激光非线性对计算性能的精确影响。在这一背景下，对半导体激光器的振幅和相位响应进行精确的实验表征有助于揭示光驱动半导体激光器的非线性作用。当前，光子 RC 进展的趋势包括集成大部分光子元件，以及探索整个系统全光学实现的可能性。近期的研究建议是对原始方案进行某些修改，以提高基于激光的 RC 的性能。这些修改包括使用两个延迟环路以扩展系统的衰退记忆，或者组合不同激光参数的响应以增强系统的计算能力。

基于延迟的 RC 实现过程中，创建包括输入层和读出层的完整系统，由于需要复杂的时分复用技术，这目前仍是一个挑战。迄今为止，大多数光子 RC 实验工作都特别注重展示基本概念，通常只有储备池是作为模拟系统通过实验实现的，其余部分则是基于数字硬件实现的。然而，超越这种系统是有可能的，已有这方面初步进展的报道。实际上，已经展示了具有输入层和读出层的物理储备池计算机，包括实时优化读出层，使储备池计算机能够处理实验参数的漂移以及处理随时间变化的任务。此外，一些著作介绍了如何通过优化内部储备池参数来提高性能。最后，输出反馈使储备池计算机完成新的任务，如周期模式的生成和混沌系统的仿真。

尽管如此，建立一个具有输入层和读出层的储备池计算机，允许实时优化读出层，仍然是未来最重要的目标之一。这将通过开发稳健且易于实现的输入层和读出层来实现，最好是为这些复杂系统创建即插即用的组件模块。

一个关键的挑战是充分利用光学的全部潜力。未来的储备池应该利用光的相干性和光的平行性，从潜在的超高速光学中获益，并处理光学输入以产生光学输出。人们在这些方面已经取得了进展，但仍有许多工作要做。最终，人们希望展示一种储备池计算机，它能实时处理真实世界的数据，如通信线路的输出信号，并且产生高质量的输出以备进一步使用。